U0190438

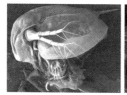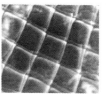

海洋浮游生物学

Marine Plankt

Marine Planktology Marine Planktology
Marine Planktology

主　　编⊙李洪武　宋培学

副 主 编⊙朱　潜　殷安齐

参编人员⊙王尔栋　汪李辛　贾雪卿

　　　　　钱　军　王甲安　王　婷

　　　　　王晓航　缪国培　欧　彪

　　　　　吴小梅　李　灼

中国科学技术大学出版社

内 容 简 介

本书内容共分为四部分,分别是海洋浮游植物、海洋浮游动物、海洋浮游生物的室内培养和浮游生物的采集、计数与定量方法。海洋浮游植物包括硅藻门、甲藻门、绿藻门、蓝藻门、金藻门、黄藻门、裸藻门和隐藻门;海洋浮游动物包括原生动物、轮虫、枝角类、桡足类、介形类、毛颚类、被囊类和珊瑚浮浪幼虫;海洋浮游生物的室内培养包括单胞藻的室内培养和浮游动物的室内培养;浮游生物的采集、计数与定量方法包括浮游植物的采集、计数与定量方法和浮游动物生物量的测定方法。本书最大的特点就是图文并茂,其中热带海洋常见的浮游生物种类的图片都是由作者拍摄的,同时还对海南热带特色珊瑚的常见种类进行了阐述。

本书可作为高等院校海洋相关专业学生的教材,也可作为各科研单位研究人员及海洋、水产相关领域工作人员的学习参考书,还可作为热爱海洋生物人群的科普读物。

图书在版编目(CIP)数据

海洋浮游生物学/李洪武,宋培学主编. —合肥:中国科学技术大学出版社,2012.8(2025.1 重印)

ISBN 978-7-312-03054-3

Ⅰ.海⋯　Ⅱ.①李⋯ ②宋⋯　Ⅲ.海洋浮游生物—高等学校—教材　Ⅳ.Q178.53

中国版本图书馆 CIP 数据核字(2012)第 140147 号

出版	中国科学技术大学出版社 安徽省合肥市金寨路 96 号,230026 http://press.ustc.edu.cn https://zgkxjsdxcbs.tmall.com
印刷	合肥市宏基印刷有限公司
发行	中国科学技术大学出版社
开本	710 mm×960 mm　1/16
印张	17.5
插页	20
字数	370 千
版次	2012 年 8 月第 1 版
印次	2025 年 1 月第 7 次印刷
定价	32.00 元

前　　言

　　海洋科学是研究海洋的自然现象、性质及其变化规律,以及与开发利用海洋有关的知识的一门学科。它的研究领域十分广泛,主要包括对于海洋中的生物与化学的基础研究和面向海洋资源开发利用与保护活动等的应用研究。

　　近年来,我国海洋科学专业发展迅猛,为了提高教学水平,反映出更具科学性、先进性和实用性的教学内容,我们根据教学大纲的要求和课程设置,在参阅相关文献、学习和引用兄弟院校的内部教材和资料的基础上,结合近年海南省重点港湾等浮游生物调查中获得的具有热带特色生物资源的资料编写了本书。

　　本书力求适应当前海南省海洋科学的发展,突破以往"教材"只为课堂理论教学内容"求证"的模式,提出更高、更全面的实践目的。本书中的许多照片都是在海南省重点港湾等浮游生物调查项目中作者自己拍摄的,这是本书的一大特色。本书除了验证课堂知识外,还培养学生掌握浮游生物的基本研究方法以及提高对海洋科学界的基本观察和分析能力。同时,每一章都安排了思考题,以培养学生发现问题、分析问题及解决问题的能力。

　　海南省拥有200万平方公里的海洋面积,占全国海洋面积的2/3,拥有热带特色海洋生物。珊瑚礁海域生物多样性丰富,被称为海洋生物的摇篮。热带海洋生物作为旅游资源吸引着大量国内外游客,为国际旅游岛的建设发挥着积极的作用。本书不只可作为教材使用,还希望能对热带海洋生物的研究、生态修复与开发利用做出积极的贡献,为国际旅游岛的建设和可持续性地科学发展提供基础知识。

　　本书是海南大学2011年度自编教材资助项目,项目编号为Hdzbjc1102。海洋学院陈国华院长,日本滋贺县立大学伴修平教授、殷安齐,以及大连海洋大学李永函教授都对本书的编写提供了很大的帮助,在此一并表示感谢。

海南大学海洋学院

李洪武

2012 年 7 月

目　　录

第1篇　海洋浮游植物

第2篇　海洋浮游动物

第3篇　海洋浮游生物的室内培养

第4篇　浮游生物的采集、计数与定量方法

绪　　论

海洋浮游生物学的定义和分类

海洋浮游生物学是海洋生物学的一门分支学科,包括海洋浮游生物的形态、分类、生态和生理四大部分,着重阐明海洋浮游生物在海洋中的生命活动规律,并探讨其控制与利用。本书主要涉及形态和分类,掌握鉴别常见种的方法,关注其生物学和经济意义,为海洋生物资源调查与评估、海洋环境修复打下基础。

海洋浮游生物主要包括海洋浮游植物和海洋浮游动物。其中海洋浮游植物主要有硅藻门、甲藻门、绿藻门、蓝藻门、裸藻门、金藻门、黄藻门、隐藻门;海洋浮游动物主要有原生动物、轮虫、桡足类、枝角类。见彩图0.1~彩图0.7。

海洋浮游生物学的相关术语

海洋浮游植物(marine phytoplankton):海洋中营浮游生活,很弱或无游动能力的微小植物,能进行光合作用,是海洋的食物生产者(初级生产者)。

初级生产者:利用太阳能把无机物合成有机物的生物(初级生产力)。

海洋初级生产力:单位面积浮游植物固定有机物的能力($300\sim400$ mg C/($m^2 \cdot$ d))。

海洋浮游动物(marine zooplankton):海洋中营浮游生活,有很弱游动能力的微小动物,以食海洋浮游植物为主,是其他海洋动物的食物。

海洋浮游生物(marine plankton):海洋中很弱或无游动能力的微小生物,包括海洋浮游植物和海洋浮游动物,是海洋动物的食物基础。见表0.1。

表 0.1　初级生产力和海洋浮游生物的水平分级

项　目	等　级					
	1	2	3	4	5	6
水平状况	低	中低	中等	中高	高	超高
初级生产力 (mg C/($m^2 \cdot$ d))	<200	$200\sim300$	$300\sim400$	$400\sim500$	$500\sim600$	>600
浮游植物 ($\times10^6$个/m^3)	<1	$1\sim10$	$10\sim100$	$100\sim500$	$500\sim1\,000$	$>1\,000$
浮游动物(mg/m^3)	<10	$10\sim30$	$30\sim50$	$50\sim75$	$75\sim100$	>100

海洋浮游生物的研究及新进展

1. 海洋浮游生物学的研究

1845年,穆勒(Muller J)在德国沿海用浮游生物网采集浮游生物并进行浮游生物研究。1867年,德国人亨森(Hensen)率远征队去大西洋采集和调查浮游生物的种类和分布。早期在海洋生物形态分类研究中作过较多贡献的还有 Sars (1900)、Mayer (1910)、Schmidt (1935~1937)、Kofoid (1903)、Birge & Juday (1911~1922)、Ward & Whipple (1918)等。

20世纪50年代,中国科学院海洋研究所对黄、渤海进行综合调查。1958年,进行全国海洋综合调查;1980年,进行全国海岸及海洋资源综合调查等;2006年,进行908专项国家海洋局近海综合调查。

2. 海洋浮游生物研究的新进展

在单胞藻培养方面,中国海洋大学、中国科学院水生生物研究所、海洋研究所等建立了比较完善的藻种室,可随时为生产、科研单位的藻类培养提供种源;水生生物研究所进行了固氮蓝藻的培养和在农业、渔业中利用的研究;海南、广东建起了多处螺旋藻培养基地,其产品已广泛应用于水产品育苗生产中;曾被视为害藻的螺旋鱼腥藻经陕西省水产研究所多年研究,证实其为鲢鱼利用的优质饵料,并在大面积培养方面做了大量工作。目前,海南大学大规模培养的以小球藻为主。

在轮虫培养方面,继20世纪50年代引进日本工厂化培养技术后,李永函教授近年来利用蕴藏于水体沉积物中的休眠卵,在土池中大量增殖轮虫获得成功,并已在海水苗种生产中,特别是河蟹土池生态育苗中得到应用。目前,日本大规模高密度养殖轮虫的密度已经达到了 160 000 个/mL。

枝角类早期一直作为民间养鱼的活饵料。何志辉教授将采集到的盐水枝角类驯化于海水中,并对其生物学和培养方法进行了深入的实验研究,为大规模增殖作为海水苗种生产新的活饵料奠定了基础。目前,海南大学李洪武实验室已经对蒙古裸腹溞进行了培养。

随着沿海卤虫资源的急剧下降,内陆盐湖资源开发已引起人们的关注。20世纪末,由黑龙江、新疆、内蒙古等水产研究所,对西北地区盐湖卤虫资源进行了为期4年的调查,发现有卤虫的盐湖31处,水面积 1 620 km²,为卤虫资源利用开拓了新领域。目前,海南大学李洪武实验室已经对卤虫进行了培养,正向淡水方面驯化。见彩图 0.8,彩图 0.9。

海洋环境污染——有害有毒藻类滋生

　　港湾水域的富营养化(污染)促进了藻类大量繁殖,使水域透明度下降、海底的有机物沉淀逐渐增多。有机物沉淀增多使底层溶解氧减少,促进磷的溶出,进一步助长富营养化。如此不断地发展下去,使得水质恶化,能产生对人体有害物质的藻类就会繁衍起来。已经知道海水中的 *Prorocentrum lima* 属能生产有毒成分,摄食这些藻类的贝类(牡蛎和扇贝)可以被毒化,最终导致人吃了被有毒藻类毒化的贝类而中毒。

　　有毒鱼类,其鱼体肌肉或内脏含有鱼毒素(ciguatoxin,CTX),即"西加"毒素或"雪卡"毒素,食用后能引起中毒,称为毒鱼中毒(肉毒鱼类中毒)。毒鱼的毒素主要来自于涡鞭藻——冈比尔盘藻(*Gambierdiscus toxicus*)和其他微藻,如 *Prorocentrum lima*,*Ostreopsis siamensis* 和 *O. ovata* 等。其毒素已知有 5 种:珊瑚礁鱼毒素(ciguatoxin,CTX)、岗比毒素(gambiertoxin,CTX4B)、鹦嘴鱼毒素(scaritoxin,STX)、刺尾鱼毒素(maitotoxin,MTX)、拟珊瑚礁鱼毒素(ciguaterin)。

　　香港在 1989～2004 年期间,共发生 416 起毒鱼中毒事件,1 768 人中毒。在1993～2004 年期间,广东省有详细资料记载的中毒事件约 10 起,282 人中毒。台湾、海南等地也有中毒事件的零星报道,中毒情况明显呈发展状态。因此,预防和治理赤潮也是当今非常重要的课题。

第1篇　海洋浮游植物

　　海洋浮游植物是一个生态学概念,是指在水中营浮游生活的微小植物。通常浮游植物就是指浮游藻类,主要包括蓝藻门、硅藻门、金藻门、黄藻门、甲藻门、隐藻门、裸藻门和绿藻门,但不包括细菌和其他植物。

　　海洋浮游植物在海洋中是鱼类和其他经济动物的直接或间接的饵料基础,是海洋的初级生产者,也是海洋中溶解氧的主要来源。其在决定海洋生产性能上具有重要意义,与渔业生产有着十分密切的关系。

第1章　海洋浮游植物概述

植物界按其进化系统分为低等植物和高等植物两大类。低等植物无根、茎、叶的分化，又称叶状体植物。此类植物雌雄生殖器官为单细胞，无胚，包括细菌、藻类、黏菌、真菌、地衣。高等植物有茎、叶的分化，故又称茎叶体植物。此类植物雌雄生殖器官由多细胞组成，包括苔藓、蕨类和种子植物。蕨类和种子植物具有根、茎、叶的分化，且有维管束组织，故又称维管束植物。生活在水中的植物称为水生植物，包括低等的细菌、藻类和高等植物。

浮游植物≈生活在水中的藻类≈浮游在水中的藻类。

1.1　海洋浮游植物的基本特征

海洋浮游植物是低等植物，分布甚广，热带到寒带海区均有分布。一般比较小，绝大部分肉眼难以看到。许多种类需要用显微镜或者电镜才能观察清楚。海洋浮游植物具有叶绿素(chlorophyll)，整个植物体都有吸收营养、进行光合作用(photosynthesis)的能力，因此一般均能自养生活。海洋浮游植物的生殖单位是单细胞的孢子(spore)或合子(zygote)。通常以细胞分裂为主，当环境条件适宜、营养物质丰富时，藻体的增长特别迅速。海洋浮游植物的生活史中没有在母体内孕育具有藻体雏形胚的过程，不开花结果。海洋浮游植物是无胚具叶绿素的自养叶状体孢子植物(不能产生种子)。

1.2　形态构造

海洋浮游植物体形多样，有球形、椭圆形、圆盘形、卵圆形、多角形、三角形、圆筒形、纤维形、棒形和弓形等，但总体是具有有利于浮游生活的趋同的球形或近似球形。

海洋浮游植物的细胞结构都可分化为细胞壁和原生质体两部分。原生质体主要有细胞核、色素和色素体、贮存物质、蛋白核以及与运动有关的胞器。

1.2.1　细胞壁

细胞壁为原生质体的分泌物，坚韧而具一定的形状，表面平滑或具有各种纹饰、突起、棘、刺等，这些突起物对藻体营浮游生活具有特殊意义。藻类大多数种类都有细胞壁,少数种类没有细胞壁而有周质体,有些具有囊壳。

由于各门藻类的细胞壁不同,可作为分类上的参考。大多数藻类(如绿藻)的细胞壁主要由外层的果胶质和内层的纤维质组成。硅藻门的细胞壁主要由硅质组成,即外层为二氧化硅,内层为果胶质。硅藻细胞壁由两个"U"形节片套合而成,黄藻常由两个"H"形节片组合而成,甲藻的细胞壁则是由许多小板片拼合组成的。

1.2.2 细胞核

除蓝藻细胞无典型的细胞核外,其余各门藻类的细胞大多具有一个细胞核,少数种类具有多个细胞核。细胞核具有核膜(nuclear membrane),内含核仁(nucleolus)和染色质(chromatin),这种细胞核叫真核(eukarya)。这类生物因而被称为真核生物(eukaryote)。

1.2.3 色素和色素体

各门藻类几乎各具特殊的色素。色素成分的组成极为复杂,可分为四大类,即叶绿素(chlorophyll)、胡萝卜素(carotene)、叶黄素(lutein)和藻胆素(phycobelin)。各门藻类因所含色素不同,其呈现的颜色也不同,如绿藻门呈鲜绿色,金藻门呈金黄色,蓝藻门多呈蓝绿色等。见表1.1。

表1.1 各门藻类的光合色谱的分布

	叶绿素					胡萝卜素				藻胆素		叶黄素
	a	b	c	d	e	α	β	γ	δ	藻蓝素	藻红素	
蓝藻	+	−	−	−	−	−	+	−	±	+	+	Flc. Apn. Apl. Mn. Ml. O. Z. E
绿藻	+	+	−	−	−	+	+	?			?	As. L. N. V. Z
黄藻	+	−	+	−	?		+			−	−	L. N. Dt±. Dd±
金藻	+	−	+	?	?		+					F. L±. Dt. Dd
硅藻	+	−	+	−	−	±	+		+			F. Dt. Dd
甲藻	+	−	+	−	−		+			−	−	P. Dd. Dn
隐藻	+	−	−	−	−	+	+		±	+	+	Dd±. Dn. Dt±. Z±
裸藻	+	+	−	−	−	+	±			−	−	As. L. N. E
轮藻	+	+	−	−	−	+	±			−	−	Ly. Z. N. V
褐藻	+	−	±	−	−		+			−	−	Flx. F. L. V
红藻	+	−	−	+	−	±	+			+	+	T. Z. L. V. N

除蓝藻和原绿藻外,色素均位于色素体内。色素体是藻类进行光合作用的场所,形态多样,有杯状、盘状、星状、片状、板状和螺旋带状等。色素体位于细胞中心(称轴生),或位于周边、靠近周质或细胞壁(称周生)。见图1.1~图1.6。

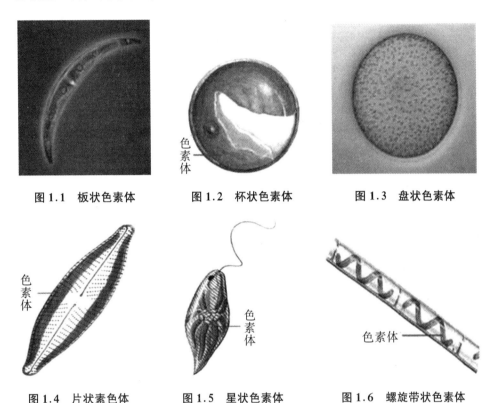

图 1.1　板状色素体　　　　图 1.2　杯状色素体　　　　图 1.3　盘状色素体

图 1.4　片状素色体　　　　图 1.5　星状色素体　　　　图 1.6　螺旋带状色素体

1.2.4　蛋白核

蛋白核是绿藻、隐藻等藻类中常有的一种细胞器,通常由蛋白质核心和淀粉鞘(starch sheath)组成,有的则无鞘。蛋白核与淀粉的形成有关,因而又称为淀粉核,其构造、形状、数目以及存在于色素体或细胞质中的位置等因种类而异。绿藻门色素体上大多具有一个或多个蛋白核。见图1.7。

1.2.5　贮存物质

各门藻类由于光合作用的色素的成分、比例各不相同,光合作用的同化产物也不尽相同。绿藻、甲藻的贮存物质为淀粉,硅藻的贮存物质为脂肪,金藻的贮存物质为白糖素,蓝藻的贮存物质为蓝藻淀粉,裸藻的贮存物质为副淀粉。见图1.8。

图 1.7　蛋白核　　　　　　　　图 1.8　裸藻副淀粉

1.2.6　胞器

鞭毛：除蓝藻和红藻外,各门藻生殖期的动孢子、配子具鞭毛或营养细胞具鞭毛。

眼点：运动藻体上常有一个,呈橘红色,球形或椭球形,多位于细胞前端侧面,具有感光作用。

伸缩泡：在细胞一端或两端,用于调节细胞中的水分。

1.2.7　周质体和囊壳

周质体是藻体细胞质表层特化成的一层坚韧而有弹性的构造,藻体形态较稳定。周质体表面平滑或具纵走条纹,或具螺旋绕转的隆起,或附有硅质或钙质小板,有的硅质板上还有刺。有的藻无周质体,体全裸露,细胞可变形,如裸藻。

囊壳是某些藻类具有的特殊细胞壁状的构造,无纤维质,但常有钙或铁化合物的沉积,常呈黄色、棕色甚至棕红色。囊壳形状一般并不与原生质体一致,囊壳的内壁并不紧贴在原生质体的表面,中间有较大的空隙,其中有水充塞,因此原生质体在囊壳中常可自由伸展和收缩,或向四周作螺旋绕转。

1.3　体制

藻类的体制在长期演化过程中,发展是很不一致的。藻类的体制多种多样,但一般可归纳为单细胞、群体、丝状体、膜状体等。见彩图1.1。

1.4　繁殖及生活周期

1.4.1　藻类繁殖

藻类的繁殖方式基本上有三种:营养生殖、无性生殖和有性生殖。此外,还有绿藻门接合藻纲的接合生殖。

（1）营养生殖：指不通过生殖细胞的繁殖方式，如出芽繁殖和群体破裂，是最常见的一种繁殖方式。在环境适宜的条件下，这种方法用来增加个体是非常迅速的，但如果增长过快，就会形成水华和赤潮。

（2）无性生殖：指通过产生孢子进行繁殖的繁殖方式。孢子不需结合，产生的母细胞叫孢子囊。一个孢子可以形成一个新的个体，孢子的种类有很多种，有动孢子、不动孢子、厚壁孢子、似亲孢子、休眠孢子、内生孢子和外生孢子等。

（3）有性生殖：指配子两两结合产生合子，再发育成新个体的繁殖方式。进行有性生殖的细胞叫做配子，产生配子的细胞叫做配子囊。该繁殖方式分为同配生殖（雌、雄配子的大小形态相同）、异配生殖（雌、雄配子的形态相似但大小不同）和卵式生殖（雌、雄配子的大小和形态都不同）。

（4）接合生殖：指由营养细胞形成不具鞭毛的可变形的配子相结合，产生接合孢子（合子）的繁殖方式。这是绿藻特有的生殖方法。

1.4.2　藻类的生活周期

生活史是指在某种生物整个发育阶段中，有一个或几个同形或不同形的个体前后相连续地形成一个有规律的循环。藻类生活史主要有营养生殖型、无性生殖型、有性生殖型和无性与有性混合生殖型四种类型。见图1.9。

（1）营养生殖型：指生活史中仅出现营养生殖，无有性生殖和减数分裂。如蓝藻和裸藻的一些单细胞藻。

（2）无性生殖型：指生活史中仅有一个单倍体的藻体有性或无性生殖，或仅有一种生殖方式。如衣藻、团藻等。

（3）有性生殖型：指生活史中仅有一个双倍体的藻体，只进行有性生殖。如绿藻门管藻目和有些硅藻。

（4）无性与有性混合生殖型：指生活史中有世代交替现象，即生活史中既有无性生殖，又有有性生殖。这两个时期可随生活环境的改变而出现。世代交替就是指某种生物在其生活史的某个阶段进行有性生殖，而在另外的阶段进行无性生殖，两种过程交替出现。

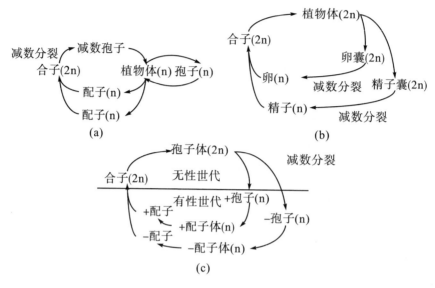

图 1.9　藻类的生活史图解

(a)只有一种单倍体植物的生活史;(b)只有一种二倍体植物的生活史;(c)有两种或三种植物体,即进行世代交替的生活史

1.5　藻类与人类生活的关系

　　浮游藻类在水体中是鱼类和其他经济动物的直接或间接的饵料基础,在决定水域生产性能上有重要意义,与渔业生产有十分密切的关系。

　　藻类可作为水污染的指示生物。藻类对有机质和其他污染物敏感性不同,因而可以用藻类群落组成来判断水质状况。由于藻类进行光合作用时,能释放氧气,利用水中的营养盐等,因此,可用作氧化塘法进行污水处理。藻类、细菌和原生动物等组成的生物膜(biofilm),对水体有机物的分解、水体净化和判断水质好坏均具有一定的作用。

　　藻类有医药和食用价值,早在《神农本草经》、《本草纲目》里就有记载,卡拉胶、琼胶等可作为通便剂和胶合剂等。另外,很多藻类含有蛋白质、维生素、糖蛋白、虾青素等。

1.6　分类

　　在分类中,各级分类检索表是主要工具。每行前面两个数字中,前者代表本行在检索表中的行数,括号中的数字代表与本行描述的特征相反的行所在的行数。没有指明检索内容的行的下一行或下一个小循环中所描述的特征是在此基础上进一步的特征。同时,要注意采用的性状和亲缘关系以及两类生物间的共同性状和各自独特性状。

分门检索表

1(2) 细胞无色素体,色素分散在原生质中。贮存物质以蓝藻淀粉为主 ………… 蓝藻门

2(1) 细胞具色素体。贮存物质为淀粉或脂肪或其他物质。

3(4) 细胞壁由上下两个硅质壳套合组成。壳面具有辐射排列或左右对称排列的花纹 …
……………………………………………………………………………………… 硅藻门

4(3) 细胞壁不由上下两个硅质壳合成。

5(8) 营养细胞或动孢子具横沟和纵沟,或仅具纵沟。

6(7) 无细胞壁或细胞壁由一定数目的纤维质板片组成 ………………………… 甲藻门

7(6) 无细胞壁或细胞壁不具纤维质板 ………………………………………… 隐藻门

8(5) 营养细胞或动孢子不具横沟和纵沟。

9(14) 色素体绿色,罕见灰色或无色。贮存物质为淀粉或副淀粉。

10(11) 植物体大型,分枝,规则地分化成节和节间 ……………………………… 轮藻门

11(10) 植物体为单细胞、群体、多细胞的丝状体或叶状体,无节和节间的分化。

12(13) 植物体多为单细胞,少数为群体。游动细胞顶端具1,2或3条鞭毛。有时无色。贮存物质为裸藻(副)淀粉 ……………………………………………… 裸藻门

13(12) 植物体为单细胞、群体、丝状体或薄壁组织状等。游动的营养细胞或动孢子具2条(少数为4、8条等)等长,顶生的鞭毛。罕见无色的。贮存物质为淀粉 …… 绿藻门

14(19) 色素体为红色、黄色、黄绿色,有时呈淡绿色。贮存物质为红藻淀粉、白糖素、甘露醇或褐藻淀粉

15(16) 色素体为红色或有时呈绿色。生活史的任何时期均无有鞭毛的细胞。贮存物质为红藻淀粉 …………………………………………………………………… 红藻门

16(15) 色素体不呈红色。游动细胞或生殖细胞具有2条(罕见3条)不等长的或等长的鞭毛。贮存物质为白糖素、脂肪或甘露醇。

17(18) 色素体褐色。植物体常为大型的丝状、壳状、叶状、有的具假根、茎、叶的分化。游动孢子肾形,具有2条侧生的鞭毛。贮存物质为褐藻淀粉和甘露醇 ……… 褐藻门

18(17) 色素体黄绿色、金褐色或淡黄色。植物体常为小型的单细胞、群体或丝状体。游动细胞具1,2或3条等长或不等长的鞭毛。贮存物质为白糖素或脂肪。

19(20) 色素体金褐色或淡黄色。植物体通常为小型的单细胞或群体。游动细胞具1条或2条等长或不等长的鞭毛,罕见3条的。有的则为变形虫状 ……………… 金藻门

20(19) 色素体黄绿色。植物体为单细胞、群体或丝状体。游动细胞具2条不等长的鞭毛。单细胞或群体种类的细胞壁常由两片套合组成,丝状种类由两个H形节片合成 ……
……………………………………………………………………………………… 黄藻门

在海洋浮游植物中,大多数为硅藻,其次为甲藻、蓝藻和绿藻,其他藻类很少出现。

洋浦环评调查采集到浮游植物共有 65 种(属)。其中,硅藻种类最多,合计为 45 种(属),约占浮游植物总种数的 69%;其次是甲藻,共 19 种(属),约占浮游植物总种数的 29%;蓝藻只有 1 种;颤藻占 2%。

 复习思考题

1. 何谓藻类？藻类包括哪些类群？
2. 藻类色素组成的特点是什么？
3. 试叙述藻类与人类生活的关系。

第2章 硅 藻 门

硅藻门(Bacillariophyta)的细胞壁富含硅质,且硅质上有排列规则的花纹,所以极易与其他藻区分开来。

2.1 硅藻的主要特征

2.1.1 细胞壁

细胞壁无色、透明,其外层为硅质,内层为果胶质,壁上具有排列规则的花纹。细胞壁由于高度硅质化而成为坚硬的壳体,像一个盒子。套在外面较大的,为上壳,相当于盒盖;套在里面较小的,为下壳,相当于盒底。上、下壳并非紧密连在一起,而仅仅是相互套合。上壳和下壳都不是整块的,皆由壳面(valve)和相连带(connecting band)两部分组成。壳面平或略呈凹凸状,壳面向相连带转弯部分叫壳套(valve mantle);与壳套相连,和壳面垂直的部分,叫相连带;上壳相连带和下壳相连带相连接的部分(相套盒的部分)叫连接带。壳面主要有圆形、S形、舟形等,带面主要有长方形,包括长长方形(纵轴面)和短长方形(横轴面)。见彩图2.1~彩图2.3。

2.1.2 纵沟

纵沟(raphe)是羽纹硅藻细胞壁上的一个重要结构,壳面中部或偏于一侧具一条纵向的无纹平滑区成为中轴区。中轴区中部花纹较短,形成面积稍大的中心区。从壳面沿纵轴有一条裂缝为纵沟,又称壳缝。壳缝的中央和两端细胞壁加厚,分别称中央节和端结节。具纵沟的种类可以运动。菱形藻等壳缝呈管状,称为管壳缝。管壳缝一般位于壳缘的龙骨突(船骨突)上。管壳缝向外有1条纵裂的裂缝。向内则有1列大孔和内部相通。每一大孔就是1个龙骨点(船骨点)。具管壳缝的种类无中央节和端节,个别种类有节的残迹。见彩图2.4。

2.1.3 节间带

有些种类在壳套与相连带之间具有次级相连带,称为节间带(intercalary band)或间生带。凡壳轴较长的种类都有间生带,其数目为1条、2条或多条。花纹形状主要有三类:鱼鳞状(卡式根管藻)、环状(杆线藻)、领状(中肋角毛藻)。具间生带的种类,有向细胞腔内伸展成片状的结构,称隔片(sepum)。隔片通常与壳面平行,隔片从细胞的一端向内延伸或从两端向中央延伸。如果隔片一端是游离的,称为假隔片;如果隔片从细胞的一端通到另一端,则称为真隔片。间生带和隔片都具有增强细胞壁的作用。

2.1.4 硅藻细胞壁的突物

硅藻细胞表面有向外伸展的多种多样的突物,有突起、刺、毛、胶质线等,它们有增加浮力和相互连接的作用。突起的是细胞壁向外的头状突出物,其形状多种,有圆形、方形和六角形等。刺一般细而不长,末端尖,其数目、长短不一。毛为较细长的突物,其长度常为细胞直径的数倍,有的种类在粗毛里还有色素体,这是毛与刺的最大区别。此外,还有膜状突起和胶质线、胶质块等胶质突起。

2.1.5 花纹

硅藻细胞壁上都具排列规则的花纹,主要有:①点纹,为普通显微镜下可分辨的细小孔点,单独或成条(点条纹);②线纹,这是由硅质壁上许多小孔点紧密或稀疏排列而成,在普通显微镜下观察时,无法分辨而呈一条直线状;③孔纹,为硅质壁上粗的孔腔,中心硅藻纲的孔纹基本为六角形,其结构很复杂;④肋纹,为硅质壁上的管状通道,内由隔膜分成小室或壁上因硅质大量沉积而增厚。

2.2 硅藻细胞主要内含物

色素有叶绿素 a 和 c、硅藻素和叶黄素、胡萝卜素等。色素体呈黄绿色或黄褐色,形状有盘状、粒状、片状、叶状、分枝状或星状等。贮存物质主要是油滴(脂肪)、蛋白核、淀粉粒等。有 1 个细胞核,常位于细胞中央,在液泡很大的细胞中常被挤到一侧。用甲基蓝或尼罗蓝稀溶液染色,可见到细胞核。

2.3 生殖

硅藻的生殖有营养生殖、无性生殖和有性生殖三种方式。

2.3.1 营养繁殖

硅藻最普通的一种生殖方式是分裂生殖,即细胞的原生质略增大,然后核分裂,色素体等原生质体也一分为二,母细胞的上、下壳分开,新形成的两个细胞各自再形成新的下壳。这样形成的两个新细胞中,一个与母细胞大小相等,一个则比母细胞小。这样连续分裂的结果是个体将越来越小。见图2.1。

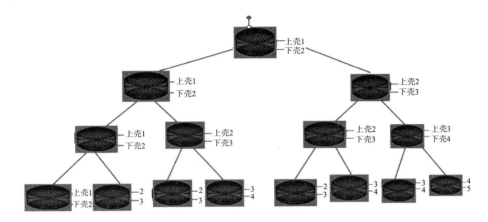

图 2.1   硅藻细胞的营养繁殖

2.3.2   复大孢子

硅藻细胞经多次分裂后,个体逐渐缩小,等到了一个限度,这种小细胞将不再分裂,而产生一种孢子,以恢复原来的大小,这种孢子称为复大孢子(auxospore)。复大孢子的形成,一般可分为下面三种形式。

(1)接合的两个细胞相互靠近,各自进行减数分裂,形成两个配子,各有两个核,其中一个后来消失。由不同细胞的配子互相结合而形成两个接合子,接合子与母体垂直方向延长成两个复大孢子。

(2)接合的两个细胞各产生一个配子,配子接合后只产生一个复大孢子。

(3)无配生殖,两个细胞接合后,包在胶质内,不经过接合而各自形成一个复大孢子。

2.3.3   小孢子

小孢子是中心硅藻纲一种常见的生殖方式。细胞核和原生质经过多次分裂,形成8、16、32、64、128个小孢子,每个孢子具有1~4条鞭毛,长成后,成群逸出,相互接合为合子,然后每个合子萌发成新个体。

2.3.4   休眠孢子

该孢子是沿海种类在多变环境中的一种适应方式。休眠孢子的产生常在细胞分裂后,原生质收缩到中央,然后产生厚壁,并在上、下壳分泌很多突起和各种棘刺。当环境有利时,休眠孢子以萌芽方式恢复原有形态和大小。

2.4　分类

根据壳的形态和花纹,硅藻门分为中心硅藻纲和羽纹硅藻纲两个纲。

分纲检索表

1(2)花纹呈同心的放射状排列,不具壳缝或假壳缝 ················ 中心硅藻纲

2(1)花纹左右对称,呈羽状排列,具壳缝或假壳缝 ················ 羽纹硅藻纲

2.4.1　中心硅藻纲

单细胞,或由壳面相连接成链状,花纹辐射对称排列,细胞呈圆盘形、圆柱形、三角形或多角形等。细胞外面常有突起和刺毛,有助于浮游生活,少数种类营附着生活,可分泌黏胶附着在海藻、底栖动物或其他物体上,被浪打之后,常带入浮游生物群中。

中心硅藻纲色素体盘状,小而数目多,有的种类角毛内也有色素体,没有壳缝或假壳缝,不能运动。大多数分布于海水中,淡水种类很少。本纲分成三个目。

中心硅藻纲分目检索表

1(2)细胞圆盘形、鼓形、球形、圆柱形。壳面多为圆形 ················ 圆筛藻目

2(1)细胞长圆柱形或盒形。

3(4)细胞长圆柱形,贯壳轴很长,具间生带 ················ 根管藻目

4(3)细胞形似面粉袋,盒形,各角常具有突起 ················ 盒形藻目

1. 圆筛藻目

单细胞,或以壳面相连接成链状,或靠胶质丝连成链状,或埋于胶质内。细胞常为圆形、鼓形或圆柱形,横断面圆形,壳缘平滑,有的种类具小刺。

圆筛藻目分科检索表

1(2)细胞靠刺与相邻细胞连接,刺和链轴平行 ················ 骨条藻科

2(1)细胞单独生活或相连成链,如以刺毛相连,则刺毛不与链轴平行。

3(4)细胞分泌胶质,靠一条或多条胶质线相连成链,或包埋在胶质块内 ··· 海链藻科

4(3)细胞不靠胶质丝相连。

5(8)细胞壳周有长刺向外围射出。

6(7)细胞单独生活,壳面半球形 ················ 环毛藻科

7(6)细胞靠长刺基部相连成链状群体,壳面扁平 ················ 辐杆藻科

8(5)壳周边无长刺射出。

9(10)细胞呈盘形、单独生活 ················ 圆筛藻科

10（9）细胞呈圆柱形或近球形,群体生活。

11（12）细胞呈球形或圆柱形,壳面具花纹 ·· 直链藻科

12（11）细胞呈长圆柱形、细胞壁薄,无花纹 ······································ 细柱藻科

1）骨条藻科

该细胞呈透镜形或圆柱形,壳面四周有一圈硅质刺,和邻胞的相对刺互相连接,刺和链轴平行。我国常见的有两属。

骨条藻属（*Skeletonema*）：细胞呈透镜形、圆柱形。细胞间隙长短不一,但比细胞本身长。壳面点纹极细微,不易见到。我国只有一种,即中肋骨条藻,分布很广,是鱼类的良好开口饵料,但是大量生殖会产生赤潮,其分布和数量也可当作水质污染的生物指标。见彩图2.5。

中肋骨条藻（*Skeletonema costatum*）：细胞呈透镜形或圆柱形,壳面圆而鼓起,着生一圈细长的刺,与邻细胞的对应刺相接组成长链。细胞间隙长短不一,往往大于细胞本身的长度。色素体有1～10个,但通常有2个,位于壳面,各向一面弯曲;2个以上的色素体为小颗粒状。细胞核位于中央,有增大孢子。本种分布极广,以沿岸为最多,曾多次引发赤潮,我国的各海区均有分布。

冠盖藻属（*Stephanopyxis*）：细胞壳面圆形,略鼓起。壳缘着生一圈管状刺,以此连成短链。细胞壁有明显的六角形孔纹,无间生带。我国常见的种类有掌状冠盖藻和塔形冠盖藻。

掌状冠盖藻（*Stephanopyxis palmeriana*）：细胞球形至圆筒形,直径100～150 μm。壳面圆形,略微鼓起,在壳缘着生一圈管状刺,有16～20条。借其末端与相邻细胞相对应刺的末端相接组成短链。自壳环面看,刺似栅状排列。孔纹明显,呈六角形,内孔呈圆形。壳环面孔纹从壳套基部作扇形射出状排列,壳面则从中心为起点作放射性排列。色素体为盘状。近岸偏暖性种类,营浮游生活。我国南海、东海和黄海均有分布。

2）海链藻科

细胞为圆盘形、短柱形或呈半球形突起。细胞由壳面真孔分泌的一条或多条原生质丝结成链状群体,或群体包埋于胶质内。壳缘常有小刺,壳面花纹呈射出状排列,壳环面常有领纹。本科种类全部为海产,我国沿海主要有三属。见彩图2.6。

诺氏海链藻（*Thalassiosira nordenskioldi*）：细胞壳环面八角形,壳面正圆形,直径12～43 μm。壳面边缘有一圈向四周斜射的小刺。壳面中央凹入处胶质线将细胞连成群体。链直或弯曲,壳环面有领纹,壳面花纹精细,壳面中央点纹排列不规则。色素体多数,板状。每一个细胞具一个休眠孢子。本种在我国主要分布在黄渤海、东海至台湾海峡。

3) 环毛藻科

细胞为圆柱形,壳面呈半球形鼓起。上、下壳上各有一圈细长的刺,向四周射出。壳环面有不明显的纹路。

环毛藻属(*Corethron*):特征同上。我国只有一种,即豪猪环毛藻(*C. hystrix*),单细胞,呈圆柱形。其高大于直径。上壳刺毛有两种类型,一圈较长,另有一圈较短,介于长刺毛之间,其末端呈头状膨大。细胞壁较薄。本种为大洋种类,但在我国各沿海都可采到。

4) 辐杆藻科

细胞为圆柱形,壳面扁平。壳周射出一圈刺毛和贯壳轴平行,然后和邻刺相连而和贯壳轴垂直,向四周射出一定距离后,仍分为两枝。因此,从壳面看,则见一圈"Y"字形刺毛由壳周射出。端细胞的端壳刺因无邻刺,单挑。细胞间隙小。本科全为海产,只有一属。

辐杆藻属(*Bacteriastrum*):特征同科,常见有透明辐杆藻(*B. hyalium*)和优美辐杆藻(*B. delicatulum*)。

5) 圆筛藻科

单细胞,呈盘形或球形,偶有短轴形或长轴带面楔形。壳面有孔纹、点纹,杂有线纹,一般呈向心排列,少数为较不规则排列,例如有的中央到四周构造不同,有的呈块状,有的种类在壳面具无纹眼、小突起、真孔、小刺或翼状突。本科种类较多。个体较小的,细胞壁较厚;个体较大的,细胞壁较薄,两者均为浮游生活。本科分布广泛,咸、淡水河口区也有不少种类。

小环藻属(*Cyclotella*):单细胞或由2~3个细胞相连。细胞呈圆盘形,壳面花纹分外围和中央区,外围有向中心伸入的肋纹,肋纹有宽有窄,少数呈点条状。中央区平滑无纹或具向心排列的不同花纹,壳面平直或有波状起伏,或中央部分向外鼓起,本属共有60多种,常见种类有扭曲小环藻(*C. comta*),主要为淡水产,近海也常发现;条纹小环藻(*C. striata*),为海产,半咸水河口及高盐水体也有分布;梅尼小环藻/孟氏小环藻(*C. meneghiniana*),常见于淡水湖泊。

圆筛藻属(*Coscinodiscus*):细胞多呈圆盘状,孔纹一般为六角形,有的孔间隙大而使孔纹呈圆形,孔纹在壳面正中心,有时特别粗大,似玫瑰花朵排列,称中央玫瑰区。正中心有时有块小的无纹区,称裂隙,较大时称中央无纹区。壳缘部分称外围,最外围孔纹间常有一圈小刺。色素体小而多,粒状或小片状,常分布在细胞四周较浓的原生质中。本属是最常见的浮游硅藻之一,为海产仔幼鱼、毛虾、贝类的主要饵料。其种类繁多,有300多种,但种的鉴定较难。我国已记录的有近30种,常见的有线形圆筛藻(*Cos. lineatus*)、辐射圆筛藻(*Cos. radiatus*)、星脐圆筛藻(*Cos. asterromphalus*)和偏心圆筛藻(*Cos. excentricus*)等。见彩图2.7,彩图2.8。

星脐圆筛藻（*Coscinodiscus asteromphalus*）：细胞大型，盘状至短圆柱形，具大而明显的中央玫瑰区。内孔明显，网纹的辐射列和螺旋列排列整齐，网纹大小几乎一致，或向外围略有缩小，外缘孔纹小而孔壁加厚。壳缘狭，具辐射条纹。色素体小而多。本种在我国沿海分布甚广，为最常见的种类之一。各季节均有，数量也较大。

巨型圆筛藻（*Coscinodiscus gigas*）：细胞大型，圆盘状，壳面中央有显著无纹区。孔纹粗大，呈六角形，辐射状和螺旋形排列，由壳中向壳缘逐渐增大。内孔仅在周围部分明显，表面小孔亦在壳的外围明显。孔纹的最外围有一层厚壁孔和两层小孔。壳缘狭，有粗大的辐射条纹，壳环面近方形，具孔纹。色素体小，呈圆形，分散在细胞中。本种在我国的南海、东海有分布。

辐射圆筛藻（*Coscinodiscus radiatus*）：细胞呈扁盘形，壳面平坦，壳环面薄。壳面中心无玫瑰区，孔纹粗糙，间隙较大，作辐射状排列，一列之中孔纹大小不一，相互掺杂，壳缘孔纹骤然缩小。这是沿岸和外洋种，分布很广，从寒带至热带皆有，温带最多。该种是我国最常见的种类之一，渤海、黄海、东海及南海均有分布。

6）直链藻科

细胞一般呈球形，也有呈盘形或短柱形的。壳套发达，靠壳面胶质相连呈直链，或以壳面紧连，或由刺相连。其大部分种类分布于海水中，淡水种类不多，但却是中心硅藻在淡水中最常见的种类，营浮游生活，是浮游硅藻的主要组成部分。

直链藻属（*Melosira*）：细胞呈圆球形或圆柱形，由壳面相连成链状或念珠状。壳面圆形，细胞一般很厚，有细点纹或孔纹。有的种类相连带上有一线形的环状溢缩，称环沟，又称横沟，两细胞之间的沟状溢入部称假环沟。有的种类壳面具棘或刺，有的种类具龙骨突。常见的种类有具槽直链藻（*M. sulcala*），为我国沿岸水域常见种，分布很广；颗粒直链藻（*M. granulata*），为湖泊池塘的普生种，可形成优势种群。变异直链藻（*M. varians*）在海、淡水中均有分布。

7）细柱藻科

细胞呈长圆柱形，以壳面紧密相连，构成细长的链状群体，链直或呈波浪弯曲。壳面无刺无突起。细胞壁薄，无花纹。色素体有 2 个或多个，呈颗粒状或圆板状。

细柱藻属（*Leptocylindrus*）：我国只有一种，丹麦细柱藻（*L. danicus*），细胞直径 8～12 μm，长 31～130 μm，长等于宽的 2～12 倍。色素体有 6～33 个，颗粒状。这是沿岸种，常见于我国近海。

丹麦细柱藻（*Leptocylindrus danicus*）：细胞呈长圆柱形。断面正圆形，壳面扁平或略平或略凹。细胞以壳面相连接组成直链，两相连细胞之间只有一层细胞壁。细胞壁薄，无花纹。色素体数量为 6～33 个，颗粒状。本种是沿岸型，分布极广。

2. 根管藻目

细胞壳面大多为椭圆形,少数圆形。贯壳轴伸长而呈管状,常有各种形状的间生带。本目只有一科一属。

根管藻属(*Rhizosolenia*):单细胞或组成链状群体。细胞呈长圆柱形,断面椭圆形至圆形,扁平或略凸,或十分伸长呈圆锥形突起,其末端具刺,刺常伸入邻胞而连成链状。细胞壁薄,有排列规则的点纹。壳环面长。间生带呈环形、半环形或鳞片状。本属种类多,分布广,多数为暖海性浮游硅藻。常见的种类有斯托根管藻(*R. stolterfothii*)、翼根管藻(*R. alata*)等。淡水种类很少,多生活在富营养型水体中,有长刺根管藻(*R. longiseta*)等。见彩图2.9。

细长翼根管藻(*Rhizosolenia alate* f. *gracillma*):细胞单个生活或呈短链。细胞细长而直,直径3~7 μm,为本种最小的类型。壳面伸长似圆锥形,没有端刺。节间带花纹鳞片状整齐排列。色素体多且小,呈颗粒状。本种在我国的渤海、黄海、东海和南海均有分布。

脆根管藻(*Rhizosolenia fragillissima*):细胞呈短圆柱形,壳面钝圆,呈不规则弧形。细胞的高度为宽度的2倍以上,直径20~70 μm。在壳面中央有一个斜生的小刺,嵌入邻胞,借此连接为直而短的链状群体。节间带具环纹,但不易见。色素体片状,多而小。本种在我国渤海、黄海、东海和南海均有分布。

半棘钝根管藻(*Rhizosolenia hebetata* f. *semispina*):细胞为单独生活或连成短链,细胞较窄,直径5~15 μm。壳面延长成微斜的圆锥形,端刺基部膨大中空,末端逐渐细长,稍微弯曲成毛状,长25~64 μm。节间带花纹鳞片状,背腹排列。色素体多,呈椭圆形。本种在我国的南海、东海、黄海和渤海均有分布。

刚毛根管藻(*Rhizosolenia setigera*):细胞呈棒状,单个生活,少数组成短链,直径7~18 μm。壳面呈斜圆锥形,稍倾斜。末端生有细长而直的刺,刺基长、粗而坚固,末端呈细毛状。本种在我国南海、东海、黄海和渤海均有分布。

3. 盒形藻目

单细胞,或形成链状群体。细胞的形状像一袋面粉,各角常有突起,有的还有小刺。大部分在海洋中营浮游生活,但有的种类能分泌胶质,极少数生活在淡水中。

盒形藻目分科检索表

1(2)刺毛长于细胞,刺端无爪,细胞靠刺毛相连 ……………………………… 角毛藻科

2(1)刺短于细胞,或无刺,如长于细胞则有爪。

3(4)壳面呈扁椭圆形、三角形或多角形,壳面突起和壳环面平行,一般突起短于细胞,如长于细胞则有爪 ……………………………… 盒形藻科

4 (3) 壳面呈长椭圆形,壳环面较阔,突起或有或缺 ······························· 弯角藻科

1) 角毛藻科

壳面呈椭圆形,少数呈圆形。长轴带面为长方形或正方形,从细胞四周生出来的角毛比细胞长,并且相互交叉构成链状群体。细胞间有空隙。

角毛藻属(*Chaetoceros*):细胞壳面上的构造极为微细而精致,一般不易看清,细胞常借助角毛与邻胞交接而成链状群体或靠壳面连成群体,少数种类为单细胞。色素体数目、形状、大小、位置都随种类不同而不同,是分类的主要依据。本属种类很多,分布很广,是最常见的浮游硅藻之一,与骨条藻在近岸(尤其河口附近)浮游生物群中占有重要的地位。常见的种类有洛氏角毛藻(*C. lorenzianas*)、窄隙角毛藻(*C. affinis*)和牟勒氏角毛藻(*C. muelleri*)等,见彩图 2.10。

窄隙角毛藻(*Chaetoceros affinis*):链很直,角毛细,向两侧直伸。端角毛粗大,呈马蹄形,并具细刺。细胞间隙狭长,中央部分相距 55 μm。色素体大,每个细胞只有一个,在细胞中央;色素体中央具蛋白核。本种在我国沿海常见,数量有时较多。

2) 盒形藻科

壳面为椭圆形、三角形、四角形、多角形或近圆形。细胞单独生活,也有由壳面突起分泌的胶质连接成链状的群体。该科绝大部分属海产,极个别生活在淡水中,分为五个属。

盒形藻属(*Biddulphia*):细胞形状像一袋面粉或近圆柱形。壳面一般呈椭圆形,两端有突起,突起的末端常有小型的真孔,能分泌胶质,使细胞连成直链或锯齿状群体,也有直接靠细胞突起相连成群体。本属种类多,常以胶质附着,营固着生活,仅少数营真正浮游生活,浮游种类常为单细胞,多为海产,只有少数分布于淡水或半咸水中,常见的种类有中华盒形藻(*B. sinensis*),见彩图 2.11。

中华盒形藻(*Biddulphia sinensis*):单独生活或形成短链。壳套和壳环面之间无凹缢。从细胞的四角伸出细长的棒状突起,末端截形。突起内侧的壳面上有明显的小隆起,上面着生一根粗壮中空的刺毛,顶端有小分叉。色素体小而多,呈颗粒状。本种在我国沿海均有分布。

2.4.2 羽纹硅藻纲

细胞的壳面呈线形、披针形、椭圆形、卵形、舟形、S 形或棒形等,其形态基本上属于长形或椭圆形,具壳缝或假壳缝或管壳缝,在壳缝或假壳缝的两侧具有横线纹,或具横肋纹。带面多数为长方形。色素体盘状,多数;或片状,1～2 个。

羽纹硅藻纲分目检索表

1（2）细胞壳面无壳缝，或具假壳缝 ·················· 无壳缝目

2（1）细胞壳面具壳缝。

3（4）细胞仅一壳面具壳缝，另一壳面为假壳缝 ·················· 单壳缝目

4（3）细胞两壳面均具壳缝。

5（6）壳缝短，不发达，仅位于壳面两端的一侧 ·················· 短壳缝目

6（5）壳缝发达，贯穿壳面。

7（8）壳缝呈线形，位于壳面中轴区 ·················· 双壳缝目

8（7）壳缝成管状，为管壳缝，常位于壳缘 ·················· 管壳缝目

1. 无壳缝目

单细胞，或连成带状、星状群体。细胞壳面或仅有横线纹构成的假壳缝，而无真正的壳缝。壳面常为线形或披针形，有的一端大，或具波形的边缘，两侧对称。常具间生带和隔片。色素体呈小颗粒状，罕为较大的片状。在淡水、海水中均有分布。

无壳缝目分科检索表

1（2）细胞内有隔片 ·················· 平板藻科

2（1）细胞内无隔片 ·················· 脆杆藻科

1）平板藻科

细胞内有隔片是本科的主要特征。隔片有2～5个。细胞直，壳面呈方形或长方形，也有椭圆形或楔形。假壳缝或有或无。细胞常以胶质相连成带状或曲折的链。

等片藻属（*Diatoma*）：细胞常连成带状或锯齿状群体。壳面呈线形、棒形或椭圆形，有的种类两端略膨大。假壳缝狭窄。壳面和带面均有横隔片和细线纹。带面呈长方形，具1或多数间生带。色素体椭圆形，多数。主要产于淡水。

平板藻属（*Tabellaria*）：细胞常连成"Z"形或星形的群体。壳面呈棒形或线形，中部常明显膨大，两端略膨大。假壳缝狭窄，纵隔片直，线纹。色素体盘状，多数。为淡水池塘、湖泊及缓流的小河中的浮游硅藻。

楔形藻属（*Licmophora*）：细胞楔形。壳面呈楔形或棍状，具隔片。群体像把扇子，借胶质营附着生活。色素体或颗粒状，多数；或大板状，少数。

斑条藻属（*Grammatophora*）：细胞由胶质连成锯齿状或星形的群体。壳面呈线形或椭圆形，带面长方形，但四角圆形。间生带2个。假隔片2个，游离端成头状。假壳缝不明显，壳上条纹精细。色素体1或多个。属海产沿岸性种类。

2）脆杆藻科

壳面有假壳缝或无。壳面扁卵形至披针形。常形成群体。海水、淡水常有

分布。

星杆藻属(*Asterionella*):细胞呈棒状,两端异形,通常一端扩大。细胞以一端连成星状、螺旋状等群体。假壳缝不明显。色素体呈板状或颗粒状,多数。浮游种类,在海水、淡水均有分布。常见的种类有日本星杆藻(*A. japonica*)。

日本星杆藻(*Asterionella japonica*):细胞群体生活,常以一端连成星形螺旋状的链。细胞长 75～120 μm。壳环面近端呈三角形,宽 16～20 μm,另一端细长,末端截平。壳面较狭,宽 10 μm,呈长椭圆形,一端大,一端细长。色素体一般 2 片,分布于细胞核附近。本种在我国沿海均有分布,暖季多于冬季。

针杆藻属(*Synedra*):细胞呈长线形。浮游种类单独生活或形成放射状群体;着生种类为放射状或扇状群体。壳面呈线形、披针形,中部至两端略渐尖,或等宽,末端呈头状。壳面中央常有方形或长方形的无纹区。具假壳缝,两侧具横线纹或点纹。色素体呈带状或颗粒状。分布广泛,淡水、海水中皆有分布。

脆杆藻属(*Fragilaria*):细胞以壳面相互连成带状群体,或以每个细胞的一端相连成"Z"形群体。壳面呈长披针形或椭圆形,两侧对称。壳面具线形假壳缝、线纹或点纹,带面呈长方形。间生带仅在海产某些种类有,主要分布在淡水中。

海毛藻属(*Thalassiothrix*):细胞呈棒形,两端形状不同。单细胞或以胶质柄相连成锯齿状或星形群体。壳缘有小刺。无假壳缝、间生带和隔片。色素体呈颗粒状,多数。常见的种类有佛氏海毛藻(*T. frauenfeldi*)。

佛氏海毛藻(*Thalassiothrix frauenfeldi*):细胞长 223～280 μm,宽 6 μm,一端借胶质相连组成星形或螺旋形的群体,壳环面棒状,壳面末端圆钝,另一端比较尖细。壳缘有排列整齐的小刺,长 10 μm,有 6～8 根。细胞壁厚,具有细纹。色素体多数,小型,颗粒状。本种在我国南海、东海、黄海和渤海均有分布。

海线藻属(*Thalassionema*):细胞呈棒形,壳面两端呈圆形,等大。细胞以一端相连成锯齿链状群体。本属仅菱形海线藻(*T. nitzschioides*),分布广,为世界种。在我国沿岸常同佛氏海毛藻一起出现。

菱形海线藻(*Thalassionema nitzschioides*):细胞长 30～116 μm,宽 5～6 μm,以胶质相连成星形或锯齿状群体。壳环面狭棒状,直或略为弯曲。壳面呈棒状,两端圆钝,同形。本种在我国南海、东海、黄海和渤海均有分布。

见彩图 2.12～彩图 2.15。

2. 单壳缝目

上壳壳缝退化,只剩下下壳壳缝。

卵形藻属(*Cocconeis*):单细胞,细胞扁平,壳面呈宽卵形、椭圆形或近圆形。上壳具中轴区,下壳具壳缝和中央节。点纹细小,不具胶质柄。分布在海水或淡水中,多营附着生活,浮游种类极少。以下壳贴附在大型藻类、沉水植物等物体上,如盾形卵形藻(*C. scutellum*),可大量贴附在紫菜叶状体上,影响其生长。

曲壳藻属(*Achnanthes*):单细胞或连成链,或以胶质柄附着在它物上。上壳面具假壳缝,下壳面具壳缝和极节。壳面纵轴弯曲,带面屈膝形。生活在海水、淡水和半咸水中。短柄曲壳藻(*A. breuipes*)为海产,原为附着生活,受风浪打散后即过浮游生活。分布于我国渤海、东海以及我国台湾近海等中,是杂色蛤仔的饵料。

3.短壳缝目

细胞上、下壳均具很短的壳缝。

短壳缝藻属(*Eunoria*):单细胞,或由壳面互相连成带状群体。壳面呈弓形,背缘凸出,腹缘平直或凹入,两端各有一个明显的极节,短壳缝从极节斜向腹侧边缘,无中央节。在软水池塘、水沟中常见,营浮游生活,或附着在其他物体上。

4.双壳缝目

细胞上、下壳面均具有壳缝。壳缝位于壳面正中线、边缘或四周。细胞呈舟形、楔形、弓形、直箭形、月形、"S"形或披针形。

双壳缝目分科检索表

1(2)细胞壳面两端及两侧均对称 ……………………………………… 舟形藻科
2(1)细胞壳面不对称。
3(4)细胞壳面两侧不对称 …………………………………………… 桥弯藻科
4(3)细胞壳面两端不对称 …………………………………………… 异极藻科

舟形藻科的细胞一般呈舟形。上、下壳面均具壳缝、中央节和端节,上下壳面花纹相同。壳面形状是直的,壳缝也是直的;壳面"S"形或月形的,壳缝也是"S"形或月形。带面长方形。该科为羽纹硅藻纲中最大的一科,种类的数量特别多,海水和淡水中均有分布。

舟形藻属(*Navicula*):壳面呈线形、披针形、椭圆形。中轴区狭窄,壳缝发达,具中央节和极节。壳面有横线纹、布纹等。带面长方形。色素体多为2块,片状。本属种类极多,海水、淡水及半咸水中均有分布。见彩图2.16。

羽纹藻属(*Pinnularia*):单细胞或连成丝状群体。壳面呈椭圆形或披针形,两侧平行。中轴区宽,有时超过壳面的1/3,常在近中央节和极节处膨大。壳面具横的、平行的肋纹。带面长方形,色素体2个,片状,位于细胞带面两侧。本属种类多,多分布在淡水的浅水水体中。

布纹藻属/双缝藻属(*Gyrosigma*):细胞狭而扁。壳面呈"S"形。壳缝在壳中线上,也呈"S"形。从中部向两端逐渐尖细,末端尖或钝圆。中轴区狭,呈"S"形,中央节处略膨大。花纹为纵横线纹十字形交叉构成的布纹。带面披针形。色素体2块,片状。为淡水、半咸水、海水中的浮游硅藻。波罗的海布纹藻(*G. balticum*),为海产,我国近海有分布,也出现于半咸水中。

双壁藻属(*Diploneis*):壳面呈椭圆形,少数线形或提琴形。壳缝直,两侧具有由中央节侧缘延长而形成的角状突起,角状突起外侧为宽的或窄的壳缝,壳缝的外侧是横肋纹或横线纹。带面长方形。色素体有2块,板状。多为海产种类,也常见于淡水和半咸水的浅水区中。

5. 管壳缝目

两壳都具有管状壳缝,有龙骨突和龙骨点。

管壳缝目分科检索表

1(2)管壳缝常在壳面作角状曲折,或位于背侧边缘 ……………………… 窗纹藻科

2(1)管壳缝非上述情况。

3(4)管壳缝位于壳面中部或偏于一侧边缘 ……………………… 菱形藻科

4(3)管壳缝围着整个壳缘 ……………………………………………… 双菱藻科

菱形藻科为单细胞,有的形成群体。细胞长形,罕见为椭圆形。细胞每一壳面具龙骨突。在龙骨突上具管壳缝。管壳缝的内壁有许多小孔,即龙骨点。上下壳面的龙骨点彼此交叉相对,因此,带面呈菱形。色素体为小颗粒状。淡水、海水中均有分布。

菱形藻属(*Nitzschia*):细胞梭形、舟形、菱形等。壳面直或呈"S"形、线形、椭圆形,具横线纹或横点纹。壳缘具管壳缝。色素体一般有2个。本属种类很多,广泛分布在淡水、海水和半咸水中。

新月拟菱形藻(*N. closterium*):单细胞,壳面中央膨大,两端细长,向同方向弯曲成弓形。本种营潮间带底栖生活,在浮游生物中也常见,已在实验室大量培养,为养殖动物幼体的良好饵料。

尖刺拟菱形藻(*Nitzschia pungens*):细胞细长,呈梭形,末端尖。长80~134 μm,宽3.7~9 μm。细胞借末端相叠成链,相连部分达细胞长度的1/4至1/3。龙骨点10 μm,有9~13条;点条纹与龙骨点数目相同。每个细胞有2个色素体,位于细胞核两侧。本种在我国沿海均有分布。见彩图2.17。

2.5　生态分布和意义

硅藻是海洋有机物的主要生产者之一,它同其他浮游植物一起,构成海洋初级生产力。硅藻是海洋动物及其幼体的直接或间接的饵料。在我国沿海贝类的饵料

中,硅藻占首要地位。海洋浮游甲壳动物以及对虾和其他经济虾类的幼体等,也都以硅藻为主要摄取对象。中国毛虾的全年食物中,硅藻占54%。又如鲜鱼、沙丁鱼等幼鱼也以硅藻为主要食物。可见,海洋经济动物产量的高低与硅藻的数量有着密切的关系。随着海水养殖业的发展,人工大量培养硅藻,如中肋骨条藻、三角褐指藻、牟氏角毛藻、新月菱形藻等,用来解决经济海产动物人工育苗幼体的饵料,这是提高种亩产量必不可少的关键技术。

海洋环境如果受到富营养等污染,常会使某些硅藻如骨条藻、菱形藻、盒形藻、角毛藻、根管藻、海链藻等生殖过盛,形成赤潮,使水质恶化,对渔业及其他水产动物带来严重危害。有些硅藻(如根管藻)生殖太盛并密集在一起,可阻碍或改变鲱鱼的洄游路线,降低渔获量。

硅藻死亡后的硅质外壳,大量沉积在海底,形成的硅藻土(diatomaceous earth),含有83.2%的氧化硅。它在工业上的用途很广,可以作为建筑、磨光等材料,也可作过滤剂、吸附剂、造纸、橡胶、化妆品和涂料的填充剂,以及保温材料等。化石硅藻对石油勘探有关的地层鉴定以及对古地理的研究都有一定的参考价值。

 复习思考题

1. 硅藻门有何特征?试叙述其细胞壁结构。

2. 解释下列各词:壳套、相连带、间生带、隔片、假隔片、壳面、带面、壳缝、假壳缝、管壳缝、龙骨点、连接带。

3. 说明硅藻各纲、目的特征和常见种类。

4. 硅藻有何价值?

第3章 甲 藻 门

3.1 甲藻的主要特征

细胞体制和形态:甲藻多为单细胞双鞭运动个体,少数为丝状体或单细胞连成的各种群体。具有2条鞭毛,可运动。细胞呈球形、卵形、针形、多角形等。有背腹之分,背腹扁平或左右侧扁。细胞前后端有的具角状突起。

细胞壁:纵裂甲藻类,细胞壁由左右2片组成,无纵沟和横沟。横裂甲藻类,细胞裸露或具纤维素细胞壁,细胞壁由许多小板片组成。板片有时具角、刺或乳头状突起,板片表面常具孔纹。大多数种类具有一条横沟和一条纵沟。横沟(tranverse furrow)又称腰带,位于细胞中部或偏于一端,围绕整个细胞或仅围绕细胞的一半,呈环状或螺旋形。横沟以上称上锥部(epicone)或上壳/上甲(epitheca),横沟以下称下锥部(hypocone)或下壳/下甲(hypotheca)。纵沟(longitudinal furrow)又称腹区,位于下锥部腹面。纵沟可上、下延伸,有的达下甲末端,有的达上甲顶端。纵、横沟内各具一条鞭毛,即纵沟鞭毛和横沟鞭毛。上、下甲板片的数目、形状、排列方式为分类的重要依据。见彩图3.1。

横沟上部的甲板片叫上甲板片(上壳),也称上锥部甲板。横沟下部的甲板片叫下甲板片(下壳),也称下锥部甲板。上锥部、下锥部、横沟及腹区各由数块大小不等的多角形板片组成,其数目、形状和排列方式因属、种而异。

上甲板片:

顶孔板(apical pore plate):位于顶端,中间有一明显的孔,以 P_o 表示。

顶板(apical plate):围绕顶孔板的板片,以 ′ 或 AP 表示。

沟前板(precingular plate):位于上锥部横沟相邻的板片,以 ″ 或 P 表示。

前间插板(anterior intercalary):顶板与沟前板之间的板片,以 a 表示。

下甲板片:

沟后板(postcingular plate):位于下锥部,横沟相邻的板片。以 ‴ 表示。

底板(antapical plate):位于下锥部末端的板片,以 ⁗ 表示。

后间插板(posterior intercalary plate):沟后板与底板之间的板片,以 p 表示。

横沟:通常由3块板片组成,以 G 表示。

纵沟(腹区):一般由6块板片组成,以 V 表示,6块板片分别为左前板 la 和右前板 ra,左鞭毛孔板 lf 和右鞭毛孔板 rf,连结板 co 和后围板 po。

上述小板有一定的排列方式,称板式,如多甲藻板式为:1P$_0$,4′,2～3a,7″,3G, 5″′,2″″,6V。即顶孔板 1,顶板 4,前间插板 2～3,沟前板 7,横沟 3,沟后板 5,底板 2,腹区 6。见图 3.1,图 3.2。

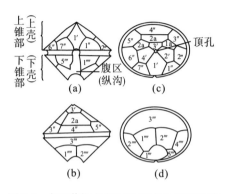

图 3.1　多甲藻板式结构模式图(自胡鸿钧等)
(a)腹面图;(b)背面图;(c)顶面图;(d)底面图

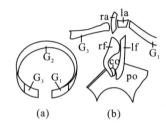

图 3.2　腰带及腹区结构模式图(自胡鸿钧等)
(a)腰带:G1～G3 腰带板;(b)腹区:la 左前板,ra 右
前板;lf 左鞭毛孔

3.2　甲藻细胞主要内含物

含有叶绿素 a、c,β-胡萝卜素,特含甲藻素和多甲藻素。色素体呈黄褐色、红褐色或蓝绿色。纵裂甲藻的色素体少,常呈片状。横裂甲藻的色素体小而多,常呈盘状。全动营养的种类,如夜光藻则无色素体。贮存物质为淀粉或油滴。

细胞核:多数甲藻的细胞核较特殊,染色质排列成串珠状,在有丝分裂过程中核膜不消失,不形成纺锤体。因此有学者认为,甲藻是介于原核生物和真核生物之间的所谓间核生物(mesocaryon)。

3.3　生殖

甲藻最普遍的生殖方式是细胞分裂。还有一些进行其他的生殖方式,翅甲藻等主要是以纵分裂生殖为主,多甲藻等主要是以横分裂生殖为主,角藻属主要以斜分裂为主。此外,还有些甲藻可以进行孢子生殖,可产生动孢子和不动孢子;还有些可以进行配子生殖,如夜光藻等进行同配生殖,三角藻可进行异配生殖;还有些可以产生休眠孢子。见彩图 3.2。

3.4 甲藻的分类

甲藻门(Pyrrophyta)一共约 1 100 种,但是只有 1 个纲,即甲藻纲(Pyrro-phyceae)。根据细胞壁的组成和鞭毛着生的位置,可分为两个亚纲——横裂甲藻亚纲(Dinokontae)和纵裂甲藻亚纲(Desmokontae)。

甲藻纲 2 个亚纲检索表

1(2) 细胞壁由左右两瓣组成。鞭毛 2 条,顶生 ·············· 纵裂甲藻亚纲

2(1) 细胞裸露或由一定数目板片组成细胞壁,鞭毛 2 条,腰生 ·············· 横裂甲藻亚纲

3.4.1 纵裂甲藻亚纲

单细胞,细胞壁由左、右两壳瓣组成。鞭毛 2 条,不等长,生于细胞前端。营浮游生活,大多数为海产,国内均为海产。

纵裂甲藻亚纲分目检索表

1(2) 细胞壁可分为两瓣,但纵裂线不明显 ·············· 纵裂甲藻目

2(1) 细胞壁有 1 条明显的纵裂线,将细胞分成左右两瓣 ·············· 原甲藻目

1. 纵裂甲藻目(Desmomomadales)

单细胞。细胞壁纵分为两瓣,但纵裂线不明显。鞭毛呈带状,着生于细胞前端,一条伸向前方,另一条螺旋环绕于细胞前端。本目只有纵裂甲藻科、纵裂甲藻属。

纵裂甲藻属(*Pleramonas*):主要代表为啮蚀纵裂甲藻(*Pleromona erosa*),其细胞呈卵形,前端略凹入,2 条带状鞭毛由此生出。细胞壁薄,分成左右大小不等的两瓣。色素体大,片状。有蛋白核。以细胞纵分裂生殖。

2. 原甲藻目(Prorocentrales)

细胞壁上有明显的纵裂线,将细胞分为左、右两瓣。仅有原甲藻科,分为原甲藻属和卵甲藻属。

(1) 原甲藻属(*Prorocentrum*):细胞卵形或略呈心形,左右侧扁。鞭毛 2 条,自细胞前端两壳瓣之间伸出。在鞭毛孔旁两壳瓣之间或在一个壳上,有一齿状突起。壳面上除纵裂线两侧外,布满孔状纹。鞭毛基部有 1 个细胞核或 1~2 个液泡。色素体 2 个,片状侧生或者粒状。

利马原甲藻(*Prorocentrum lima*):呈倒卵形。中后部最宽阔。右壳板有一个浅"V"字型或三角形凹陷。可产生腹泻性毒素。

海洋原甲藻(*P. micans*):细胞侧扁,呈瓜子形。长约 50 μm。本种分布较广。

在我国沿岸是牡蛎、幼鱼的饵料。若大量生殖可形成赤潮,是太平洋东岸形成赤潮的重要种类。大量生殖时有发光现象。见彩图 3.3,彩图 3.4。

微小原甲藻(*Prorocentrum minimum*):藻体壳面呈心形或卵形。体长为 15～23 μm,宽度为 13～17 μm,顶刺长约 1 μm。顶刺短小,叉状,顶生,副刺短。两壳板表面布满突起的小刺,壳板表面稀疏分布刺丝胞孔。我国沿岸和内湾都有分布。

(2) 卵甲藻属(*Exuviella*):细胞呈椭圆形,前端比后端略窄些,左右侧扁,与原甲藻属的区别在于没有齿状突起,仅在鞭毛孔周围有一圈很小的齿状突。滨海卵甲藻/海生卵甲藻(*E. marina*)细胞长 36～50 μm,本种为世界种,分布广泛。生活方式除近岸浮游生活外,有时栖息于海滩上。

3.4.2 横裂甲藻亚纲

单细胞,或由单细胞组成各种形状的群体。细胞裸露或细胞表面有一层或薄或厚的纤维质壁。壳壁由多块板片构成。壳面有 1 条纵沟和 1 条或多条横沟。除了少数之外,横沟都能环绕细胞一周。大多数种类的横沟呈螺旋状,也有呈环形围绕的。本亚纲分五个目。其中多甲藻目种类多、分布广,作为重点讲述。

多甲藻目(Order Peridinales)为单细胞,有时数个细胞连成链状群体。细胞具明显的纵、横沟。2 条鞭毛分别位于横沟和纵沟内,能运动。本目分三个亚目。

多甲藻目分亚目检索表

1(2)横沟明显靠近细胞前部,横沟与纵沟的各块板片具有翼状的边翅 ……… 鳍甲藻亚目

2(1)横沟不明显靠近细胞前部,没有边翅。

3(4)细胞裸露或具薄的细胞壁,薄壁由许多相同的多角形的小片组成 ……… 裸甲藻亚目

4(3)细胞具厚而硬的壳壁,壳壁由许多大小不同的多角形板片组成 ……… 多甲藻亚目

1. 鳍甲藻亚目(Dinophysidineae)

细胞左右侧扁,横沟与纵沟的各块板片都有翼状的边翅。横沟明显靠近细胞前部,所以下锥比上锥大。纵沟短,与纵裂线重合。本亚目常见的是鳍甲藻科。

鳍甲藻属(*Dinophysis*):细胞横沟的边翅斜伸向前,呈漏斗形。壳面有孔纹,色素体呈黄绿色。主要有尖鳍甲藻(*D. acuta*)、具尾鳍甲藻(*D. caudata*)等。见彩图 3.5。

具尾鳍藻(*Dinophysis caudata*):藻体侧面扁平,体长 70～100 μm,宽 39～51 μm。壳板厚,表面布满细密的鱼鳞状网纹,每个网纹中有小孔。下壳长,后部延伸成细长而圆的突出。上边翅向上伸展呈漏斗形,具辐射状肋;下边翅窄,向上伸展,无肋,左沟边翅几乎是细胞长度的 1/2,并有 3 条肋支撑,右沟边翅后端逐渐缩小近似三角形。本种在我国南沙群岛、西沙群岛、海南岛、广东珠江口、大亚湾、

大鹏湾等都有分布。日本曾报道赤潮发生前后鱼类大量死亡。本种可产生腹泻性贝毒。

倒卵形鳍藻（*Dinophysis fortii*）：细胞阔卵圆形，体长 56～83 μm，宽 40～54 μm。背缘卷曲，腹缘几乎平直。左沟边翅很长，可达整个细胞的 4/5，右沟边翅完全。细胞表面有很多深孔状物质，每个内部均有一小孔。在我国，主要分布于渤海。该种可产生腹泻性贝毒。

2. 裸甲藻亚目（Gymnodiniineae）

细胞裸露，或有固定周质膜。具横沟、纵沟。横沟环状或螺旋状。本亚目主要有两个科。

裸甲藻亚目分科检索表

1（2）鞭毛退化，触手能动 ……………………………………………… 夜光藻科
2（1）2 条鞭毛正常，无触手 …………………………………………… 裸甲藻科

1）夜光藻科（Noctilucaceae）

细胞圆形，呈囊状，没有外壳，具有 1 条能动的触手。幼体似裸甲藻，长成后横沟及鞭毛均不明显，仅夜光藻属。

夜光藻属（*Noctiluca*）：特征同科。

夜光藻（*N. scientillans*）：单细胞，球形，直径可达 1～2 mm，肉眼可见。纵沟与口沟相通，末端生出 1 条触手，2 条鞭毛均退化。细胞中央有 1 大液泡。细胞核一个。原生质浓集于口沟附近，呈黄色，原生质丝呈放射状。细胞无色或绿色，当夜光藻大量密集时则可形成粉红色的赤潮。为热带、亚热带海区发生赤潮的主要种类之一，夜光藻受海浪冲击夜晚会闪闪发光，也为海洋发光现象的主要发光生物，夜光藻分布极广，除寒带海区外，遍及世界各海区。我国整个近海都可大量采到，而以河口附近数量最高，见彩图 3.6。

2）裸甲藻科（Gymnodiniaceae）

横沟位于细胞中央，或靠近前、后端。纵沟略延伸到上锥部。本科有四属。我国只有一属。

裸甲藻属（*Gymnodinium*）：细胞侧扁，呈圆形或椭圆形，横沟在细胞中部略下陷，环绕细胞一周，细胞如具薄壁，则由许多相同的多角形小板片组成。色素体多个，盘状、棒状，呈金褐色、绿色、黄绿色等。有的种类无色素体。本属种类在海水、淡水中均有分布，以海产种类居多，不少种类是形成赤潮的重要生物。如蓝色裸甲藻（*G. coeruleum*），其细胞呈长圆锥状，个体较大，长 120 μm，宽 60 μm 左右。纵沟达上锥部顶部，表质膜有纵列条纹，为形成赤潮的种类之一。淡水中的裸甲藻（*G. aeruginosum*）和真蓝裸甲藻（*G. eucyaneum*），是鲢鳙的天然好饵料，但过量

生殖,也有危害,在肥水鱼池内大量生殖,使池水呈蓝绿色,可形成云彩状水华。

长崎裸甲藻(*Gymnodinium mikimoti*):藻体单细胞,营游泳生活,运动时呈左右摇摆状。细胞长 15.6～31.2 μm,宽 13.2～24 μm。下锥部的底部中央有明显的凹陷,右侧底端略长于左侧。本种在中国分布广泛,常见于温带和热带浅海水域。本种具有毒性。

3. 多甲藻亚目(Peridinineae)

单细胞,有时几个细胞连接成链状群体。细胞具有明显的纵沟和横沟。细胞壁由大小不等的多角形板片组成,板片数目、形状和排列方式是分类的重要依据。

多甲藻亚目分科检索表

1(2)细胞上、下甲延伸成发达的角状突起 ·· 角藻科
2(1)细胞上、下甲无发达的角状突起。
3(4)细胞壁常为整块,或由小板片组成,每种的上壳板片数目变化不定 ········· 薄甲藻科
4(3)细胞壁不为整块,由板片组成,每种的上壳板片数目恒定。
5(6)横沟两端距离较大,为宽度的 1.5～7 倍 ··· 膝沟藻科
6(5)横沟两端非上述情况。
7(8)细胞为球形、椭圆形或多角形,下壳底板 2 块 ································ 多甲藻科

1) 角藻科(Ceratiaceae)

单细胞,或连成链状群体。顶角细长,底角 2～3 个,有些种类只有 1 个发达的底角,另一个短小或者完全退化。底角大多向上弯曲。横沟位于细胞中央呈环状。细胞腹面中央为斜方形的透明区,纵沟位于此区左边。透明区右侧另有一锥形的沟,可容纳另一个体的顶角,从而连成群体。甲片式为 4′,5″,5‴,2⁗。没有前后插板,壳面有孔纹,色素体多个,小颗粒状,顶角和底角同样有色素体。仅有角藻属。

角藻属(*Ceratium*):本属是最常见的海洋浮游甲藻类,分布很广。主要有三角角藻(*C. tripos*)、长角角藻(*C. macroceros*)、梭角藻(*C. fususdeng*)等。淡水中飞燕角藻(*C. hirundinella*)分布极广,可大量繁殖,使水呈红褐色,形成云彩状水华,其体型有冬型和夏型,有明显的季节变异。见彩图 3.7～彩图 3.10。

叉状角藻(*Ceratium furca*):藻体长,前后延伸,上体部长,略呈等腰三角形,向前端延伸逐渐变细,形成开孔的顶角。体长为 100～200 μm,宽为 30～50 μm。顶角与上体部无明显分界线。横沟部位最宽,呈环状、平直,细胞腹面中央为斜方形。下体部短,两侧平直或略弯,底缘由右向左倾斜,2 个后角呈叉状向体后直伸出,左、右角近乎平行,末端尖而封闭,左后角比右后角长而稍粗壮。本种是我国的渤海、东海和南海常见种。

梭角藻(*Ceratium fusus*):藻体细长,前后延伸,直或轻微弯曲,有 1 个前角和

2 个后角,右后角常退化。藻体长一般为 $300 \sim 550 \ \mu m$,宽为 $15 \sim 29 \ \mu m$。横沟部位最宽,几乎位于细胞的中部,上体向前端逐渐变细,延长成狭长的顶角。下体向底端渐渐变细成瘦长的左后角,右后角极短小或退化。两后角间凹陷为纵沟。壳表面由许多不规则的脊状网纹和刺胞孔覆盖。细胞核位于上壳,细胞内含物有黄褐色、圆盘状的叶绿体等。我国在南海、渤海、黄海、东海及内湾、香港等海域广泛分布。该种在内湾常形成赤潮。

三角角藻(*Ceratium tripos*):细胞宽 $60 \sim 93 \ \mu m$。前体部短,左侧边少许凸出,右侧边凸出明显。后体部与前体部等长或略长,左侧边一般凹入。三个角均很粗壮,一般右角比左角显著细弱。本种在我国沿海分布广泛,数量很多。

2)薄甲藻科(Glenodiniaceae)

细胞大多数为卵圆形,背腹略扁。细胞壁薄,整块或由小板片构成。板式为 $3-5', 0-2a, 6-7'', 1-5''', 2''''$。本科大多数为淡水种类,仅少数生活在海洋中。

薄甲藻属/光甲藻(*Glenodinium*):细胞球形至长卵形,近两侧对称。细胞壁明显,大多数为整块,少数种类由多角形、大小不等的板片组成。横沟位于细胞的中部或略偏于下壳,环状围绕,很少螺旋环绕。纵沟明显。色素体多数,盘状,金黄色至暗褐色。有的种类具一红色眼点。本属种类对低温,低光照有极强的适应能力,在北方地区是鱼类越冬池中浮游植物的重要成分。

3)膝沟藻科(Gonyaulaxaceae)

单细胞或连成链状群体。横沟左旋,腹面横沟较宽,横沟两端距离较大。

膝沟藻属(*Goniaulax*):细胞形态与多甲藻属相似,不同之处是,本属有 1 块小的延长的副顶端板,纵沟直达顶部。膝沟藻属多分布在海洋中。

多边膝沟藻(*G. polyedra*):细胞前端略尖,后部钝圆,末端有 2 个或多个小短刺。甲片式为 $3', 6'', 6''', 1p, 1''''$。淡水中仅有尖尾膝沟藻(*Gapiculata*)。

多纹漆沟藻(*Gonyaulax polygramma*):藻体红褐色,宽纺锤形,上下壳长几乎相等,长 $48 \ \mu m$,宽 $33 \ \mu m$。下壳底端钝圆形,具两条锐利小棘。壳板表面有许多纵肋纹,呈连续状,肋纹间有网状花纹。该种是南海北部沿海主要的赤潮生物。香港、大鹏湾盐田水域发生过该种赤潮,日本水域该种赤潮曾引起鱼类大量死亡。

链状亚历山大藻(*Alexandrium catenella*):细胞略近圆形,体长 $21 \sim 48 \ \mu m$,宽 $23 \sim 52 \ \mu m$。藻体表面光滑,横沟明显左旋;第一顶板无腹孔,后附属孔位于腹区后板的右半部分。壳板薄,孔纹少。常由 $2 \sim 5$ 个细胞组成群体。中国青岛胶州湾可见。本种可产生麻痹性贝毒(PSP)。

塔玛亚历山大藻(*Alexandrium tamarense*):细胞略近圆形,上壳与下壳半球形,大小相近。细胞长 $20 \sim 52 \ \mu m$,宽 $17 \sim 44 \ \mu m$;横沟明显左旋;鞭毛 2 条,藻体呈旋转运动,速度较快。本种在较暖的海域里发生赤潮频率较高,我国在大鹏湾、厦门海域和胶州湾均有发现。本种可产生麻痹性贝毒,见彩图3.11。

4) 多甲藻科(Peridiniaceae)

细胞呈球形、椭圆形或多角形,大多呈双锥形。前端常呈细而短的圆顶状,或突出成角状;后端钝圆。板式为 $1P_0$,$4'$,$2-3a$,$7''$,$3G$,$5'''$,$2''''$,$6V$。其中第一顶板和第二间插板的形态在分类上极为重要。细胞内有液泡。色素体多个,颗粒状,黄绿色、黄褐色或褐红色。细胞核大。本科只有多甲藻属。

多甲藻属(Peridinium):种类多,200多种,是多甲藻目最大的一类。绝大多数海产。常见的有锥多甲藻(P. conicum)、五边多甲藻(P. pentagonum)及扁多甲藻(P. depressum)。见图3.3,彩图3.12~彩图3.14。

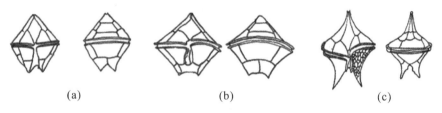

图 3.3　多甲藻属(Peridinium)

(a)锥多甲藻(P. conicum);(b)五边多甲藻(P. pentagonum);(c)扁多甲藻(P. depressum)

锥形多甲藻(Peridinium conicum):细胞双锥形,背腹扁平,大小为 70~80 μm。下壳侧面略凹陷,末端明显叉分成两个后角,但底角短。细胞表面呈网状。该种在我国沿海也广为分布。

3.5　生态分布和意义

甲藻分布十分广泛,海水、淡水、半咸水中均有分布。多数种类生活于海洋中,几乎遍及世界各大海区,是海洋浮游生物的一个重要类群,在海洋生态系统中占有重要的地位。甲藻通过光合作用,合成大量有机物,其产量可作为海洋生产力的指标。甲藻同硅藻一样,也是海洋小型浮游动物的重要饵料之一。

淡水中甲藻的种类不及海洋中多,但有些种类可在鱼池中大量繁殖,形成优势种群,如真蓝裸甲藻是鲢鳙的优质饵料,素有"奶油面包"之称。光甲藻对低温、低光照有极强的适应能力,是北方地区鱼类越冬池中浮游植物的重要组成成分,其光合产氧对丰富水中溶氧,保证鱼类安全越冬有重要作用。

某些甲藻是形成赤潮的主要生物,对渔业危害很大。由于引起赤潮的生物种类不同,其危害程度和方式也不同,夜光藻等赤潮种类,可使海水缺氧,堵塞动物的呼吸器官,而导致生物窒息。而有些甲藻可分泌毒素,毒害其他水生生物,如短裸甲藻（*Gymnodinium breve*），分泌神经毒素，直接释放到海水中，使鱼、虾、贝类大量死亡。多边膝沟藻（*Gonyaulax polyedra*）则在藻体死亡后产生毒素，危害海洋生物。有些种类对鱼类、贝类不造成致命影响，但毒素可在它们体内积累，如果人类或其他脊椎动物食用了这些有毒鱼类、贝类就会发生中毒、死亡。

不少甲藻具有发光能力，特别是夜光藻，细胞个体大，是研究发光生理的良好材料。另外，甲藻是间核生物，是原核生物向真核生物进化的中介型，它们的形成、分类研究，为生物进化理论提供新的参考资料。

 复习思考题

1. 甲藻门有何特征？

2. 甲藻门分几个亚纲？各亚纲的特征是什么？

3. 试述横裂甲藻亚纲细胞壁的结构。

4. 以多甲藻为例，说明甲片式的含义。

5. 能形成赤潮的甲藻有哪些？

第4章 绿 藻 门

4.1 绿藻的主要特征

4.1.1 细胞形态

细胞呈球形、卵形等,鞭毛或有或无。运动的细胞常具 2 条顶生、等长的鞭毛,少数为 4 条,极少数为 1、6 或 8 条,有的生殖细胞具一轮顶生的鞭毛。在鞭毛着生的基部,一般都具有 2 个伸缩泡。眼点 1 个,粉红色,位于细胞的前部侧面。

4.1.2 细胞体制

绿藻种类多,体型复杂,可归纳为以下几种类型:
(1) 单细胞类型:如衣藻、小球藻;
(2) 群体类型:如空球藻、盘星藻;
(3) 胶群体类型:如胶囊藻;
(4) 丝状体类型:如水绵、刚毛藻;
(5) 膜状体类型:如石莼、浒苔;
(6) 异丝体类型:如毛枝藻;
(7) 管状体类型:如松藻。
但是海水种类多为单细胞体。

4.1.3 细胞壁构造

细胞壁内层为纤维素,外层为果胶质,表面平滑,或具颗粒、孔纹、瘤、刺毛等构造。除少数种类原生质体裸露、无细胞壁外,绝大多数都有细胞壁。

4.2 绿藻细胞主要内含物

色素成分与高等植物相似,有叶绿素 a、b、叶黄素和 α-胡萝卜素和 β-胡萝卜素。叶绿素占优势,因而植物体呈绿色,故名绿藻。色素位于色素体内,色素体形态多种,有盘状、杯状、星状、带状和板状等,且常具 1 或多个蛋白核。色素体和蛋白核的形状、数目和排列方式常为分类的依据。同化产物为淀粉。细胞核 1 个,少数种类多个,具核仁和核膜。

4.3　生殖

　　绿藻的繁殖方式有营养繁殖、无性生殖和有性生殖等。细胞分裂是其常见的繁殖方式。此外,还有游泳孢子、似亲孢子等。有性生殖除同配、异配和卵式生殖外,还有接合生殖。无性生殖时,细胞常静止不动,鞭毛收缩或脱落。其内的原生质体经过 1~4 次有丝分裂,形成 2、4、8 或 16 个子原生质体,随后各自形成 1 个游动孢子,其结构和母体一样。待母细胞壁胶化破裂时,每个游动孢子即被释放出来并在水中游动,各自长大成 1 个新个体。

　　有性生殖过程,脱去鞭毛,原生质体经过 3~6 次分裂,产生 8、16、32 或 64 个具 2 条鞭毛的细胞,叫做配子。其形态结构和游动孢子基本相同,但更小些。配子释放出来后,成对地进行融合,每对配子产生 1 个二倍体的合子。合子分泌产生厚壁,经过休眠,当条件适宜时萌发,首先进行减数分裂,各产生 4 个单倍体的减数孢子。待合子壁破裂后放出。见图 4.1。

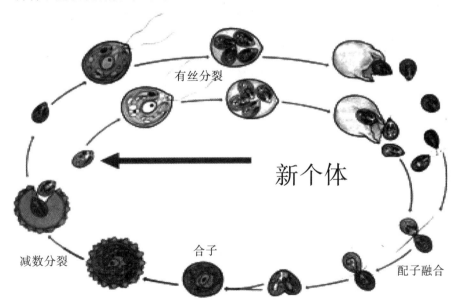

图 4.1　绿藻的生殖

4.4 绿藻的分类

绿藻门（Chlorophyta）分两个纲，即绿藻纲（Chlorophyceae）和接合藻纲（Conjugatophyceae）。

分纲检索表

1（2）运动细胞或生殖细胞具鞭毛，能运动，有性生殖不为接合生殖 …………… 绿藻纲

2（1）营养细胞或生殖细胞均无鞭毛，不能游动，有性生殖为接合生殖 ………… 接合藻纲

4.4.1 绿藻纲

运动细胞一般具有 2 条顶生、等长的鞭毛，少数 4 条，极少数 1、6、8 条或为一轮环状排列的鞭毛。体形多种多样，单细胞、群体等。以孢子进行无性繁殖，有性生殖为同配、异配或卵配生殖。一般常见的有七个目。

绿藻纲分目检索表

1（8）植物体为单细胞、定形群体或非定形群体。

2（3）植物体营养时期为运动型。营养细胞具鞭毛 ……………………… 团藻目

3（2）植物体营养时期非运动型。营养细胞不具鞭毛，或仅具假鞭毛。

4（5）植物体为管状、球形的多核体 ………………………………… 管藻目

5（4）植物体为单细胞、群体或定形群体。

6（7）营养细胞有的具假鞭毛，细胞能进行植物性细胞分裂，不形成似亲孢子 … 四孢藻目

7（6）营养细胞不具假鞭毛，细胞不能进行植物性细胞分裂，可形成似亲孢子 … 绿球藻目

8（1）植物体为简单或分枝丝状体，膜状体。

9（10）植物体为简单或分枝丝状体，每个细胞具有多个细胞核 …………… 刚毛藻目

10（9）植物体为简单或分枝丝状体，膜状体，每个细胞具 1 个细胞核。

11（12）细胞顶端具帽状环纹。动孢子、雄配子、精子顶生一圈环状排列的鞭毛 … 鞘藻目

12（11）细胞顶端不具帽状环纹。动孢子、雄配子、精子顶端生两条或四条鞭毛 ………
………………………………………………………………………………………… 丝藻目

1. 团藻目（Volvocales）

团藻目是绿藻门中唯一的营养细胞具鞭毛并能运动的一目。多数种类鞭毛 2 条等长，顶生。细胞为球形、卵形、心形、椭圆形、圆柱形或纺锤形等，极少数为不规则形。绝大多数有细胞壁。大多数具有一个红色眼点。色素体呈杯状、星状、盘状等。蛋白核 1 个或多个。单细胞或群体，细胞形态基本是衣藻型。繁殖以细胞分裂为主。有性生殖有同配、异配、卵配。大多数为淡水产，但是目前已经有很多

种类驯化成海水产。

(1) 衣藻属(*Chlamydomonas*)：单细胞,具 2 条鞭毛的运动个体。细胞长度不超过宽的 3 倍。横切面圆形。细胞壁光滑,紧贴原生质体,间隙较少。鞭毛在细胞等长或稍短。色素体为杯状、片状、星状等。蛋白核 1 个,位于较厚的后端或侧面,或多数散布在色素体内。眼点呈半圆形、菱形、凸透镜形等,常位于细胞前端或中部。伸缩泡 2 个,位于细胞前端,少数种类伸缩泡多数分散在原生质中。细胞核 1 个,在中部,少数位于侧面或后端。淀粉在蛋白核周围。繁殖以细胞分裂为主。有性生殖的配子通常与营养细胞相似。本属种类很多,喜欢生活在较污的坑洼池中,有的种类大量繁殖形成水华。

(2) 红球藻属(*Haematococcus*)：单细胞,细胞为广椭圆形到卵形,细胞壁和原生质体间有一定间距,由许多分枝或不分枝的细胞质连丝相连。其间的空隙充满胶状物质。原生质体卵形,前端具乳头状突起,并具 1 个叉状的胶质管穿过细胞壁,有 2 条等长的、约等于体长的鞭毛,通过前端的叉状胶质管伸出细胞壁,伸缩泡多个不规则地分散在原生质体内。色素体呈杯状,成熟时呈网状或颗粒状,具多个不规则排列的蛋白核。有时含大量血红素、叶绿体。细胞内含物通常由于淀粉和血红素含量很多,难以辨识。眼点 1 个,灰白色,位于细胞中部一侧。细胞核位于细胞的中央。营养繁殖为细胞分裂,产生 2、4、8 个子细胞。无性生殖为环境不良时,发育成厚壁孢子,因血红素积累而呈红色。有性生殖为同配生殖。生长在小水坑、小水沟或沼泽化的小水体中。常见种类有雨生红球藻(*H. pluvialis*),细胞宽 19~51 μm,长 63~98 μm;原生质体宽 9~15 μm,长 19~91 μm,厚壁孢子直径 14~21 μm;动孢子宽 3~5 μm,长 3~8 μm。该藻因含有大量的虾青素而被广泛关注,为重要的分子生物学实验对象和生产色素的工业原料。

(3) 盐藻属(*Dunaliella*)：单细胞,具 2 条等长顶生的鞭毛。色素体呈杯状,近基部有 1 个较大的蛋白核。1 个大的眼点,位于细胞前端。因无纤维素细胞壁,在运动时,形状为梨形、椭圆形、长颈形等,变化不一。1 个细胞核。无性生殖为游动细胞纵裂成 2 个子细胞。有性生殖为同配。合子核的减数分裂在萌发时进行,结果便形成游动的子细胞。盐藻(*D. salina*)为我国沿岸常见种类,生长在潮间带高盐度的石沼里,营浮游生活,是经济动物幼体的饵料,盐藻已进行室内培养,作为某些经济动物人工繁殖幼体的饵料,也是未来工业上提取光合色素和糖蛋白的理想种类。

(4) 扁藻属(*Platymonas*)：单细胞,纵扁。正面观呈椭圆形、心形或卵形;侧面观对称或不对称,狭卵形或狭椭圆形;垂直面观呈椭圆形或近长圆形。细胞壁薄而平滑。细胞前端中央具 4 条等长的鞭毛,其长度等于或略短于体长,垂直面观,2 对鞭毛在细胞两边两两相对排列。伸缩泡 2 个或不明显。色素体大型,杯状,完全或前端呈 4 个分叶。蛋白核 1 个,球形或杯形。眼点 1 个。细胞核 1 个。淡水、海水中都有分布,其中中亚心型扁藻(*P. subcordiformis*)是一种优良的饵料单胞藻类,在我国已进行广泛培养,作为经济动物幼体的饵料。见彩图 4.1。

(5)塔胞藻属(*Pyramidomonas*):细胞呈倒卵形;少数呈半球形;细胞裸露,前端中央凹入,呈 4 个分叶,凹入处具 4 条等长的鞭毛,基部具 2 个伸缩泡。色素体杯状,前端凹入,呈 4 个分叶,基部有 1 个圆形蛋白核。细胞核位于细胞偏前端。常见娇柔塔胞藻(*P. delicatula*)。见彩图 4.2。

(6)盘藻属(*Gonium*):群体有 4、16、32 个衣藻型细胞排列组成扁平盘状群体。细胞包埋于胶被中彼此有坚韧的胶质丝相连。在 16 个细胞群体中,中间 4 个细胞成“十”字形排列,每个细胞又与周边 3 个细胞相邻。细胞卵形或梨形,前端具 2 条鞭毛,鞭毛基部有 2 个伸缩泡,前端有 1 个眼点。色素体呈杯状,蛋白核 1 个。

(7)团藻属(*Volvox*):由数百至数千个衣藻型的细胞构成球形群体。细胞沿球形表面排列成一层,细胞间有胞间丝相连,并有分工现象,其中多数为营养细胞,少数大型的具繁殖力的为生殖细胞。因此,可以认为这种群体是由群体进化到多细胞体的过渡类型。常可见到子群体和结合子。

(8)空球藻属(*Eudorina*):通常由 16、32 或 64 个衣藻型细胞组成空心球状或椭圆形群体。群体有共同胶质被。细胞排列成层。个体细胞通常呈球形或稍呈梨形或椭圆形,相互不挤压而排列疏松。细胞壁紧贴原生质体。色素体呈杯状,蛋白核数目不一定。细胞核位于细胞中部。2 个伸缩泡位于前端。眼点位于细胞前端。繁殖时也形成子群体。在有机质较丰富的小水体和湖泊中常见。

2. 绿球藻目(Chlorococcales)

细胞的变化非常大,呈多种不同的形状,如圆形、长形、柱形、针形等。单细胞或者一定数目的细胞结合成不同形状的群体。大部分种类的细胞是单核的。色素体 1 个或多个,杯状或盘状。细胞壁上常有突起或胶质物等。细胞生殖时没有营养细胞的分裂作用,而是以动孢子和不动孢子进行繁殖,也可进行有性生殖,有同配、异配和卵配。本目分三个亚目,即非定型体、原始集结体和真性集结体。

1)非定型体亚目(Acoenolinae)

单细胞或群体。群体细胞间有一定的组合,仅互相贴靠,无一定的联系结构,有的外被公共胶质衣鞘。

(1)小球藻属(*Chlorella*):植物体为单细胞,小型。单生或聚集成群,群体内细胞大小很不一致。细胞呈球形或椭圆形。细胞壁或厚或薄。色素体 1 个,周生,杯状或片状。蛋白核 1 个,或无。繁殖时,每个细胞形成 2、4、8 或 16 个似亲孢子,似亲孢子经母细胞壁破裂释放。常见的种类有普通小球藻(*Chlorella vulgaris*)、椭圆小球藻(*C. ellipsoidea*)和蛋白核小球藻(*C. pyrenoidesa*)。本属藻类大多在淡水中生活,少数生活在海洋中。淡水种类常生活在较肥沃的小水体中,有时在潮湿土壤、岩石、树干上也有发现。在自然情况下,个体数一般较少,但在人工培养下能大量繁殖。细胞含蛋白质丰富,以干重计可达50%左右,为生产单细胞蛋白质(SCP)的良好种类。产量高峰期在春、秋两季。蛋白核小球藻等已进行人工培养,作为养殖贝类、虾类等幼体的饵料。见彩图4.3。

(2) 微绿球藻属(*Nannochloris*):植物体单细胞,细胞为亚球形至亚圆柱形。色素体呈圆盘状,靠近一端。没有蛋白核。靠细胞横分裂繁殖。个体微小,繁殖迅速。分布于淡水和海水中。其中眼状微绿球藻(*N. oculata*)作为海产动物的活饵料已大量培养利用,直径2~4 μm。横裂繁殖,分布于海洋中。见彩图4.4。

(3) 绿球藻属(*Chlorococcum*):植物体单细胞,或聚集成膜状团块,或包被在胶质中。细胞呈球形,有时压扁,大小很不一致。色素体在幼年细胞中周生,杯状,具1个蛋白核;随细胞增长而分散,并充满整个细胞,具几个蛋白核和有多数的淀粉颗粒。无性生殖产生动孢子,有时可形成不动孢子。少数种类生活在水体中。

(4) 四角藻属(*Tetraedron*):单细胞体,细胞扁平或作多面对称的三角形、四角形或多角形。角顶突出分歧或不分歧,顶端具短刺1~3个,少数角顶不延长亦不具短刺。色素体侧生盘状到多角形或仅一个充满整个细胞。蛋白核有或无。幼年细胞单核,老成之后具有2、4或8个细胞核。以似亲孢子繁殖。常见于各种静水水体(如池塘、湖泊)中。常见的种类有三角四角藻(*T. trigonum*)、规则四角藻(*T. tumidulum*)、具尾四角藻(*T. caudatum*)等。

(5) 蹄形藻属(*Kirchneriella*):细胞弯曲,呈蹄形或镰刀形,先端尖锐或钝圆。每4个或8个凸面相对成为一组。但不如聚镰藻强烈。群体外有共同的胶质被。色素体侧生于细胞凸的一边,蛋白核1个。以似亲孢子繁殖。常见的种类有扭曲蹄形藻(*K. contorta*)、肥壮蹄形藻(*K. obesa*)和蹄形藻(*K. lunaris*)。

(6) 月牙藻属/聚镰藻(*Selenastrum*):细胞呈新月形,两端尖,通常4、8、16个细胞以凸面相对排列成一组。整个群体细胞数在100个以上。单个细胞有1个大的色素体。以似亲孢子繁殖。常见的种类有月牙藻(*S. bibraianum*)、纤细月牙藻(*S. gracile*)、端尖月牙藻(*S. westii*)和小型月牙藻(*S. minutum*)。

(7) 微芒藻属(*Micractinium*):植物体为复合真性定形群体,营浮游生活。一个定形群体常常由4个细胞组成,排列为四面体形或四方形;有时由8个细胞组成,排列成球形。一个复合定形群体常由4~16或更多的细胞。

(8) 卵囊藻属(*Oocystis*):植物体为单细胞或群体,营浮游生活。群体常由2、4、8或16个细胞组成,包被在胶化膨大的母细胞壁中。细胞呈椭圆形或长圆形。细胞壁平滑,常在细胞两端中央增厚成为短而粗的圆锥形突起。多数种类具有

1～5个色素体,周生、片状或多角形,各具1个蛋白核或无。产生2、4、8或16个似亲孢子进行无性繁殖。多生活在各种淡水中,尤其在有机物丰富的小水体和浅水湖泊中常见。

2) 原始集结体亚目(Protocaenolinae)

细胞为群体性的浮游藻类,在母细胞分裂以后,母细胞细胞壁仍会给子细胞当支撑体或留在周围。无性生殖产生的孢子均为4的倍数。有性生殖为卵配。

十字藻属(*Crucigenia*):细胞呈三角形、椭圆形、四角形等。4个、16个或更多的细胞结合成方形或长方形板状群体,细胞间常有一个"十"字形空隙。群体外常被有胶质或由部分母细胞壁联系着。色素体1～4个,各含1蛋白核,盘状或片状,侧生。细胞壁无装饰物。群体内每个细胞都具有产生似亲孢子的能力。见彩图4.7。

3) 真性集结体亚目(Eucaenolineae)

藻体的形状、细胞的排列以及数目都有一定的规律。无性繁殖有动孢子和似亲孢子。孢子在放出前已排列成似亲群体。有性生殖为同配。

(1) 盘星藻属(*Pediastrum*):植物体呈盘状、星状,营浮游生活,由2～128个细胞排列成为一层细胞厚的定形群体。群体完整无孔,或具穿孔,边缘细胞常具1、2或4个突起,有时突起上具有长的胶质毛丛,群体内部细胞多角形,为突起。细胞壁平滑为花纹,或具颗粒或网纹。幼小细胞色素体周生,圆盘状,蛋白核1个;但随细胞成长而扩散,具有多个蛋白核。成熟细胞具1、2、4或8个细胞核。本属种类分布广,在各种内陆淡水水体中都可见到,如湖泊、池塘、积水等。见彩图4.6。

(2) 集星藻属(*Actinastrum*):植物体为原始定形群体,营浮游生活。群体无胶被,由4～16个细胞组成,群体细胞以一端在群体中心彼此连接,成辐射状排列。细胞为截顶的纺锤形,或顶端略狭的长圆柱形。色素体周生,长片状,仅略覆盖细胞壁的1/3。蛋白核1个。生殖时每个细胞原生质体经纵分裂和横分裂形成4、8或16个似亲孢子,孢子在母细胞内纵向排列成2束,释放后形成2个互相接触的呈辐射状排列的子群体。为湖泊、池塘中常见的浮游藻类。

(3) 空星藻(*Coelastrum*):植物体为真性定形群体,由4、8、16、32、64或128个细胞组成球形到多角形的空球体。细胞以或长或短的细胞壁突起互相连接。细胞壁平滑或具刺状或管状花纹。幼小细胞的色素体呈杯状,蛋白核1个,成熟后扩散,常充满整个细胞。群体细胞紧密连接,常不易分散,但在盐度较高、溶解氧较少的不良水质中,群体细胞离解成游离的单细胞。以似亲孢子进行无性繁殖,在它们从母细胞释放前,在母细胞壁内形成似亲群体。在湖泊、池塘等水体中常见,有时可形成优势种群。

(4) 栅藻属(*Scenedesmus*):植物体常由4～8个细胞或有时由2、16～32个细胞组成的真性定形群体,极少数为单细胞。群体中的各细胞以其长轴互相平行,排列在一个平面上,互相平齐或交错,也有排成上、下两列或多列,罕见仅以其末端相接,呈屈曲状。细胞呈纺锤形、卵形、长圆形或椭圆形等。细胞壁平滑,或具颗粒、刺、齿状突起或隆起线等特殊构造。每个细胞具 1 个周生色素体和 1 个蛋白核。仅以似亲孢子进行无性繁殖。此属是淡水中极为常见的浮游藻类,生活在湖泊、池塘、沟渠和水坑等,各种水体中几乎都有分布,静止小水体更适合于这个种类的生长繁殖。常见的种类有四尾栅藻(*S. quadricauda*)、斜生栅藻(*S. obliquus*)、尖细栅藻(*S. acuminatus*)等。见彩图 4.5。

4.4.2 接合藻纲

(二)接合藻纲(Conjugatophyceae)

鼓藻目(Desmidiales)植物体多为单细胞,少数为不分枝丝状体,或不定形群体。细胞形态多种多样,明显对称,一个典型的细胞,中部明显凹入称缢缝,缢缝将细胞分成两部分,每一部分称为 1 个半细胞,2 个半细胞的连接区称为缢部。细胞两顶端常平截,其边缘称顶缘。顶缘至缢缝的细胞蓓称为侧缘。顶缘与侧缘交接处称为顶角。细胞壁由纤维素和果胶质组成。除缢部外,壁上有许多微孔。壁平滑,或具点纹、圆孔纹、颗粒、乳头状突起、结节、瘤、拱形隆起、齿或刺等花纹,并常有铁质沉积,使壁呈黄褐色。每个半细胞具 1～2 个轴生的色素体,具 4 或 4 个以上的,则为周生。其蛋白核 1、2 或多个。细胞核位于缢部。营养繁殖为细胞横分裂,形成 2 个子细胞,每个子细胞各获得母细胞的 1 个半细胞。新长出的半细胞的形状及壁上的花纹与母细胞的半细胞相同。鼓藻目全部为淡水种类,一般在软水水体中,湖泊沿岸带和沼泽中的水生维管束植物的洗液中,常含有丰富的种类及多数的个体,少数则生活于硬水中。本目的绝大多数属鉴定种时,必须观察细胞的正面、侧面及垂直面观的形态。仅鼓藻科(Desmidiace)一科。

(1) 新月藻属(*Closterium*):单细胞。新月形,略弯曲或明显弯曲,少数平直,中部不凹入,腹缘中间不膨大或膨大,顶部钝圆,平直圆形,喙状或逐渐尖细。横断面圆形。细胞壁平滑,具纵向的线纹或纵向的颗粒,无色或因铁盐沉积而呈淡红褐色或褐色。每个半细胞具 1 个色素体,由 1 或数个纵向脊片组成。蛋白核多个。细胞两端各具 1 液泡,含 1 或多个石膏结晶。见彩图 4.8。

(2) 鼓藻属(*Cosmarium*):单细胞。细胞变化很大,侧扁,组缝常深凹。半细胞正面观近圆形、半圆形、椭圆形、卵形、梯形、长方形或截顶角锥形等。顶缘圆、平直或平直圆形。半细胞侧面观极大多数呈圆形。垂直面观椭圆形、长方形。细胞壁平滑,具点纹、圆孔纹、或具一定方式排列的颗粒、微瘤、乳头状突起。半细胞中部有或无拱形隆起,半细胞具 1、2 或 4 个轴生的色素体,每个色素体具 1 或多个蛋白核,少数种类具6~8条带状色素体,每条色素体具数个蛋白核。本属种类多,是鼓藻类重要的属。见彩图4.9。

(3) 角星鼓藻属(*Staurastrum*):单细胞。一般长略大于宽(不包括刺或突起),绝大多数辐射对称,少数侧扁,两侧对称,多数缢缝深凹。半细胞正面观半圆形、近圆形、椭圆形、圆柱形、近三角形、四角形、梯形或楔形等。许多种类半细胞顶角或侧角向水平方向,略向上或向下延长形成长度不等的突起,边缘一般波形,具数轮齿,顶端平或具3~5个刺。垂直面观多数3~5角形,少数圆形、椭圆形或6角形,或多到11角形。细胞壁平滑或具各种纹饰或刺、瘤等。每个半细胞具1个轴生的色素体和1或多个蛋白核。见彩图4.10。

4.5 生态分布和意义

约90%的绿藻生活在淡水中,仅约10%在海水中生活。其中,管藻目多为海生种类,而接合藻纲和鞘藻目则只生活于淡水或内陆水中。海产底栖的石莼等种类具有较大经济价值,既可食用又可提取胶质,糊精作为粘着浆料。浮游种类如小球藻属、扁藻属、杜氏藻属等是海产经济动物幼体的重要饵料。淡水中的绿藻不仅种类多,其生活范围十分广,除了江河、湖沼、塘堰和临时积水中有绿藻分布外,阳光充足的潮湿环境,如土表、墙壁、树干、甚至树叶表面都能见到不同种类的绿藻,少数种类营寄生生活。淡水绿藻是淡水水体中藻类植物的重要组成成分,特别是绿球藻目的种类,是鱼池浮游生物的主要组成部分,在作为滤食性鱼类的饵料,或是鱼池生物环境方面都起着积极的作用。同时,在水体净化、水环境保护方面也具有一定意义。丝状绿藻俗称为"青泥苔"或"青苔",特别是刚毛藻、水网藻、水绵等丝状绿藻可在管理不善的养殖池塘大量生长,是养殖池塘的害藻,一方面可与其他藻类争夺营养和生活空间,另一方面也能直接对鱼苗等养殖动物造成"天罗地网"般地裹缠而致死。

 复习思考题

1. 简述似亲孢子、鞭毛藻类。
2. 试述绿藻与健康食品的关系。

第5章 蓝藻门

蓝藻是最原始、最古老的种类。无细胞核,具有拟核。无核膜与核仁,仅有核物质的核区,因而称为蓝细菌(Cyanobacteria)。无色素体,有类囊体,色素为藻胆素,营养和生殖细胞都不具鞭毛,繁殖简单,无有性生殖。

5.1 蓝藻的主要特征

细胞壁:蓝藻类细胞壁内层纤维素和外层是胶质衣鞘,以果胶质为主。衣鞘(sheath)在有些种类很稠密,有相当的厚度和明显的层理。有的种类则没有层理,含水程度极高,以致不易观察到。相邻细胞的衣鞘可相融合,衣鞘中有时具棕、红、灰等非光合作用色素。细胞壁上含有粘质缩氨肽,这是蓝藻区别于其他藻类的特征之一。

细胞体制:单细胞或群体,无多细胞体。细胞呈球形、卵形、椭圆形、圆柱形、楔形、茄形、纤维形等,单细胞或形成片状、球形、不规则形、团块状、丝状等群体。

细胞核:蓝藻不具真正的细胞核,原生质体分为外围的色素区和中央区两部分。中央区在细胞中央,它是一种初级型的细胞核,只具核质而无核仁和核膜。色素区在中央区周围,含有各种色素、蓝藻淀粉和假空泡(pseudovacuoles)等。假空泡(又称伪空泡)是一些蓝藻细胞内具有的气泡,在光学显微镜下呈黑色、红色或紫色,可使植物体漂浮。

5.2 蓝藻细胞主要内含物

色素成分主要为叶绿素 a、α-胡萝卜素、β-胡萝卜素、藻胆素。藻胆素是蓝藻的特征色素,包括蓝藻藻蓝素(c-phycocyanin,C34H47N4O8)、蓝藻藻红素(c-phycoerythrin,C34H42N4O9)和别藻蓝素(allophycocyanin)等。蓝藻(blue-green algae)植物体通常呈蓝色或蓝绿色。同化产物主要是蓝藻淀粉。营养细胞和生殖细胞都不具鞭毛。原生质体分外围的色素区和中央区两部分。中央区在细胞中央,它是一种初级型的细胞核,只具核质而无核仁和核膜。色素区在中央区周围,含有各种色素。

5.3 生殖

蓝藻类的繁殖方法在藻类中最简单,没有有性生殖,也没有具鞭毛的生殖细胞。通常以营养细胞分裂为主,此外,尚有段殖体(hormogonia)、厚壁孢子(akinete)、异形胞(hete rocysts)、内生孢子(endospore)、外生孢子(exospore)等。

非丝状体的种类的生殖方式是细胞分裂,分裂的细胞留在一胶质衣鞘内,形成群体,群体的增殖是在群体达到一定限度后,受外力而碎裂。

丝状种类的增殖则靠藻丝的断裂和段殖体的形成进行。段殖体系蓝藻藻丝上两个营养细胞间生出的胶质隔片(凹面体)或由间生异形胞断开后形成的若干短的藻丝分段,又称藻殖段或连锁体。

厚壁孢子系由普通营养细胞增大体积,积累丰富营养,然后细胞壁增厚而成。厚壁孢子大多出现于丝状体类型的种类上,它的有无,以及形状、数目、位置等,均为分类的依据。厚壁孢子有极强的生命活力,能在不利环境下长期休眠,当环境好转时孢子萌发成新的丝状体。有人指出,从已经贮藏70年的干燥的土壤中得出的孢子仍有萌发能力。

异形胞是丝状蓝藻类(除了颤藻目以外)产生的一种与繁殖有关的特别类型的细胞,它是由营养细胞特化而成。其形状与一般细胞不同,圆形色淡,成熟的异形胞是透明的,其细胞壁在与相邻细胞相接处有钮状增厚部(极节球)。异形胞着生在藻丝上的位置有顶端位或胞间位或与厚壁孢子直接相邻,常作为分类的依据之一。异形胞一般认为是无生殖功能的孢子或孢子囊。其次级功能在于有些种类藻体经常在异形胞的地方断裂。具有异形胞的蓝藻能固氮,当水中氮缺乏时,异形胞的数目会显著增加。见彩图5.1。

在单细胞或群体性的一些蓝藻的成熟个体细胞中的原生质体,经过反复多次分裂,产生多数的内生孢子。当这些内生孢子成熟后,母细胞破裂,散发出其中的内生孢子,在环境适应时,内生孢子附着而萌发。

外生孢子出现于单细胞的管孢藻属和裂管藻属这两属的原生质体。在生殖时细胞的顶端自上而下发生缢缩,由此产生一个或多个成串的球形小细胞,即外生孢子。这些孢子成熟后,从母细胞逸出,有的远离亲体,环境适宜时发育成新个体;有的仍附着在母体的四周,形成一种类似分枝的群集体。

5.4 分类

由于蓝藻细胞形式的特殊性,不同的专家对于其分类也是有不同的看法。但是大多数藻类学家都把蓝藻门(Cyanophyta)下设一个纲,即蓝藻纲(Cyanophyxeae)。

对于蓝藻纲的分目,不同学者也有不同的观点,有的分为三个目,即管胞藻目、色球藻目和藻殖段目;也有的分为六个目。此处采用六目。

分目检索表

1(6) 单细胞或群体,没有段殖体,也没有异形胞。

2(5) 没有分支状突起。

3(4) 个体细胞无顶部及基部的分化。细胞圆球形、楔形、椭圆形,单个或以胶质组成球状或不规则群体,营浮游生活 ·· 色球藻目

4(3) 个体细胞有顶部及基部的分化。细胞卵形、茄形等,营浮游生活 ·········· 管胞藻目

5(2) 多数细胞成团块所连接成的植物体,有分支状或具短丝状体 ············· 瘤皮藻目

6(1) 藻体一般为单列或多列的具分枝或不分枝的丝状体。有段殖体,或兼有异形胞。

7(8) 无异形胞,但有明显的段殖体 ·· 颤藻目

8(7) 有异形胞,也有段殖体。

9(10) 丝体上的细胞圆形,有的其顶部细胞逐渐狭小。排列成一列不分枝的丝状体 ······
·· 念珠藻目

10(9) 丝状体有分枝,由一至数列细胞组成 ································· 多裂藻目

5.4.1 色球藻目

色球藻目(Chroococcales)细胞呈球形、卵形、圆柱形、纤维形等,单细胞种类较少,一般形成球状、平板状、团块状或立方形群体。群体包被在共同的胶质衣鞘里,衣鞘常有层理。繁殖以细胞分裂为主,群体类型还能以碎裂解体而增殖。浮游或附在水中其他物体上。

1. 蓝纤维藻属(*Dactylococcopsis*)

植物体为单细胞,或由少数乃至多数细胞聚集形成群体,群体胶被无色透明。细胞细长,两端狭小而尖,直或多少呈螺旋形旋转,“S”形、“C”形或作不规则弯曲。细胞内含物一般均匀。淡蓝绿色至亮蓝绿色。常见的种类有针状蓝纤维藻(*D. acicularis*)(见图 5.1)和针晶蓝纤维藻(*D. rhaphidioides*),前者细胞直,末端尖细,后者略弯曲,生长于半咸水中。

2. 色球藻属/蓝球藻(*Chroococcus*)

细胞呈球形、半球形,一般是由 2、4、8、16 个或更多细胞(很少超过 64 或 128 个细胞)所组成的群体,单个的较少见。每个细胞内含有均匀的或作不规则的小颗粒体。假空泡或有或无。细胞的色素区的色彩白灰色以至淡蓝绿色、蓝绿色、橄榄绿色、橙黄或

蓝紫色等。每个细胞外都被有质地均匀、具有层理的个体衣鞘,借此与群体中的各细胞相互分开;群体的胶质衣鞘较厚,均匀或有层理,坚固或因含多量水分而柔弱透明。细胞分裂面有3个。在群体中的有些细胞,有时两细胞的相贴靠处大多平直呈现棱角,因此细胞往往呈半球形。常见的种类有湖沼色球藻(*C. limneticus*)、束缚色球藻(*C. tenax*)、小形色球藻(*C. minor*)和微小色球藻(*C. minutus*)。见图5.2。

3. 平裂藻属/片藻(*Merismopedia*)

藻体的细胞排列十分整齐,通常2个细胞两两成对,2对一组,4个组成一小群,集许多小群而成一平板状群体。群体扁平、整齐,由一层细胞组成,当群体中的细胞不断增加而不断裂时,其群体可因扩展而弯曲,甚至作扭曲状。细胞分裂面有2个。群体中细胞数颇不一致,有32、64以至数百、上千个。一般个体微小,也有较大的种类。细胞内含物均匀,仅偶有微小颗粒体存在,淡蓝绿色至亮绿色,少数以至紫蓝色。多为浮游藻类。见图5.3。

 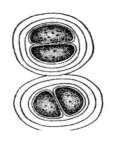 

图 5.1　针状蓝纤维藻　　　图 5.2　束缚色球藻　　　图 5.3　旋折平裂藻
　　　（自胡鸿钧等）　　　　　（自胡鸿钧等）　　　　　（自胡鸿钧等）

4. 微囊藻属/微胞藻(*Microcystis*)

群体呈球形团块状或不规则形成穿孔的网状团块。公共胶被均匀无色。细胞呈球形或长圆形,互相贴靠,一般不易见到两两成对的情况。细胞内含物在浮游种类中,常有无数颗粒状泡沫形的假空泡。在一些非浮游种类中,内含物则均匀无假空泡,内含物淡蓝绿色、亮蓝绿色、橄榄绿色或玫瑰色。细胞分裂面3个。常见的有铜绿微囊藻(*Microcystis aeruginosa*)、水华微囊藻(*M. fles-aquae*)、具缘微囊藻(*M. marginata*)和不定微囊藻(*M. incerta*)等。微囊藻多生长在湖泊、池塘等有机质丰富的水体中,营浮游生活。pH值以8～9.5为宜。温暖季节水温在28～32 ℃时繁殖快,生长旺盛,使水体呈灰绿色,形成水华,肉眼可见,其浮膜似铜绿色油漆,有臭味。人们通常把微囊藻水华统称为"湖靛"。见彩图5.2。

5.4.2　颤藻目

颤藻目(Oscillatoriaceae)植物体为单列丝状体,无异形胞和厚壁孢子。段殖体是颤藻类的主要繁殖方法。衣鞘厚或薄,质地均匀或有层理,透明或有各种色彩。丝状体一般无分枝或形成交叉的、相背的分枝,或由于公共胶质衣鞘的反复分叉而成为复杂的分枝系。丝状末端绝不延长成为毛状。

1. 颤藻属(*Oscillatoria*)

植物体单列,不分枝。丝状体单生或结成团。细胞圆柱形、盘形。丝状体无衣鞘。细胞内含物均匀或有颗粒,有时有假空泡。丝状体顶端直或稍弯曲,顶端细胞圆或帽状。丝状体中常产生若干透明的凹面体,丝状体由此断裂成藻殖段,由藻殖段发展成新的丝状体。丝状体具有特殊运动能力,能作颤动、滚动或滑动式运动。藻体通常呈青蓝色,各种水体中均有,种类甚多。常见的种类有巨颤藻(*O. princeps*)、阿氏颤藻(*O. agardhii*)、小颤藻(*O. tenuis*)、两栖颤藻(*O. amphibia*)和美丽颤藻(*O. formosa*)等。见彩图 5.3。

2. 螺旋藻属(*Spirulina*)

细胞呈圆筒形,由单细胞或细胞间隔不明显的多数细胞所组成的螺旋状体。丝状体外无胶质衣鞘。细胞内含物均匀或有颗粒体。藻体呈淡蓝绿色。无段殖体。可大量繁殖形成水华。分布于淡水、海水中。常见的种类有极大螺旋藻(*S. maxima*)、大螺旋藻(*S. major*)、钝顶螺旋藻(*S. platensi*)。螺旋藻含蛋白质高达 53%～72%,是人类迄今发现的蛋白质含量最高的生物。见彩图 5.4。

3. 席藻属/胶鞘藻(*Phormidium*)

丝状体顶端稍尖细或大体是等粗的圆筒状,顶端细胞呈圆锥形,藻丝外有胶质衣鞘。见图 5.4,图 5.5。

4. 鞘丝藻属(*Lyngbya*)

植物体为不分枝的单列丝状体,或聚集成或厚或薄的团块,以基部着生。丝状体呈螺旋型弯曲,或弯曲成弧形而以中间部分着生在他物上,少数以整个丝状体着生。有的营漂浮生活。胶质鞘坚固,无色、黄色至褐色或红色,分层或不分层。丝状体直或有规则螺旋型缠绕。细胞内含物均匀,或具假空泡和颗粒,亮绿色或灰绿色。在海水、淡水、半咸水中皆有分布。海生种类是紫菜养殖上的主要害藻之一。

5. 束毛藻属（*Trichodesmius*）

植物体为不分枝丝状体。由藻丝组成平行或放射的束状群体。无胶质鞘，亦无异形胞和厚壁孢子。藻丝末端细胞钝圆或截断形。营浮游生活。海产，可形成赤潮。我国常见的有红海束毛藻（*T. erythraeum*）和细发束毛藻（*T. thiebautii*）。红海束毛藻群体呈灰色、棕色或淡黄色，大小一般为 3 mm×（0.2～0.3）mm。细胞短筒形互相重叠形成藻丝，长约 1～2 mm，藻丝粗细上下不同，有明显的极性，上部顶端呈半球形，基部 1～3 个细胞通常向下逐渐细长。许多藻丝成束或成片并列丛生为群体。我国南海、渤海有分布。红海的颜色就是该藻大量发生引起的。见图 5.6。

  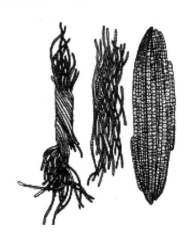

图 5.4　纸形席藻	图 5.5　小席藻	图 5.6　束毛藻属
（自胡鸿钧等）	（自胡鸿钧等）	（自小久保清治）

5.4.3　念球藻目

念球藻目（Nostocales）单列细胞组成的丝状体，极少数为多列细胞所组成，丝状体直或做规则或不规则地螺旋绕曲。胶质鞘有的十分"水化"，有的十分坚固，透明无色或呈种种色彩，质地均匀或有层理。异形胞为本目主要特征之一（少数种无异形胞）。异形胞在藻丝上的位置各不相同，但一定的种属其位置十分稳定。

1. 拟鱼腥藻属/拟项圈藻（*Anabaenopsis*）

丝状体单一（仅一种联成黏质群体），螺旋形弯曲或环形弯曲，直形较少。无明显衣鞘。异形胞端生（仅具一个极节球），罕有间生。在藻丝上产生新生异形胞，是由营养细胞分裂为两个细胞所产生，它们总是成对的，暂时间位，到成熟时藻丝在两异形胞处断裂形成新生两藻丝,异形胞端位。厚壁孢子间生与异形胞没有规律性联系。

2. 鱼腥藻属/项圈藻(*Anabaena*)

丝状体直或各种形式弯曲。丝状体上的细胞宽度常一致,很少向末端变细的。藻丝单一或汇集成柔软的、粘化的团絮状群体。衣鞘水化,不明显。异形胞为胞间位(只有 *A. echinospora* 端生),厚壁孢子一个或排列成小链,远离异形胞或与异形胞直接相连。异形胞间生可与拟项圈藻相区别。分布广,有些种常在池塘、湖泊中形成"水华"。常见的有多变鱼腥藻(*A. variabilis*)、螺旋鱼腥藻(*A. spiroides*)、固氮鱼腥藻(*A. azotica*)、类颤藻鱼腥藻(*A. oscillarioides*)和卷曲鱼腥藻(*A. circinalis*)。

3. 念珠藻属(*Nostoc*)

群体团块状,直径 1~3 cm,由许多类似项圈藻的藻丝交织在充满浓厚胶质的公共衣鞘中。异形胞一般间位。此藻经常生长在阴湿地和淡水中。常见种有普通念珠藻/地木耳(*N. commune*)和发状念珠藻/发菜(*N. flagelliforme*)和球状念珠藻/葛仙米(*N. sphaericum*)。

4. 束丝藻属/蓝针藻(*Aphanizomenon*)

藻丝直或稍弯曲。单一或藻丝侧面相连成束状群体。藻丝中部细胞短柱形,呈方形,具假空泡。末端细胞变得尖细,延长成无色细胞。胶鞘模糊不清。异形胞间生,有各种形状,圆柱形、近球形、椭圆形。厚壁孢子呈圆柱形,或宽椭圆形,远离异形胞。营浮游生活,可大量繁殖,形成水华,有的种类有毒。常见的有水华束丝藻(*A. flos-aquae*)。

5.5 生态分布和意义

蓝藻类分布很广,淡水、海水、内陆盐水、湿地、沙漠上都有分布。从高温温泉到冰雪上均可生存,尤其在温暖和有机物含量较高的水体中较多。蓝藻一般喜高温,好强光,喜高 pH 和静水,喜低氮高磷,主要在淡水中生长,成为淡水中重要的浮游植物,在温暖的季节里常大量繁殖形成"水华"。在我国南方,几乎一年四季都可以见到由蓝藻形成的"水华"。在盐碱水中,蓝藻较多。微细蓝藻是海洋中具有重要作用的超微藻类(picophytoplankton)的重要组成部分。在水体的垂直分布一般表层大于底层,有假空泡的更是如此。水平分布上下风位多于上风位,静水易滋生,如水体开增氧机时较少有蓝藻,河流中蓝藻较少。

　　形成水华的蓝藻主要有：微囊藻、鱼腥藻、色球藻、螺旋藻、拟项圈藻、腔球藻、尖头藻、颤藻、裂面藻、胶鞘藻、节球藻、束毛藻等十多个属。其中微囊藻水华极为常见，它是水体富营养化的标志。蓝藻水华发生时，散发腥臭味，夜间大量消耗水中溶解氧，死亡后产生羟氨或硫化氢，对水生动物有毒，破坏生态平衡，危害渔业，也使水的其他利用价值降低。在海洋沿岸带可形成束毛藻等蓝藻赤潮。

　　蓝藻类中有些种类具有固氮能力，特别是具有异形胞的种类。国内外正在从事利用蓝藻固定游离氮的研究，为农作物的肥源寻找新的途径。如稻田中接种培养固氮蓝藻——满江红鱼腥藻（*A. azollae*），与满江红共生，可增加水稻产量；有的蓝藻可作为水质的指示生物，如褐色管孢藻（*Chamaesiphon fuscus*），是清水的指示生物；泥生颤藻（*Oscillatoria limosa*），则是水体污染的指示生物。有的蓝藻可食用，如发菜是我国的特产，出口外销；螺旋藻营养丰富，含有 18 种人体所需的氨基酸，以及维生素和微量元素。

　　蓝藻类作为鱼类饵料，以往认为属于不消化的种类。但在我国南方，蓝藻常年大量出现的鱼池，鱼类生长也良好。又如螺旋鱼腥藻（*Anabaena spiroides*），据陕西水产研究所试验结果，其对鲢鱼种饲养具有极为良好的效果。用同位素示踪法测定消化情况也表明能够被鱼体吸收利用。所以那种认为蓝藻类是家鱼不能消化的概念，应予以重新评价。但是多数蓝藻，特别是那些小型的单细胞种类，消化性是比较差的。

 复习思考题

1. 名词解释：假空泡，异形胞，厚壁孢子，段殖体。
2. 简述蓝藻的特征。
3. 简述蓝藻水华的发生机制。

第6章 金 藻 门

6.1 金藻的主要特征

金藻一般为单细胞或群体,少数为丝状体。多数金藻为裸露运动个体,具2条鞭毛,个别具1条或3条鞭毛。细胞裸露或在表质上具有硅质化鳞片、小刺或囊壳。有的种类含硅质或钙质较多,甚至有的种类的硅质特化成类似骨骼的构造。

由于金藻的大多数种类为裸露的运动细胞,在保存液中常会失去几乎所有细胞的特征,因此很难鉴定。所以应注意观察活体的标本。

6.2 金藻细胞主要内含物

光合色素有叶绿素a、c、β-胡萝卜素。此外,还有副色素,这些副色素总称为金藻素(phycochrysin)。由于它的大量存在,使藻体呈金黄色或棕色,当水域中有机物特别丰富时,这些副色素将减少,使藻体呈现绿色。色素体1～2个,片状、侧生。贮存物质为白糖素和油。白糖素又称白糖体,为光亮而不透明的球体,常位于细胞后端。细胞核1个,具鞭毛的种类,鞭毛基部有1～2个伸缩泡。

6.3 生殖

运动的单细胞,常以细胞纵分裂增加个体。群体种类则以群体断裂或细胞从群体中脱离而发育成一新群体。不能运动的种类产生动孢子或金藻特有的内生孢子(statospore),此种生殖细胞呈球形或椭圆形,具两层硅质的壁顶端开一小孔,孔口有一明显胶塞。

6.4 分类

金藻门(Chrysophyta)常设金藻纲(Chrysophyceae)一纲,可分五个目。

分目检索表

1(4)营养细胞具鞭毛或伪足。

2（3）具鞭毛，1～2条，罕见3条 ·· 金胞藻目
3（2）具伪足 ··· 根金藻目
4（1）营养细胞不具鞭毛或伪足。
5（6）植物体为胶群体 ··· 金囊藻目
6（5）植物体非胶群体。
7（8）植物体为分枝丝状体 ··· 金枝藻目
8（7）单细胞或非丝状群体 ··· 金球藻目

金胞藻目（Chrysomonadales），又称金鞭藻目、金藻目。具鞭毛能运动，单细胞或定形群体。细胞裸露或外具硅质、钙质的鳞片或囊壳。

1. 钙板金藻科（Coccolithaceae）

单细胞，鞭毛2条，原生质外有一层胶质膜，膜上或细胞内有特殊的石灰质体，称为球石。这类胶质膜还能钙化，与球石联结，产生石灰质壳。这类藻体多数海产，大量分布于热带、亚热带外海区，是其他营浮游动物的饵料之一。其死亡之后的石灰质小板，在海底生物性沉积物中起重要作用。

2. 单鞭金藻科（Chromulinaceae）

单细胞，1条鞭毛。细胞多数裸露，有的包在囊壳中。

单鞭金藻属（*Chromulina*）：细胞呈球形至纺锤形，裸露多少能变形。色素体1～2个，片状，有2个色素体的种类，色素体位于细胞两侧。细胞核1个，其位置可在细胞前端、中部或后端。有的具1个红色眼点。细胞后端常有1大的白糖体。生殖为细胞纵分裂，也有的产生内生孢子。生活于沼泽、湖泊或海洋中，可人工培养，作为海产动物幼体的饵料。见彩图6.1。

3. 鱼鳞藻科（Mallomonadaceae）

单细胞或群体，鞭毛1条，有伸缩泡1～2个。外表质有规则排列的瓦状鳞片，多数具有1条硅质的长刺。营浮游生活。

鱼鳞藻属（*Mallomonas*）：细胞呈圆柱形、椭圆形、纺锤形，种类不同，鳞片形状排列也不同。全部鳞片或顶端鳞片上有1硅质长刺。色素体2个，侧生，少数1个。白糖体圆球形，位于细胞后端。为池塘、湖泊中的浮游种类。

4. 棕鞭金藻科（Ochromonadaceae）

棕鞭藻属（*Ochromonas*）：细胞裸露，不具囊壳。多数表质柔软、平滑，少数表质硬，具瘤状突起。单细胞，有的形成疏松的暂时性群体。浮游生活，或以细胞后

端的胶质柄固着生活。为湖泊、池塘中的藻类,常在冬季出现。

5. 等鞭金藻科(Isochrysidaceae)

单细胞或群体。2条鞭毛,等长。全部海产。

等鞭金藻属(*Isochrysis*):单细胞,细胞裸露,色素体1~2个,目前国内、外养殖业已广泛培养,是海水鱼、虾、贝类育苗过程中良好的饵料。常见的种类有等鞭金藻(*Isochrysis galbana*)和湛江等鞭金藻(*Isochrysis zhanjiangensis*)。见彩图6.2。

6. 普林藻科(Prymnesiaceae)

单细胞,2条等长的鞭毛,成为游泳鞭毛。此外,还有1条类似鞭毛的结构,成为固着丝体。

(1)三毛金藻属(*Prymnesium*):细胞呈椭圆形、卵形、球形等易变形,2条游泳鞭毛为细胞长度的1.5~2倍,其中间有1条短的类似鞭毛的固着丝体,具有附着作用。色素体2个,片状、侧生。细胞后端有1大的白糖体。三毛金藻为一种害藻,能产生鱼毒素,引起鱼类大量死亡,在我国分布广泛,如大连、银川、乌梁素海、山西南部的咸水湖中、天津的塘沽及陕西皆有报道。此外,在海洋中也可形成赤潮,给渔业造成危害。常见的种类有小三毛金藻/小普林藻(*Prymnesium parvum*)。见彩图6.3。

(2)棕囊藻(*Phaeocystis*):有毒,系金藻门,定鞭藻类,在我国南部海域曾多次引发赤潮。该藻球形群体外围具有一层柔软的胶质被且藻体含多糖。当大量繁殖形成赤潮时,含胶质和糖的藻体便紧紧贴在鱼鳃上,影响鱼的呼吸和摄食,致使鱼类缺氧窒息而死亡;其次,该藻巨大的生物量(尤其是黎明和傍晚时)可造成水体缺氧导致灾害。再加上藻体和藻细胞死亡腐烂后会产生溶血毒素等有毒物质,对水体环境的破坏将持续一定时间,严重时会导致鱼类大面积死亡,尤其对网箱养殖和对虾育苗危害更大。见彩图6.4,彩图6.5。

6.5 生态分布和意义

金藻类多分布于淡水中,大多生活在透明度较高、温度较低、有机质含量低的水体中。一般多在较寒冷的季节,尤其在早春、晚秋生长旺盛。金藻对温度变化感应灵敏,在水体中多分布于中、下层。金藻是水生动物的饵料。浮游金藻没有细胞壁,个体微小,营养丰富,适于幼体摄食和消化,具有一定的饵料价值。海产金藻不仅是经济动物的天然饵料,有的种类已人工培养,作为经济动物人工育苗期间的重要饵料来源。钙板金藻、硅鞭金藻死亡后,遗骸沉于海底,形成颗石虫软泥,有的形成化石,可为地质年代的鉴别提供重要依据。金藻的大量繁殖可形成赤潮、水华,给渔业带来危害,如小三毛金藻就是一典型的例子,它在世界上许多地区都有分布,在我国北方分布也较广,曾造成一定的危害,但目前已有较有效的防治方法。

 复习思考题

    1. 金藻门有什么特征?

    2. 金藻门特有的生殖方式是什么?

    3. 金藻在水体中的作用。

第7章 隐 藻 门

7.1 隐藻的主要特征

隐藻种类少,呈卵形或肾形,背隆腹扁。单细胞,大部分种类细胞不具纤维素细胞壁,细胞外有一层周质体,柔软或坚固。多数种类具有鞭毛,能运动。细胞呈椭圆形或卵形,前端较宽,钝圆或斜向平截。有背腹之分,侧面观背面隆起,腹面平直或凹入。前端偏于一侧具有向后延伸的纵沟,有的种类具有 1 条口沟,自前端向后延伸,纵沟或口沟两侧常具有多个棒状的刺丝泡。具有 2 条鞭毛,略等长,自腹侧前端伸出或生于侧面。

7.2 隐藻细胞主要内含物

隐藻的光合作用色素有叶绿素 a、c,β-胡萝卜素等。还有藻胆素。色素体 1~2 个,呈大形叶状。隐藻的颜色变化较大,多为黄绿色、黄褐色,也有蓝绿色、绿色或红色的。有的种类无色素体,藻体无色。隐藻的贮存物质为淀粉,无色种类具有 1 个大的白色素,含有淀粉粒。

7.3 生 殖

隐藻的生殖多为细胞纵分裂。不具鞭毛的种类产生游动孢子,有些种类产生厚壁的休眠孢子。

7.4 分 类

隐藻门(Cryptophyta)只有一个纲,即隐藻纲(Cryptophyceae)。下分两个目,隐鞭藻目和隐球藻目。在我国记载的只有隐鞭藻科(Cryptomonadaceae)一科,单细胞,细胞不对称,有背腹之分,具 2 条鞭毛。多数具色素体。有纵沟和口沟,刺细胞位于口沟处或细胞周边。见彩图 7.1。

(1) 蓝隐藻属(*Chroomonas*):细胞呈长卵形、椭圆形、近球形、圆柱形或纺锤形。

前端斜截或平直,先端钝圆或渐尖,背腹扁平,2 条鞭毛不等长。纵沟或口沟常不明显。色素体多为 1 个,也有 2 个的,呈盘状,边缘常具浅缺刻,周生,呈蓝色到蓝绿色。细胞核 1 个,位于细胞下半部。常见的种类有尖尾蓝隐藻(*Chroomonas acuta*),细胞长 7~10 μm,宽 4.5~5.5 μm。

(2) 隐藻属(*Cryptomonas*):细胞呈椭圆形、豆形、卵形、圆锥形、"S"形等。背腹扁平,背侧明显隆起,腹侧平直或略凹入,前端钝圆或斜截,后端宽或狭的钝圆形。纵沟和口沟明显,鞭毛 2 条,略不等长,自口沟伸出,常小于细胞长度。色素体多为 2 个,有时 1 个,黄绿色或黄褐色,或有时为红色。细胞核 1 个,位于细胞后端。分布广泛,湖泊、鱼池极常见,常见的有卵形隐藻(*C. ovata*)和啮蚀隐藻(*C. erosa*),两者区别是前者细胞后端规则,呈宽圆形,纵沟明显;后者细胞后端大多渐细,纵沟常不明显。

(3) 红胞藻属(*Rhodomonas*):外形与隐藻很相似,红色或玫瑰色的色彩也经常消失。与隐藻唯一的区别是蛋白核为单数,位于单一的色素体的背部。

(4) 缘胞藻属(*Chilomonas*):外形与隐藻亦很相似,但无色。营养方式为渗透营养。在自然界的污水中出现的是草履缘胞藻(*C. paramaecium*)。

7.5 生态分布和意义

隐藻门植物种类不多,但分布很广,淡水、海水中均有分布。隐藻对温度、光照适应性极强,无论夏季还是冬季在冰下水体都可形成优势种群。隐藻属、红胞藻属等在沿岸水域常见,尖隐藻(*C. acatg*)等隐藻属的一些种类,在沿岸水域的微型浮游生物中更常见。沼盐隐藻是广盐性种类,既能生活在海湾、河口低盐水域,也能忍受盐沼池的高盐水体。隐藻在海洋浮游生物群落中占有一定地位。隐藻喜生于有机物和氮丰富的水体,是我国传统高产肥水鱼池中极为常见的鞭毛藻类,有隐藻水华的鱼池,白鲢生长快且产量高,隐藻是水肥、水活、水好的标志。

 复习思考题

1. 简述隐藻门的特征。
2. 简述隐藻门的生态意义。

第8章 黄 藻 门

8.1 黄藻的主要特征

　　黄藻植物体有单细胞、群体、多细胞丝状体和多核管状体。运动的营养细胞和生殖细胞具2条不等长鞭毛,长鞭毛约为短鞭毛的4~6倍,长鞭毛上有发达的侧生细毛。细胞壁主要成分是果胶化合物,有的种类含有少量的硅质和纤维质,少数种类细胞壁含有大量的纤维素。单细胞或群体的细胞壁,多数由"U"形的二节片套合而成,丝状体或管状的细胞壁,由"H"形的二节片套合而成,个别种类细胞壁无节片构造。

8.2 黄藻细胞主要内含物

　　黄藻的光合作用色素主要成分是叶绿素a、c、e、β-胡萝卜素和叶黄素。无叶绿素b,叶绿素c也大为减少,同时也缺乏墨角藻黄素这一辅助色素。黄藻死体含叶绿素e。色素体1个或多个,呈盘状、片状,少数带状或杯状,呈黄绿色或黄褐色。贮存物质为油滴及白糖素。

8.3 生殖

　　丝状藻类常由断裂进行生殖,游动种类以细胞纵分裂进行生殖,多数黄藻无性生殖产生动孢子、似亲孢子或不动孢子,少数种类具有性生殖,为同配生殖或卵配生殖。

8.4 分类

　　黄藻门(Xanthophyta)分为两纲,即黄藻纲(Xanthophyceae)和绿胞藻纲(Chloromonadaphyceae)。

8.4.1 黄藻纲

分目检索表

1(2) 植物体为丝状体 ………………………………………………… 异丝藻目

2（1）植物体为单细胞，或为定形或不定形的群体 ……………………… 异球藻目

1. 异球藻目（Heterococcales）

（1）拟气球藻属（*Botrydiopsis*）：单细胞，呈球形、细胞壁薄，无"U"形节片构造。个体大小相差很大，大的细胞中央具1个大而明显的液泡。幼细胞具1~2个色素体，成熟后色素体为多数，呈椭圆形、多角形或盘状，周生。代表种为拟气球藻（*Botrydiopsis arhiza*），营浮游生活或生于潮湿土壤表面，动孢子具2条不等长鞭毛。

（2）海球藻属（*Halosphaera*）：细胞呈球形，细胞壁略硅质化。细胞核有1个，位于细胞中央或侧面。

绿海球藻（*Halosphaera viridis*）：细胞呈球形、个体大，直径大于500 μm。细胞壁由相等的两瓣组成，以边缘相连。色素体多个，侧生。幼细胞的叶绿体常有原生质线连成网状。本种为暖水种，有时可大量分布于我国近海。

（3）异胶藻属（*Heterogloea*）：单细胞长圆形或椭圆形，长4~4.5 μm，宽2.5~4 μm，色素体1个，片状侧生，占藻体大部分，呈黄绿色。属于海水种类，目前已人工培养，是海水养殖育苗中的一种饵料生物。

（4）黄管藻属（*Ophiocytium*）：单细胞或树枝状群体，浮游或着生。细胞呈长圆柱形。浮游种类细胞弯曲或螺旋形卷曲，两端圆形有时膨大，一端或两端具刺。细胞壁由不相等的2个节片套合而成。色素体1或多数，周生，呈盘状、片状或带状。

2. 异丝藻目（Hetertrichales）

黄丝藻属（*Tribonema*）：不分枝丝状体，细胞呈圆柱形或腰鼓形，长为宽的2~5倍。常生于池塘、沟渠中，早春生长旺盛。初生时以基细胞固着生活，以后因基细胞死亡而漂浮水中，量大时呈黄绿色棉絮状物漂浮水面。

8.4.2 绿胞藻纲

植物体为单细胞的鞭毛藻类。没有真正的细胞壁，只有周质，所以能够变形。鞭毛2条，没有眼点。仅有绿胞藻目，绿胞藻科。

膝口藻属（*Gonyostomum*）：细胞背腹纵扁，正面观呈卵形或圆形，略变形。刺丝胞里杆形，多数，放射状排列在周质层内，或分散在细胞质中。贮蓄泡较大，纵切面呈三角形，开口于细胞顶端凹处。鞭毛由此伸出。伸缩泡较大，位于胞咽的一侧。鞭毛2条，顶生，等长或不等长，向前的一条为游泳鞭毛，向后的一条为拖曳鞭毛。色素体多数，圆盘形，散生于周质以内的细胞质中。细胞固定后易解体，难保

存。细胞核 1 个,大形,位于细胞中部。贮存物质为油滴。以细胞纵分裂进行繁殖。本属的种类多分布于池塘、沼泽中,有时出现于湖泊沿岸带中。扁形膝口藻(*G. derpessum*)在我国比较常见,在温暖季节出现于肥沃的鱼池等水体中。大量繁殖时,形成云彩状水华,水体呈黄绿色,是鲢鳙的好饵料。

8.5 生态分布和意义

黄藻对低温有较强的适应性,早春晚秋大量发生,但在大水体中种群数量不多。而易于浅水或间歇性水体中形成优势种。黄丝藻常大量发生于微流动的沟渠或山涧中,偶见于养殖水体,因其吸收水体营养,影响鱼类活动而被视为鱼池害藻;拟气球藻属的种类多分布于光照不足的背阴水体,且漂浮水面,是典型的漂浮生物。总之,黄藻门植物在养鱼水体中,无论种类、密度都不及其他几类藻类,与养鱼的关系也不如其他浮游植物那样密切。

复习思考题

1. 简述黄藻门的特征。
2. 简述黄藻门的常见种类。
3. 简述黄藻门的饵料价值。

第9章 裸 藻 门

9.1 裸藻的主要特征

多数裸藻为单细胞,是具鞭毛的运动个体,仅少数种类具胶质柄,营固着生活。细胞呈纺锤形、圆柱形、卵圆形等。细胞裸露,无细胞壁。细胞质外层特化为表质,表质较坚硬的种类,细胞可保持一定形态;表质柔软的种类,细胞常会变形。表质光滑或具纵行、螺旋形的线纹、点纹或肋纹。有的种类细胞外具囊壳,囊壳常因铁质沉淀多少,而呈现不同的颜色。囊壳表面或光滑无纹饰或常具各种纹饰。

裸藻细胞构造较复杂。细胞前端由胞口与外界相通,胞口下狭形颈部为胞咽,胞咽下方膨大为贮蓄泡,贮蓄泡周有1个或几个伸缩泡。有些无色素的种类,胞咽附近有呈棒状的杆状器,鞭毛1条或2条,罕为3条,有的种类细胞前端具1橘红色眼点,多数种类无眼点。见图9.1。

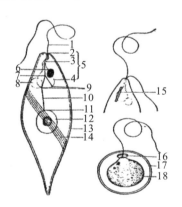

图9.1 裸藻门的细胞结构(自胡鸿钧等)
1.鞭毛;2.胞口;3.胞咽;4.储蓄泡;5.食道;6.眼点;7.颗粒体 8.伸缩泡;9.生毛体;10.根丝体;11.中心体;12.细胞核;13.表质;14.表质线纹;15.杆状器;16.鞭毛孔;17.囊壳;18.原生质体

9.2 裸藻细胞主要内含物

裸藻的色素有叶绿素 a、b 和 β-胡萝卜素等,植物体大多呈绿色,少数种类具特殊的裸藻红素(euglenarhodine),植物体呈血红色。色素体形状一般为盘状、片状或星芒状,蛋白核或有或无。贮存物质为副淀粉(裸藻淀粉),有些种类也有脂肪。副淀粉是一种遇碘不变色的非水溶性多糖类,反光性很强,具同心层理结构,有球形、盘形、环形、杆形或其他形状。

9.3　生殖

裸藻的生殖方式主要是细胞纵分裂,细胞核先分裂,然后原生质体自前向后分裂,有些种类可形成孢囊,孢囊有保护孢囊、休眠孢囊及生殖孢囊之分。前两者当外界条件不良时形成,等环境好转再行分裂;后者具弹性和渗透作用的外膜,可分裂成 32 或 64 个子细胞。

9.4　分类

裸藻门(Euglelnophyta)只有裸藻纲一个纲,裸藻目一个目。根据色素体、眼点等构造以及营养方式,可分为四科。

分科检索表

1(4) 具色素体和眼点。

2(3) 细胞具鞭毛,能自由游动 ·· 裸藻科

3(2) 细胞具胶柄,附着生活 ·· 柄裸藻科

4(1) 无色素体和眼点。

5(6) 营养方式以腐生为主,无杆状器 ·························· 变胞藻科

6(5) 营养方式以动物性摄食为主,具杆状器 ············ 袋鞭藻科

9.4.1　裸藻科

多数 1 条鞭毛。表质柔软的种类,形态易变;表质坚硬的种类,形态固定。有的具有囊壳。绝大多数有色素体,有明显的眼点,无杆状器,自养方式为主。

(1) 裸藻属(*Euglena*):具 1 条鞭毛,能运动,单细胞。细胞形状以纺锤形为主,少数为圆形或圆柱形,后端多少延伸成尾状。多数种类表质柔软,形态易变,少数种类形状较稳定。表质有螺旋形排列的线纹或颗粒,色素体 1 或多数,呈盘状、片状、带状或星状,多数呈绿色,少数因具裸藻红素而呈红色,还有的呈无色。副淀粉形状多种,大小不等。眼点橘红色,明显。本属是裸藻门中种类最多、最常见的属。在有机物丰富的静水小水体中常大量生殖,形成膜状水华,使水体呈现绿色或红褐色。常见的有绿裸藻(*E. viridis*)、膝曲裸藻(*E. geniculata*)、尖尾裸藻

（*E. oxyuris*）、血红裸藻（*E. sanguinea*）和梭形裸藻（*E. acus*）等。见彩图 9.1。

（2）扁裸藻属（*Phacus*）：细胞明显侧扁，鞭毛 1 条，眼点明显，橘红色，运动个体，细胞表质硬，形状固定，扁平。正面观一般呈圆形、卵形或椭圆形。有的呈螺旋形扭转。顶端具壳缝，后端呈尾状。表质具纵向或螺旋形排列的线纹、点纹或颗粒。色素体大多为盘状，多数，副淀粉较大，常 1 或多个，呈环形、假环形、圆盘形、球形、线轴形、哑铃形等各种形状，有时还有一些球形、卵形或杆状的小颗粒。扁裸藻属分布广，常与裸藻属同时出现，但很少形成优势种群。见彩图 9.2。

（3）囊裸藻属/壳虫藻属（*Trachelomonas*）：细胞外具有囊壳，囊壳形状有球形、椭圆形、圆柱形、纺锤形等，囊壳表面光滑或具点纹、孔纹、网纹、棘刺等纹饰。囊壳由于铁质沉积而呈黄色、橙色或褐色。囊壳前端具 1 圆形的鞭毛孔，1 条鞭毛由此伸出。领部或有或无。有或无环状加厚圈。细胞裸露无壁，位囊壳内，其特征与裸藻属相似。分布广。鱼池中常可大量生殖形成优势种群，可形成黄褐色至黑褐色云彩状水华。本属也是鱼池冰下水层中常见的鞭毛藻类。

（4）鳞孔藻属/定形裸藻属（*Lepocinclis*）：细胞表质硬，形状固定，有球形、卵形、椭圆形、纺锤形，后端多数呈渐尖形或具尾刺。表质具纵向或螺旋形排列的线纹或颗粒。鞭毛 1 条，眼点红色 1 个，色素体多数，呈盘状，副淀粉常为 2 个，大型，环状，侧生。本属种类不很常见，也很少大量生殖成为优势种群。

（5）陀螺藻属（*Strombomonas*）：细胞具囊壳，囊壳较薄，呈陀螺形，前端逐渐收缩呈长领，领与囊体间无明显界限。囊壳后端常渐尖，具 1 长尾刺。无色或黄褐色，囊壳光滑或具皱纹，如囊裸藻似的纹饰很少。鞭毛 1 条，眼点较大，色素体呈盘状，多数。裸藻淀粉呈圆形、椭圆形或颗粒状。

（6）双鞭藻属（*Eutreptia*）：细胞具 2 条等长鞭毛，其基部各具 1 颗粒体，细胞呈纺锤形，表质柔软，易变形，表质具细线纹。色素体为圆盘形，多数。副淀粉常呈球形或杆形的小颗粒。具眼点。本属种类可分布在海水、半咸水、淡水水体中。在海洋中是较为常见的种类之一，尤其在污染的河口区更为常见。

9.4.2　柄裸藻科

细胞前端具 1 胶柄，附在其他浮游生物上，单细胞或者群体。繁殖时可以产生单鞭毛的游动细胞。只有一属。

柄裸藻属/胶柄藻属（*Colacium*）：细胞呈卵圆形、纺锤形或椭圆形，外有一层胶质包被，前端具 1 胶柄，向下附生于其他浮游动物体上，单细胞或连成不定形或树枝状群体。色素体多数，呈圆盘形。副淀粉椭圆形颗粒状，多数具 1 个明显的红色眼点。

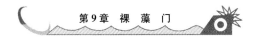

9.4.3　变胞藻科

细胞具 1～2 条鞭毛,鞭毛基部没有颗粒体,也不分叉。没有色素体和杆状器。大部分没有眼点。

(1) 变胞藻属/素裸藻属(*Astasia*):细胞形态易变,常为纺锤形或圆柱形,表质具线纹。具 1 条鞭毛。营腐生性营养。

(2) 弦月藻属/孤月藻/裸月藻(*Menoidium*):细胞形状固定或略变,明显侧扁,呈月牙形或豆荚形,中间宽两端窄。前端多呈颈状,横切面呈三角形,表质多数具明显的纵线纹。副淀粉呈杆形或环形,多数。鞭毛 1 条,腐生性营养。

9.4.4　袋鞭藻科

袋鞭藻属(*Peranema*):细胞形态易变,表质具螺旋形线纹。细胞前端具杆状器。2 条鞭毛不等长,游泳鞭毛粗壮而长,明显易见;拖曳鞭毛较短,紧贴体表,不易见到。副淀粉为圆形颗粒,多数。营动物性摄食。

9.5　生态分布和意义

裸藻类主要分布在淡水水体中,仅少数生活于沿岸水域,多喜欢生活在含有机物质丰富的静水小水体中。在阳光充足的温暖季节,常大量生殖,形成绿色膜状、血红膜状或褐色云彩状水华。裸藻属、囊裸藻属是淡水中极为常见的种类,有些种类亦可在北方冰下水体中形成优势种群。双鞭藻分布于半咸水、海水中,为重要的海产属。无色种类在污水处理中常见的有袋鞭藻属、变胞藻属等,对污水具有一定的净化作用。血红裸藻可在养鱼池大量生殖,是肥水、好水的标志,可作为某些滤食性鱼类的饵料。

 复习思考题

1. 简述裸藻门的特征。
2. 简述裸藻门常见的种类。
3. 简述裸藻的饵料意义。

第 2 篇　海洋浮游动物

海洋浮游动物(zooplankton)是指海水中营异养生活的浮游生物。其种类组成极其复杂,包括无脊椎动物的大部分门类,即从最低等的原生动物到较高等的尾索动物,差不多每一类都有永久性的浮游动物的代表。同时还包括许多无脊椎动物的幼虫。但是从海洋浮游动物的真正意义出发,本篇主要介绍原生动物、轮虫、枝角类、桡足类、卤虫、毛颚动物、被囊动物及介形虫等。

第 10 章　原生动物门

原生动物(Protozoa)是一大类单细胞的低等动物,或由其形成的简单群体。这类动物在形态上相当于多细胞动物的一个细胞,然而,它们每一个个体在生理上是独立的有机体,都具有多细胞动物所具有的一切主要特征,即以其各种特化的胞器(organelles)或类器官,如伪足、鞭毛、纤毛、吸管、胞口、胞肛、伸缩泡等,来完成运动、摄食、新陈代谢、感应、生长、发育、生殖以及对周围环境的适应等。因此,作为细胞而言,原生动物细胞无疑是复杂多样和最高等的。

10.1　原生动物的主要特征

10.1.1　原生动物的外部形态特征

体表具细胞膜,除变形虫等只有一层很薄的原生质膜外,多数种类细胞质表面凝集成较结实而具有弹性的膜,使身体保持一定的形状,这种膜称为表膜(pellicle)。有的种类体表形成坚固的外壳,壳的形状多样,有薄有厚,透明或不透明。细胞质通常分两层,外层较为透明、均匀、无内含物,称为外质(ctoplasma),内层不透明,含有各式各样的内含物,称为内质(endoplasma)。

运动和运动胞器:浮游的原生动物主要依赖水流移动,但本身也有运动能力,依靠各种运动胞器来完成。肉足纲的种类都以伪足为运动胞器,根据伪足的形态构造可分为四种:

(1) 叶状伪足:伪足呈舌状或指状,末端浑圆,伪足中含有内质或外质,如变形虫、表壳虫(*Arcella*)、砂壳虫等的伪足。

(2) 丝状伪足:伪足纤细,末端尖,只含外质,具有这种伪足的种类不常见。

(3) 根状伪足或称网状伪足:伪足也呈细丝状,也只含外质,但它们都有分枝并交错呈网状,如鳞壳虫(*Euglypha*)的伪足。

以上三种伪足中皆无轴丝,为临时性伪足,当伪足收缩或虫体被杀死固定后常收缩而消失。

(4) 轴状伪足:为半永久性,因伪足中有 1 条相当坚硬不易弯曲的轴丝,很多种类轴丝的内端连 1 微粒。标本固定后伪足仍保留着,如太阳虫。

纤毛纲种类都以纤毛为运动胞器。纤毛结构与鞭毛相似,但纤毛较短,数目较多,基部只有 1 个基粒,纤毛分布全身的种类,呈纵行或斜行排列,运动时呈有规律的波浪状起伏。其运动速度为其他运动胞器所不及,纤毛虫运动速度每秒可达 200~1 000 μm。这给观察活体纤毛虫带来很大困难。

纤毛的演化是从全身分布均匀到不均匀,从长短粗细一致到不一致,由此形成各种复杂的结构。例如有的种类由多数纤毛愈合成柔软的片状小膜,这些小膜排列在胞口、口沟或口缘。如果小膜发达连成一带状绕着胞口周围,称口缘膜或小膜口缘区。有的种类由更多的纤毛细密地愈合成纤毛波动膜,通常生在靠近胞口区域或在胞咽中或凸出口缘之外。有的种类纤毛愈合成束,很像我国的毛笔,称触毛。触毛生在虫体的腹面。小膜、口缘膜、波动膜运动时形成水流帮助把食物送入胞口,故有摄食功能;触毛粗壮可向任意方向运动,它有爬、跑、扭、跳功能。

纤毛虫类用胞口、胞咽摄取食物。胞口的形态结构随种类而异,原始的胞口裸露体表(不内陷)。胞咽的内壁有小杆棍围绕支撑,形成口篮,具有口篮的种类胞口能突出体外捕食,甚至攻击比自身大的猎物,如栉毛虫喜食草履虫。随着物种的进化,胞口由前端渐移向腹面,由于体表面逐渐向体中内陷,形成口腔、口前庭和口腔缘。在口腔缘有小膜、口缘膜或波动膜等结构。胞口形态上的变化使得食性也改变,由掠食性变为滤食性。

10.1.2 原生动物的内部构造和生理

细胞核一般只有 1 个,但也有具 2 或多个细胞核的。有些种类体内同时具有两种细胞核,一种是大核,含染色体很多,均匀地分布在核内;另一种是小核,染色体较少,分布不均匀。大、小核功能不一,大核与营养机能有关,小核与生殖有关。见图 10.1。

消化、吸收、贮藏、呼吸和排泄:全动营养的种类将获得猎物送进食物泡后只需几秒钟就把它杀死,在食物泡中可停留一小时之久,此时周围的原生质分泌各种消化酶进入食物泡中把食物消化,已被消化了的营养物质通过食物泡膜被周围的原生质吸收,此时食物泡逐渐变小,不消化的残渣由细胞膜开孔排出。肉足虫没有固定的开孔,纤毛虫和鞭毛虫有固定的开孔,此孔称为胞肛,专为排放残渣之用。原生动物体中食物泡的数目随着食物的丰度和虫体的活动能力而定。全动有益无害和腐生营养的种类,贮藏物质是肝糖或类似肝糖物质(paraglycogen)。

大多数原生动物是好氧气的,但所需的氧量很低,有 90% 种类能在氧饱和不到 10% 的水中生活。呼吸作用是通过细胞膜扩散进行,从周围水中吸收氧气,同时将二氧化碳排出。还有许多原生动物是嫌氧气的,它们能在缺氧的湖底、静水池塘的泥底和污水中生活,但不能在缺氧的条件下长期生活。

大多数原生动物有专门的排泄胞器——伸缩泡。伸缩泡由一层与质膜相似的膜包围而成。伸缩泡不断伸缩,将其从细胞质中收集的体内多余的水分和水溶性代谢废物通过体表开孔排出体外。肉足虫的伸缩泡位置和数目都不固定,并随着细胞质的流动而移动,到一定大小后通过细胞膜上的临时开孔将内含物排出体外。纤毛虫的伸缩泡位置都是固定的,其数目随种类而异,一般 1 个,也有 2 个以上的。有的伸缩泡有一小孔,开孔于表膜。

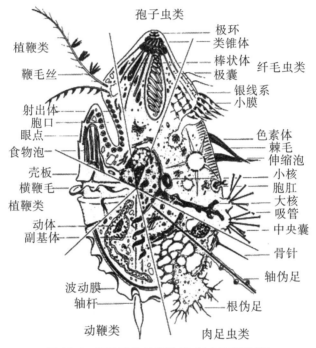

图 10.1　原生动物的细胞模式(自宋微波等)

刺激和反应:原生动物对物体接触、食物、重力、光和化学物质等刺激都有感觉和反应,以使身体处于最佳状态,这种感应称为原生质的普遍感应性。如变形虫用伪足围吞食物,而不围吞砂粒。草履虫遇到障碍物或有害物质立即转回,用“尝试”的方法寻找正确的方向。许多纤毛虫都有专门的感应器,如下毛目种类有的纤毛不能运动,而有感觉机能,称感觉刚毛(感觉胞器),草履虫的表膜下有许多刺丝泡(大约 44 个)整齐地与表膜垂直方向排列。当受挤压或各种化学物质(如弱酸等)刺激时,刺丝泡就从体表的微孔发射出一种物质,这种物质与水接触后,瞬间形成一条僵硬的针状粘丝。许多种纤毛虫的外质中都有这种刺丝泡。目前对刺丝泡的机能了解得还不够,大概具有抛锚固着、捕捉食物、防御和逃避敌害等功能。

10.2 生殖

原生动物在适宜的环境中生长时,生殖非常迅速、旺盛,生殖的方法多种多样。

10.2.1 无性生殖

(1)二分裂:二分裂时细胞核先分裂成2个相等和相似的部分,然后2个新核离开,两核之间的细胞质收缩内缢,随即断裂成2个新个体。肉足虫类的分裂无一定方向。纤毛虫类中除缘毛目的种类进行纵分裂外,其余种类都进行横向分裂。二分裂是原生动物最普遍的生殖方法。生殖速度很快,迅速扩大种群,一般一天至少分裂一次。

(2)出芽:这种生殖方法只限于吸管虫(*Suctoria*)。从母体外长出芽体的称外殖芽。在母体内形成的芽体称内殖芽。内殖芽的芽胚在母体内的孵育囊(brood pouch)中发育,1个或多个,成熟后释放出体外,芽胚长有纤毛,离母体后大约能游动几小时,然后固着在基质上,纤毛逐渐退化,长出吸管和柄,长成与母体一样。

此外,质裂,也称原生质分裂生殖。有些多核的原生动物(如多核变形虫)不需先行核分裂,各核间的细胞质分开成2个或多个新个体。复分裂仅孢子虫纲进行这种生殖方式。

10.2.2 有性生殖

肉足虫类没有发现有性生殖;纤毛虫类的有性生殖为接合生殖(如钟虫),接合生殖常在不适宜的环境下(如拥挤等)发生。

10.2.3 孢囊生殖

形成有抵抗能力和保护作用的孢囊在海洋原生动物中是罕见的,而在淡水原生动物中非常普遍,似乎任何一种不利的环境因素都能促进孢囊的形成,包括干燥、炎热、寒冷、食物缺乏和各种不同的化学物质。首先原生动物变成球形,失去纤毛或鞭毛,有时其他胞器也消失,然后分泌孢囊壁,通常是两层,内层薄外层坚韧,有时在最里面还有第三层的蛋白质膜。这种孢囊能高度抵抗干旱、冰冻和高温。干燥的孢囊普遍能保存几个月至几年。曾有过记录某些能保存40年。当孢囊放入适宜的天然水或培养液中,干燥孢囊的解脱和细胞的重新构成只需几分钟。孢囊的体积一般只有原来个体的一半,有时只有1/8。其形状大多是圆而光滑,有时外面有角状或翼状的附属物。原生动物除了有休眠孢囊,少数还有生殖孢囊,如肾形虫(*Colpoda*)在孢囊中分裂生殖。

10.3　分类

原生动物一共分为五个纲,即鞭毛纲、肉足纲、纤毛纲、孢子纲和吸管虫纲。鞭毛纲在藻类部分已经做了部分介绍,孢子纲大多数是寄生的,因此本章只介绍肉足纲、纤毛纲以及吸管虫纲。

10.3.1　纤毛纲

以纤毛为运动胞器。能够自由游动的属于真纤毛亚纲,其种类较多。通常有胞口,细胞核分化为大核和小核。有性生殖为接合生殖。分为全毛目、缘毛目和旋毛目。

分目检索表

1(2)口缘上无唇带 ……………………………………………………………… 全毛目
2(1)口缘上有唇带。
3(4)唇带向右旋转(顺时针方向) …………………………………………… 缘毛目
4(3)唇带向左旋转 …………………………………………………………… 旋毛目

1. 全毛目(Holotricha)

体纤毛单一,均匀分布全身。在口缘附近的纤毛较长,没有唇带。

(1)板壳虫属(*Coleps*):细胞桶形榴弹状,细胞外有纵横排列十分整齐的膜质板片。纤毛均匀分布全身,自板片间的孔道伸出体外。胞口和胞咽直接通到体表前端,有较长的纤毛包围。围口板片有尖角状突起,后端浑圆有 2 个或数个刺突。常有 1 或数根较长的尾毛,大核 1 个圆形位于体中部,小核 1 个附着在大核上。身体稍后端有 1 个较大的伸缩泡。体长 40~110 μm。游动十分迅速,以各种动物为食,素有"清道夫"之称。分布在有机质较多的水体中,在培养缸中常常大量出现。

(2)栉毛虫属(*Didinium*):细胞呈圆桶形,胞口位于前部圆锥形突起的顶端。胞口引入带有刺杆的胞吻,伸缩力强。身体上有 1~2 圈纤毛环绕,纤毛环上的纤毛排列整齐成梳状的纤毛栉,身体其他部分无纤毛。大核 1 个在体中部,2~4 个小核。伸缩泡在体后端。约 60~200 μm。游动十分迅速。肉食性种类,以草履虫为主要食物,常在草履虫大量出现之后随之大量出现,分布在有机质丰富的水体中。常见的有双环栉毛虫(*D. nasutum*)和单环栉毛虫(*D. balbianii*)。

(3)焰毛虫属(*Askenasia*):体形呈圆锥形,顶端不突出成吻,体卵圆形,有两环栉纤毛。

(4)肾形虫属(*Colpoda*):体形呈肾脏形,胞口位于身体的前半部腹侧的中央内陷的口前庭后方,口前庭内有普通的纤毛,但不融合成波动膜或其他小膜。全身分布一定行列的纤毛。表膜一般没有肋条状龙骨突起。体前侧左缘在口前较直,有5～10个齿状缺刻,为纤毛行列弯到口前而形成。全身纤毛稀,均匀分布。大核位于体中部,圆至卵圆形,小核在大核旁边。39～120 μm,常生活在水清的静水池或溪流的苔藓中。

(5) 膜袋虫属(*Cyclidium*):体小,长18～20 μm,呈长卵形,背腹微压缩。波动膜大而明显。口器内的小膜系(membrannella system)下伸至少有体长的一半,并微向右移。模式种瓜形膜袋虫(*C. citrullus*)。

(6) 四膜虫属(*Tetrahynena*):体小,呈梨形,体纤毛均匀。体前端不弯曲,故口前逢直。口器为典型的"四膜"式构造。口后纤毛2条。大核1个,居中,伸缩泡1个,在后端中央,典型种类是梨形四膜虫(*T. pyyriformis*),体长40～60 μm。四膜虫常用作生理生化和细胞或分子生物学实验材料。

(7) 斜管虫属(*Chilodonella*):卵圆形,背腹扁平,只腹面具体纤毛,有一定的行列。不大变形。具口篮(管状),位于腹侧前端。伸缩泡2个,前后各一,大核椭圆,位中部或后端。以细菌、藻类为食,在硅藻、丝状蓝藻多的环境中易找到。

(8) 草履虫属(*Paramecium*):呈倒草履形,断面圆或椭圆形,口沟发达,胞口腔十分明显,食物从口沟到口前庭,经胞口进入胞咽。胞咽内具有2片纵长的波动膜,体纤毛分布全身,表膜外质中有很多放射排列的刺丝泡,身体前后各1个伸缩泡,其周围有收集管。体形较大,长100～300 μm。分布在中污性和多污水中,有机质丰富的小水体常大量出现草履虫。

2. 缘毛目(Peritrichida)

缺少体纤毛,口纤毛特化成唇带,包围在口的周围。

(1) 钟虫属(*Vorticella*):单生,形似钟,前端向外扩张形成缘唇,围口纤毛融合成3片缘膜(小膜口缘区),后端接柄,柄内有肌丝,受刺激时肌丝以弹簧式收缩。柄的下端固着在基质上。有时虫体受刺激(如用药物固定等)缘唇内缩,不见口缘膜,柄也收缩似收紧的弹簧。但往往可见缘唇缩入的凹陷痕迹和带状弯曲成马蹄形的大核。

(2) 单缩虫属(*Carchesium*):虫体形态与钟虫相似,但非单生而是群体,许多虫体长在树枝状分枝的柄端上。各虫体柄内的肌丝彼此分离,不相连接。当单个虫体受到刺激时,只限该虫体和柄收缩,群体中的其他虫体不收缩。故名单缩虫。

(3) 聚缩虫属(*Zoothamnium*):群体生活。形态与单缩虫相似,但群体中各虫体柄内的肌丝彼此相连接。当某个虫体受到刺激,整个群体同时收缩,生活环境与单缩虫相似,常常同时出现。

（4）盖虫（*Opercularia*）：营群体生活。形态与聚缩虫相似，但柄无肌丝。当虫体受到刺激，只有虫体收缩，柄不收缩。口缘平直，无缘唇。

（5）累枝虫属（*Epistylis*）：营群体生活。形态与聚缩虫相似，但柄较直而粗，柄透明无肌丝。当虫体受到刺激，只有虫体收缩，柄不收缩。有缘唇。生活环境与聚缩虫相似。

3. 旋毛目（Stylonychia）

胞口周围的纤毛非常发达，形成口缘膜。多数营浮游生活。

（1）旋口虫属（*Spirostomum*）：体长而扁，呈带状。口缘带纵长与身体长轴平行，口沟约为体长的 2/3，体表纤毛均匀分布。大核呈链状。大伸缩泡在后端连于一纵管。体长 200～300 μm。

（2）喇叭虫属（*Stentor*）：体呈喇叭形。除浮游生活外，常用尖削的后端附着在水中基质上。有高度的收缩性，有的种类有管形或圆形的胶质兜甲，收缩时本体能完全藏于兜甲中；有的种类胞质中含有蓝或红的色素。大核球形或卵形，单个或似一串项链。伸缩泡 1 个，在前端左侧，为大型种类，长 200～3 000 μm。其在中污性池塘中常见，有时在冰下水层中大量出现。

（3）弹跳虫属（*Halterria*）：体呈球形，较小，20～50 μm，具弹跳能力，口缘的胞口右侧有 1 小膜，左侧有触毛，体中央周围还有一圈长的刺毛或触毛。大核卵圆形，伸缩泡 1 个，位于胞口右边。

（4）侠盗虫属（*Strobilidium*）：体呈梨形或萝卜形。体表有 5～6 行螺旋纹。围绕胞口的口区为一圈单层的长纤毛，身体其他部分无纤毛，无胞咽。大核在前端，呈马蹄形。小核 1 个。1 伸缩泡 1 个，在后部 1/3 处。体长 36～48 μm。本属淡、咸水皆有分布。静止的淡水小池塘或东北越冬池中都常见，有时在培养缸中大量出现。

（5）急游虫属（*Strombidium*）：与弹跳虫极相似。但个体较其大些，除口缘纤毛很发达外，身体其他部分无纤毛。游动很迅速。常见种类有绿急游虫和具沟急游虫。

（6）麻铃虫属（*Leprotintinnus*）：壳呈管状。背口端开口，无领。常见种诺氏麻铃虫（*L. nordquisti*）。后端扩大呈锥状基部，广泛分布于我国黄海和东海。

（7）拟铃壳虫属（*Tintionnopsis*）：虫体外有壳，呈杯形或碗形，壳上砂粒较细小，排列整齐，壳前部往往有螺旋纹。本属与砂壳虫属容易混淆，其主要特点是壳内为纤毛虫而非肉足虫；壳上的砂粒较细小，排列整齐；壳口部位的砂粒常呈螺旋排列。本属种类淡、咸水、海洋都有分布，寡污性淡水水体中常见，南方大水库中常常成为主要种类。该属在我国已记录的有 40 余种，其中分布最广、数量最多的有：

海水种类有妥肯丁拟铃虫(*T. toxantinensis*)、布氏拟铃虫(*T. butschlii*)、东方拟铃虫(*T. orientalis*)和根状拟铃虫(*T. radix*);淡水种类有中华拟铃虫(*T. sinensis*)、王氏拟铃虫(*T. wangi*)和锥形拟铃壳虫(*T. conicus*)。

(8) 类铃虫属(*Codonellopsis*):壳呈壶状,壶口有一明显的领部,领上一般有螺旋形条纹,壶部一般圆形或卵圆形。常见种类有奥氏类铃虫(*C. ostenfeldi*)和圆形类铃虫(*C. rotunda*)。前者除领上有螺旋纹外,还有5~10排椭圆形或圆形的孔;后者领长,有7~8条螺纹,壶部圆形,有颗粒附着。

(9) 网纹虫属(*Favella*):壳呈钟形,壳口大,常有细齿。壳壁两层,薄而透明,没有颗粒附着。末端尖角突出,壳具网纹。常见种类有钟状网纹虫(*F. campanula*)和厦门网纹虫(*F. amoyensis*)。

(10) 游仆虫属(*Euplotes*):体多呈卵圆形,腹面扁平,背面多少突出,常有纵长隆起的肋条。小膜口缘区十分发达,非常宽阔而明显,无波动膜。无侧缘纤毛,前触毛6~7根,腹触毛2~3根,肛触毛5根,尾触毛4根,臀触毛5根。大核1个,呈长带状,小核1个。伸缩泡后位。淡海水均产,常见于有机质丰富的水体中。

(11) 尖毛虫属(*Oxytricha*):体椭圆形,后端较宽圆,腹面扁平,背面隆起。有侧缘纤毛。腹面有8根前触毛,5根腹触毛,5根肛触毛。大核通常2个,1个伸缩泡。体长150 μm。

(12) 棘尾虫属(*Stylonychia*):体椭圆形。腹面扁平,背面隆起。每侧各有一行侧缘纤毛。腹面有8根前纤毛,5根腹纤毛,5根肛纤毛和3根尾纤毛。约100~300 μm。

(13) 筒壳虫属(*Tintinnidium*):壳长筒形,形状不规则,后端封闭或具1小孔。壳上砂粒大小不一,也没有一定的排列。见彩图10.1~彩图10.10。

10.3.2　肉足纲

用伪足作为运动和摄食的胞器,大多数没有皮膜,任何部位都可以形成伪足。一些种类有外壳,壳上有开孔,伪足从此伸出。

1. 变形目(Amoebida)

叶状伪足,细胞裸露,体形没有定形。

变形虫(*Amoeba*):身体裸露无外壳。体外包以质膜,柔软,形状随时变化。伪足叶状或指状,有时末端尖细,但不分枝交错。细胞核通常1个,最多2个,虫体较小,一般20~500 μm。种类多。在淡水、海水和半咸水中均有分布。除少数生活在寡污性水体营浮游生活外,多数营底栖生活,在污染的水中、腐烂的水生植物茎、叶或其他基质上较多。

2. 表壳目（Arecllinida）

叶状伪足,细胞具外壳,壳的形态结构恒定,一般作为分类的依据。

（1）表壳虫属（*Arcelle*）：体外具膜状的几丁质外壳,形似手表壳,正圆形,背面圆弧形,腹面平或内凹,腹面中央有一圆形壳孔,伪足从壳孔伸出,固定后伪足常缩入壳中,只有很少数能见到伪足。外壳与细胞间有空腔,壳表面有放射排列的蜂窝状花纹。幼细胞的外壳呈淡黄色,老细胞呈褐色。表壳虫多生活在污染的水体。室内培养缸的底上常常很多。

（2）砂壳虫属（*Difflugia*）：外壳由微细的沙砾或硅藻空壳黏合而成。壳形多样,近球形至长筒形。壳孔在壳体一端的中央,无颈。远孔端浑圆或尖细。壳面无刺突或有少数刺突,活体标本可见到伪足从壳孔伸出,固定后伪足完全缩入壳中,是大型湖泊或深水水库中主要的浮游原生动物,小水坑中也很常见,为寡污带原生动物。

3. 网足目（Gromiide）

伪足丝状、线状并交织成网状。常见的有鳞壳虫,外壳由大小排列整齐的硅质板片镶嵌成六角形的小格,板明显而透明。壳口位于前端中央,其周围的鳞上通常有齿。有的种类壳体上有刺。伪足丝状,往往互相交织如网,固定后伪足收缩,不易见到。为池塘常见种类,但数量一般不多。

4. 有孔虫目（Foraminifera）

石灰质外壳具 1 个或多个分室,其形状和构造变化较大,是分类的重要依据。伪足细长,具黏性,常交织成网。全为海产,一般营底栖生活。浮游有孔虫为典型的大洋性浮游动物,数量很大,死亡后大量沉积海底,形成所谓的球房虫软泥（globigerina ooze）。

抱球虫:壳呈塔式螺旋状,房室圆形至卵圆形,缝合线凹,辐射排列。壳壁石灰质,多孔性辐射结构。缘内口孔开向脐部,有些种类向壳缘延伸。

5. 太阳虫目（Actinophryida）

体小,圆球形,伪足呈辐射状。细胞没有硅质存在。

（1）太阳虫属（*Actinophrys*）：体小,圆球形。身体外面没有胶质膜,不粘外来物质。外质有许多空泡,内质较少空泡,常有共生的藻类,但内外质分界不明显。细胞核 1 个,位于中央。伪足呈针状,内有硬的轴丝,自细胞核辐射伸出,长度为细胞直径的 1～2 倍。以纤毛虫和小轮虫为食。浮游或生活在水草上,泥沙底的小水沟、池塘、湖泊、水库都有分布。

（2）棘球虫属（*Acanthosphaera*）：具一简单棘孔球壳,壳表生出同行而简单的放射针。如徽章棘球虫（*A. insignis*）,壳薄,网孔多角形,放射针 100～120 根,由壳网结点生出,呈三边棱柱形,棱边具小齿。

（3）刺胞虫属（*Acanthocystis*）：具胶质膜。硅质骨针系细长的棘刺。自身体周围放射状伸出,骨针末端常分叉。

6. 放射虫目（Radiolaria）

细胞质明显地分为内外质两层,内外层之间有中央囊隔开,中央囊骨质,囊上有 1 个或多个小孔,使内外质能互相交换。伪足具轴丝,辐射状排列于身体的周围。外壳硅质,壳面常有雕刻花纹。全部海产。多为浮游生活种类,大多数生活在热带大洋区,有许多种类具有发光能力。虫体死亡后沉积海底,形成放射虫软泥（Radiolarian ooze）。常见种类有等棘虫属（*Acanthometra*）,骨针等长,同形（有时 2～4 根稍长）。中央囊呈球形或多角形。肌丝常为 16 条,也可达 32～40 条。如透明等棘虫（*A. Pellucida*）,骨针 20 根,为大洋暖水种。

10.3.3　吸管虫纲

成体纤毛完全消失,仅幼体时期体表具纤毛。成体具有吮吸功能的"吸管"构造。成体以柄固着在其他动植物或其他物体上,不能移动。种类不多,没有胞口,动物性营养,利用吸管（触手）以小型纤毛虫为食。

10.4　生态分布和意义

原生动物种类多,数量大,分布很广,几乎在地球上凡是有水的地方都有原生动物的存在。这是原生动物的生活习性和适应性特点所决定的。

由于原生动物对众多环境因子,如盐度、水温、含氧量、光照、营养盐类、pH,以及水生生物组成和食物关系的选择和适应性的不同,因此在不同的环境中也存在不同的原生动物。专性浮游性原生动物多出现在敞水区;而兼性原生动物或周丛生物则生活和分布于浅水区及具植被的沿岸带;耐污性种类多分布于有机质丰富的水域,清水性种类则栖息于溶氧丰富、有机物浓度比较低的洁净水体中。

原生动物的食物主要是单细胞藻类、细菌、各种有机碎屑及其他种的原生动物。这些食物在水中不仅广泛存在,而且十分丰富,因而给原生动物的生存和繁殖提供了良好的条件。同时原生动物对周围环境的适应性很强,遇到不良环境（如干涸、温度剧变等）可形成孢囊。孢囊能使生命保持数日至数年之久,待外界环境一旦适宜,虫体即破囊而出,继续进行正常生活。孢囊的形成是原生动物适应环境变化、保持生命的有效方法。原生动物除休眠孢囊外还有繁殖孢囊,如肾形虫就能在孢囊中分裂成 2～4 个小个体,以后脱囊而出。原生动物体形小,其孢囊又能抵抗干燥等不良环境,所以极易为鸟类、昆虫和其他动物所携带以及受风的作用而到处传播;又由于其生活周期很短,即使在仅存留几天的雨后积水坑塘、水洼等间歇性水体中也能繁殖后代。所以有水的地方就有原生动物存在。亦即许多原生动物种类的分布是世界性的。因此凡环境条件相类似的水域,都有相同或相类似的原生动物存在。

影响原生动物生态分布的因素通常并不是单一的,而是多因素结合的结果。原生动物对各种环境因子的变化有相当强的耐受力,但不同种类的原生动物都要求一定的生活条件。因此,即使环境因子有很少的变化,对它们的生活也常会有很大的影响。

温度对原生动物数量的影响十分明显,大多数原生动物最适的温度范围是 16～25 ℃。致死温度的上限通常在 30～43 ℃之间,但少数种类可以生活在 60 ℃的温泉中。与此相反的是,有些原生动物能在积雪中生活和繁殖,使雪变成红色。但暖水性种类则在冰冻环境下很快死亡。

原生动物个体大小与温度的关系符合贝格曼定律,如有孔虫在南北极体长为 14.7 mm 以上,而在温带海区只有 6 mm。

大多数原生动物最适的 pH 在 6.5～8.0 之间。有些种类对酸碱度的适应范围很广,如绿眼虫可以在 pH 2.3～11 之间培养。但也有些狭酸碱性的种类如大旋口虫(*Spirostomum ambiguum*),只能在 pH 6.3～7.5 之间生活。

就盐度对原生动物的影响而言,有人做过试验,发现有 50 种淡水原生动物可以用不同浓度的海水培养,有些原生动物可以直接放入海水培养,如钩波豆虫(*Bodo uncinatus*)、里海肾形虫(*Colpoda aspera*)等。说明有些原生动物既能在淡水中又能在海水中生活,但这类原生动物的种类不多。多数淡水种类不能在海水中生存,反之亦然,不少海水种类仅分布于海洋中。

水中有机质含量多寡,对原生动物有很大的影响。水的清洁程度是以水中有机物的含量来决定的,由于不同种类的原生动物适于生活在含有不同量的有机质的水中,所以根据原生动物的种类,可以作为水体被污染程度的指标。如食细菌的许多纤毛虫,包括豆形虫(*Colpidium*)、肾形虫、某些草履虫和钟虫等常大量出现在极脏的腐败死水中。而在有机质较为丰富、尚属中等污染的水体中,原生动物的种类最多,这里生活着喇叭虫、旋口虫、游仆虫、尖毛虫以及某些附着生活的缘毛目种类等。

此外,在同一水体中,原生动物之间、原生动物和其他动物之间还存在着复杂的食物关系,因而形成了某些种类周期性的数量变化。不少原生动物体内有单细胞藻类共生,藻类从原生动物体内获得光合作用所需的营养盐类和二氧化碳。原生动物则直接以这种藻类为食,藻类在其体内不断繁殖,其数量与原生动物的食量保持一定的动态平衡。

原生动物除了可以在自然的水域中广泛分布外,还可以在人们处理废水和污水时建立起来的人工体系中栖居。许多工厂采用活性污泥法或生物过滤法来处理污水。具有活性的污泥常结合有氧气并允许细菌进行繁殖,从而导致污水中有机物被氧化、分解,完成净化水质的过程。见彩图 10.12。

生物过滤法:先静置进行沉降,然后再慢慢地使之流过一个铺有很深的小石块或者铺有滤膜的人工介质的渗滤池。经过澄清之后的流出物由渗滤池底部的流出口排出。在小石块上常附有以细菌为主的生物膜,执行着分解和氧化有机物的功能。

我国王家楫等在 20 世纪 70 年代对全国 32 个不同类型的废水处理厂进行普查时,共记录了 145 种原生动物,其中纤毛虫为 102 种,占总数的 70%,肉足虫和鞭毛虫共有 43 种。柯尔兹等人还对活性污泥中原生动物群落的组成与出水质量的关系进行了研究,发现凡是排出的水含有较低的溶解氧和少量悬浮颗粒的,也就是水质较好的,该厂的活性污泥中必定有大量的多种纤毛虫。反之,出水质量低的工厂的活性污泥则均不含纤毛虫而只有其他少见种类的原生动物。

原生动物除了可以作为污水生物处理效果的指示生物之外,还可在自然界水体的有机污染中作为指示生物,并且应用到水质分类的污水生物系统之中。污水生物系统的范围从未污染的区域到严重污染的区域可分为污染外带(未污染)、寡污带(轻微污染)、β 中污染带(中等污染)、α 中污染带(较重污染)和多污带(严重污染)。原生动物作为污染程度的指示生物的方法颇多,但归根结底是两大类:一类是在种群的水平上进行的;另一类是在群落的水平上进行的。

水中自由生活的原生动物,通常是鱼虾贝类的直接或间接的天然饵料,但养鱼水域原生动物数量增大,取食藻类,造成水体缺氧。并且,养殖水体大量出现原生动物往往是水质不良的标志。但是,原生动物特别是一些纤毛虫生产量大、营养丰富,有望大量培养作为水产经济动物苗种的开口饵料,如草履虫。

 复习思考题

1. 名词解释:纤毛,伪足,胞器。
2. 简述原生动物与水产养殖和环境保护的关系。

第 11 章 轮 虫

轮虫(Rotatoria)是担轮动物门(Trochelminthes)的一群小型多细胞动物,因生活时该头冠纤毛不停地摆动似轮盘而得名。因有初生体腔,新分类系统把它归入原腔动物门(Aschelminthes)。以前被称为线形动物、轮形动物等。一般体长 $100\sim300\ \mu m$。其可根据以下特征很容易和其他体形大小差不多的动物区别开来:①身体前端着生一个纤毛环的头冠(纤毛只存在于头冠,此与原生动物的纤毛虫不同);②消化道的咽部肌肉膨大成咀嚼囊,其中有类似几丁质的咀嚼器。

轮虫广泛分布于湖泊、池塘、江河、近海等各类淡、咸水水体中,甚至潮湿土壤和苔藓丛中也有它们的踪迹。轮虫因其极快的繁殖速率,生产量很高,在生态系统结构、功能和生物生产力的研究中具有重要意义。轮虫是大多数经济水生动物幼体的开口饵料,在渔业生产上有颇大的应用价值。轮虫也是一类指示生物,在环境监测和生态毒理研究中被普遍采用。

11.1 轮虫的主要特征

11.1.1 轮虫的外部形态特征

轮虫的体形变化很大,常见的有球形、椭圆形、圆筒形、锥形等。大多数的轮虫都可分为三个部分,即头、躯干和足。

1. 头部

大部分轮虫的头与躯干的分界并不是很明显,只有少数种类在头和躯干之间有一个紧缢部。在头部有一个轮盘,也称为头冠,见彩图 11.1。头冠的形状随种类不同而变化,但其基本形态为漏斗形。口位于漏斗的底部,其边缘生有两圈纤毛,里面的一圈比较粗壮,称为纤毛环,外面的一圈较细弱,称为纤毛带。在两圈之间有一个纤毛沟。在纤毛沟中常常有突起,其上生有成群的纤毛,形成纤毛群,有的则是刚毛状的感受器。此外,有的轮虫,如蛭态类,头部背面中央有一吻,吻端有刚毛。有 $1\sim2$ 个红色的眼点。

轮虫的头部兼具运动、摄食和感觉的功能。头冠的形态随种类而异,并且和习性有关。其有以下几种基本类型:

（1）旋轮虫型：分割成 2 个左右对称的轮盘，各具一短柄，口位于两短柄之间，处于腹面中央部。具此头冠者多为底栖种类。

（2）水轮虫型（须足轮虫型）：口和口围区位于头冠腹面，后者具一圈粗状刚毛（假轮环）。

（3）晶囊轮虫型：口围区极度缩小，只在口孔周围有一段很不发达的纤毛，围顶纤毛发达但在背、腹面中央间断。盘顶区相当宽阔。在这一区域内常有刺状或棒状的感觉机构。具此头冠者概为典型的浮游轮虫。

（4）巨腕轮虫型：围顶带形成上、下两圈纤毛环。上环叫轮环，下环叫腰环。口位于二者之间。适应于浮游生活。

（5）聚花轮虫型：围顶带呈现马蹄形。背面下垂口和口围区位于此。致使口位于头冠的背侧。适应于浮游生活。

（6）胶鞘轮虫型：整个头冠呈漏斗状。上缘常形成几个（1、3、5、7 个）裂片。其上有刺毛。口深陷漏斗底部。此漏斗实际为口围区而围顶带已消失。适应于固着生活。

2. 躯干部

其为头部以下的广大身躯。其内部包含全部内脏器官，外部被一层角质膜。许多种类形成坚硬的被甲。其上常有棘刺，是分类的重要依据。有的不具被甲的种类则具若干能动的附肢，有的种类在躯干部前端有背触手或侧触手。当轮虫受到刺激时，头和足缩入躯干部的皮膜或被甲中。见彩图 11.2。

躯干除了贮藏内脏器官外，还有保护功能。

3. 足

除少数种类外，轮虫躯干部的后方都有 1 足，足上有节状的褶纹。末端通常有 2 个趾，少数 1、3、4 个或无。足内有一对足腺，能分泌黏液使趾黏附于其他物体上。足和趾用于固着、爬行或起舵的作用。见彩图 11.3。

11.1.2　轮虫的内部构造和生理

1. 体壁、假体腔和呼吸

轮虫的体壁由皮层、表皮和皮下肌肉三者组成。表皮下的合同细胞分泌骨蛋白，经硬化形成皮层。有的种类皮层较厚，在躯干部形成被甲。见图 11.1。

躯干部的体壁与消化管道等内脏器官之间的空腔为假体腔。假体腔中有体液和游离的网状组织，该网状组织由一些变形的细胞组成，有噬菌和排泄的作用。

轮虫没有专门的呼吸器官,气体交换通过体壁渗透扩散来完成。很多轮虫通常需要生活在溶氧含量相当高的水中,轮虫的头冠纤毛不停的运动产生水流,使身体周围的水不断更新,这也有利于在低氧条件下进行正常呼吸。

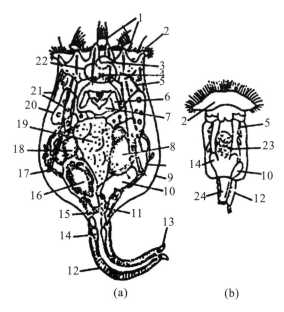

图 11.1　臂尾轮虫体制模式图(自吕明毅)

(a)雌体;(b)雄体

1.棒状突起;2.纤毛环;3.背触毛;4.眼点;5.原肾管;6.咀嚼器;7.咀嚼囊;8.卵巢;9.背甲;10.膀胱;11.泄殖腔;12.尾部;13.趾;14.吸着腺;15.肛门;16.肠;17.侧触手;18.卵黄腺;19.胃;20.消化腺;21.肌肉;22.脑;23.精巢;24.阴茎

2. 消化系统

轮虫的消化系统分为消化管和消化腺两个部分,消化管包括口、咽部、咀嚼器(trophi)、食管、胃、肠、直肠、泄殖腔和泄殖孔。肛门开口于躯干部末端,足的基部背面。消化腺有两组:一组是唾液腺,另一组是胃腺。

食物进入口到咀嚼囊,囊内肌肉的收缩牵动咀嚼器把食物磨碎。唾液腺可能有摄食和消化的作用。胃腔内壁有纤毛,胃腺分泌酶到胃中促进食物消化。胃后端有肠,肠内壁也有纤毛。

总体线路为:口→咽→咀嚼囊→食道→胃→肠→泄殖腔。

咀嚼囊是轮虫特有(或者独有)的特征之一,咀嚼器位于其中,用于磨碎食物。咀嚼器构造复杂,其基本构造是由 7 块非常坚硬的、由皮层高度硬化而来的咀嚼板组合而成。通常咀嚼板分砧板和槌板两部分,即由一块单独的砧基与两片砧枝连接一起而成的砧板,和左右各一的两个槌板。每一槌板是由一片槌钩和一片槌柄组成。食物经过槌钩和砧枝之间被切断或磨碎,槌柄往往纵长略弯,其前端总是与槌钩的后端相连。咀嚼器上连接肌肉,运动灵活。其可分为以下几种类型。

(1)槌型:各咀嚼板都比较粗壮而坚实,砧板内侧有沟痕但无齿,用于横向磨碎浮游生物和有机碎片。具这种咀嚼器的轮虫常为水轮虫型头冠,适应沉食取食方法(如臂尾轮虫等),营浮游或底栖生活。底栖种类(如腔轮科)在沉水植物茎、叶或其他底层物体上吸取微小的生物和有机碎片。这种咀嚼器的捕捉能力很弱。

(2)枝型:槌钩最为发达,呈两个半圆形的薄片,其上有很多平行的肋条,其中有2~3个(或部分)肋条比较粗壮,肋条的内端形成箭头状的齿;砧枝较小,为三棱形长条,砧基和槌柄都退化。枝型咀嚼器与旋轮虫型头冠结合,是蛭态亚目的主要特征。适应于沉淀取食。

(3)槌枝型:槌钩由许多长条的齿密集地排列在一起,槌柄宽而短,分隔成三段,砧基短而粗壮,左右砧枝各呈三角形,内侧常有细齿。它与巨腕轮虫型头冠结合,簇轮亚目都属于此类。其有浮游、底栖和固着三种生活方式,依靠头冠纤毛运动形成的水流漩涡,沉淀取食水中微小的生物和腐屑。

(4)砧型:砧枝特别发达,呈现锋利的卡钳状,内缘有1~2个刺状突起。砧基很短,槌钩细长,槌柄很短只留痕迹。它与晶囊轮虫型头冠结合,只限于晶囊轮科。这些种类十分凶猛,当遇到适口食物(主要是浮游动物)时,会突然把咀嚼器伸出口外,将食物猎入口内。这类咀嚼器完全适应猎食。

(5)钳形:槌柄很长,与细长的槌钩交错在一起呈钳状。砧基较短,砧枝长而稍弯,也呈钳状,其内侧有很多锯齿。取食时,钳形咀嚼器能完全伸出口外摄取食物。

(6)杖型:砧基和槌柄都很长,呈拐杖形,一对砧枝呈现三角形。砧基下端伸到下咽喉,当咀嚼器肌肉收缩时好似活塞把食物吸进口再到咀嚼腔中。这种咀嚼器除了吸取植物细胞的汁液和小型动物的体液外,尚具有咬、啃、研磨食物等初步消化的能力。它常与晶囊轮虫型头冠结合,一般为凶猛种类(如疣毛轮虫等),摄取浮游生物、附着生物和有机碎片为食。

(7)梳型:砧板为提琴状,槌柄复杂,其中部分突出一月牙形弯曲的枝。在槌柄前有一前咽片,常比槌钩发达。

(8)钩型:砧基和槌柄都极退化,砧板宽阔近乎半圆形,槌钩是由极少数长条状的齿组成,除此之外还有副槌钩,它把砧板和槌钩紧密连接起来。钩型咀嚼器与胶鞘轮虫型头冠结合,为胶鞘亚目的主要特征。这类轮虫用槌钩来撕碎闯入陷阱的大型生物(如枝角类、桡足类等)。适应于伏击摄食方法。多数营固着生活,极少数营浮游生活。见图11.2。

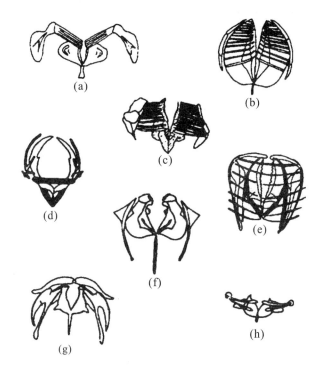

图11.2 咀嚼器的类型(自Beauchamp)

(a)槌型;(b)枝型;(c)槌枝型;(d)砧型;(e)钳形;(f)杖型;(g)梳型;(h)钩型

3.排泄系统和渗透压调节

轮虫排泄系统在假体腔的两侧,由若干个焰茎球连着2条原肾管通入膀胱。

焰茎球的内部有许多由纤毛组成的颤膜,由于颤膜颤动引起水流而产生微弱的压力,促使焰茎球和原肾管壁从假体腔中吸收来的代谢废物和体内多余的水进入膀胱。膀胱收缩时把内含物经泄殖腔排出体外。管上有一定数目的焰茎球,由试管状的焰细胞组成,内侧的纤毛组成颤膜,呈火焰状摆动,摇动肾管水流,从体腔吸收废物。

排泄系统除了排出假体腔液体中的废物外,更主要的是排出不断渗入体中多余的水,以保持体内渗透压的均衡。

总体线路为:1对纵列于体腔两侧的原肾管→膀胱→泄殖腔。

4.神经系统和感觉器官

神经系统由位于咀嚼器或食道背面的"脑"以及由此向前后发出的神经纤维和

神经节组成。向前发出的神经纤维通至头冠上,再通到内脏器官、侧触手等各部分。神经系统支配感觉、运动、消化吸收、排泄、生长、发育、生殖等生命活动的协调进行。

脑位于咀嚼囊背面,向前发出若干条神经到眼、吻、触手、轮盘感觉毛,咽神经。发出内脏神经到消化道各部。两侧发出一对腹神经索,从腹侧到足。

5. 生殖系统与生殖发育

轮虫为雌雄异体,分别有雌性生殖系统和雄性生殖系统。雌性生殖系统由卵巢和卵黄腺组成,其外有一层薄膜包起来,形成生殖囊,位于胃的腹侧或一边;其向后延伸为一薄壁的输卵管,通到泄殖腔。雄性生殖系统包括精巢和交配器,且体腔的大部分位置被精巢占据,在输精管的后端为一硬化的交配器。

绝大部分种类的雌雄形态差别极大。雄体体长只有同种雌体的 1/8~1/3,雄体没有消化系统或只留痕迹,或有咀嚼器和胃,但没有口和肛门。雄体不摄食,但活动非常迅速,一遇到雌体就进行交配,通常将精子排到雌体的泄殖腔内,也有穿过雌体不同部位的体壁,使精子与卵受精。

轮虫主要进行孤雌生殖,但在某些情况下(如环境恶化)进行两性生殖。

轮虫的雌体在正常情况下所产的卵不需要受精,立即发育孵化为雌体,这种卵称非需精卵(夏卵),产非需精卵的雌体称不混交雌体。不混交雌体和非需精卵的细胞核中都含有双倍的染色体。这种只依靠雌体繁殖后代的方法称孤雌生殖。轮虫在环境条件适合它们生活的情况下都进行孤雌生殖。孤雌生殖的特点是生殖量大,生殖率高,种群发展迅速。当环境恶化时,一些种类进行两性生殖,此时混交雌体所产的卵在成熟前经减数分裂,卵细胞核内的染色体为单倍体,这种卵称需精卵。需精卵的发育有两个去向:未经受精的需精卵发育为雄体;经受精的需精卵称受精卵,又称冬卵或休眠卵,见彩图 11.4、彩图 11.5。休眠卵有厚的卵壳保护,能顽强抵抗不利的环境,如干燥、低温、高温或水质化学变化等。休眠卵沉到水底待休眠期满且温度、溶氧、渗透压等水质条件合适时就发育孵化出不混交雌体,而绝不孵化出混交雌体。休眠卵孵化出的雌体叫"干母"。

不混交雌体与混交雌体在形态上看不出差异,但在生理上却有本质的不同。不混交雌体只产非需精卵,而混交雌体只产需精卵。需精卵产生雄体或休眠卵(受精卵),但不直接发育成雌体。如果雄体与不混交雌体交配,不发生受精现象,非需精卵的发育不受影响。

轮虫能产生三种卵,其在形态上有较大的区别:非需精卵较大,卵膜薄而透明;需精卵较小,约为非需精卵的一半,卵膜薄而透明;休眠卵即受精后的需精卵,体积变大,具坚厚的卵壳,不透明,壳面上常有突起或雕刻花纹,下沉水底。见图 11.3。

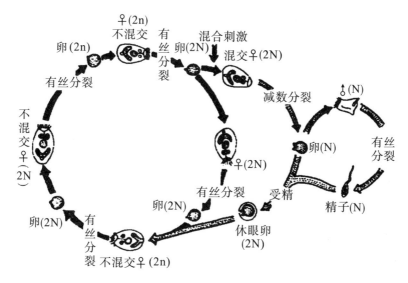

图 11.3　单巢轮虫的生活史(自 Alexander)

　　轮虫中多数种类是卵生,孤雌生殖产的卵漂浮在水中,或沉下水底,或者黏附在母体后方以及其他水生生物身上。少数轮虫(许多蛭态目种类,晶囊轮虫、聚花轮虫、犀轮虫等)的繁殖是卵胎生,即动物的卵在母体内发育的一种生殖形式。卵虽在母体内发育成新个体,但胚体与母体在结构及生理功能的关系并不密切。胚胎发育所需营养主要靠吸收卵自身的卵黄,实际母体对胚胎主要起保护和孵化作用。

　　轮虫的寿命随种类和环境而异:常温条件下,萼花臂尾轮虫为 6 d;短形龟甲轮虫为 22 d;嗜食箱轮虫为 42 d。

　　多数轮虫以藻类、细菌、霉菌、酵母菌、原生动物、其他轮虫及有机颗粒为食,在动物学中叫杂食性。

11.2　分类

　　轮虫下分为两个目,即双巢目和单巢目。轮虫的分类通常按照咀嚼器和头冠的构造、卵巢是否成对、被甲的形态构造、足的有无等作为分类依据。

11.2.1　双巢目,蛭态亚目

　　卵巢成对,旋轮虫型头冠,枝型咀嚼器。躯干具"假节",可呈套筒式伸缩。通常营底栖生活或附着生活。

　　1. 轮虫属(*Rotaria*):体细长。眼点 1 对,不甚明显,位于背触手前面的吻部。

吻较长突出于头冠之上。足端有 3 趾。喜生活于富含有机质的小型水体中,常附着于水生植物的茎、叶上。

2. 旋轮虫属(*Philodina*):体较粗壮。眼点 1 对,大而明显,位于背触手后,脑的背面。趾 4 个。生活环境与轮虫近似。

11.2.2 单巢目

卵巢单一,头冠多样;咀嚼器各式,但绝不是枝型。身体不呈套筒伸缩。分为三个亚目,即游泳亚目、簇轮亚目和胶鞘亚目。

分亚目检索表

1(2) 足有 1~2 个趾以及 2 个足腺。头冠不呈巨腕和胶鞘轮虫型 ……………… 游泳亚目

2(1) 足末端没有趾,足腺多于 2 个。

3(4) 咀嚼器槌枝型。头冠为巨腕和聚花轮虫型 ……………… 簇轮亚目

4(3) 咀嚼器钩型。头冠为胶鞘轮虫型 ……………… 胶鞘亚目

11.2.2.1 游泳亚目(Ploima)

大多营自由游泳生活。有足种类,具 1~2 个趾。

1. 臂尾轮科(Brachionidae)

槌型咀嚼器,头冠呈漏斗状。

(1) 臂尾轮属(*Brachionus*):被甲较宽阔,呈正方形。被甲前端总是具 1~3 对突出的棘刺。有的种类被甲后端也具棘刺。足不分节而很长,上面具很密的环形沟纹,并能活泼地伸缩摆动。本属种类甚多,主要营浮游生活。但也常用足末端的趾,附着在其他物体上,并营底栖生活。它们生长在池塘、湖泊中,往往靠近岸的地方多于离岸的地方。见彩图 11.10,彩图 11.11。

(2) 龟甲轮属(*K. peratella*):被甲被线纹分割成若干多角形的板片,如同龟甲,前端有 4 对不规则的棘刺,有的还有后棘刺 1~2 条。无足,是典型的浮游种类。其分布普遍,温幅广,一年四季(包括冰下)都可找到大量个体。盐幅较大,在淡水、半咸水中都能生活。由于个体小,被甲厚而坚硬,其饵料价值远不及臂尾轮虫。

(3) 水轮属(*Epiphanes*):无甲。头冠上有 3~5 个棒状突起。各不同种间体形差异大。锥尾水轮虫(*E. senta*)呈倒圆锥形;臂尾水轮虫(*E. brachionas*)呈方块形且足很长;棒状水轮虫(*E. bravulatus*)呈囊袋状。透明。卵黄腺呈带状。后者极易和晶囊轮虫(*Asplanchna*)混淆,但它有足且咀嚼器也完全不同。水轮虫个体大(500 μm 左右)、运动慢、不具被甲,在富有机质特别是多裸藻的小型水体中。种群数量可能极大(>1 万/L),在融冰后的低水温条件下即可大量繁殖。其饵料

和培养价值并不在臂尾轮虫属之下。

(4) 犀轮属(*Rhinoglena*):无被甲。体呈长圆锥形,躯干有假"节",但不作套筒式伸缩。头部背侧有一长的"如意突",会自如地伸缩。此为该属主要特征。吻两旁有 1 对眼点,卵胎生。前额犀轮虫(*R. frontalis*)为常见种,广泛分布于静水、淡水池塘或小湖泊中,大量个体主要出现于低温季节。冬至前后在我国北方鱼类越冬池冰下水体中常可大量繁殖。相反,温暖季节(>15 ℃)它们的数量却很少。犀轮虫个体较大(300 μm 左右),无被甲,尤其是它适低温的特性,是冷水性鱼类或在低温水体中繁殖的水生动物苗种的优良活饵料,并有望成为人工大量增殖的对象。见彩图 11.6。

(5) 叶轮属(*Notholca*):背甲具纵条纹。前棘刺 3 对,长短不等。后端浑圆或有短柄。无足。叶轮虫属种类不多但温幅、盐幅很广。有的种如尖削叶轮虫(*N. acuminata*)能在咸水中大量繁殖。该属轮虫往往在低温季节、甚至冰下水体中出现,数量虽多但生物量小且高峰持续时间不长。

2. 晶囊轮虫科(Asplanchnidae)

具有晶囊轮虫型头冠和砧型咀嚼器。身体无被甲,呈囊袋形,透明。个别种类躯干两侧有翼状突起。个体大,一般在 500 μm 以上。多数种类为肉食性,卵胎生。见图 11.4。

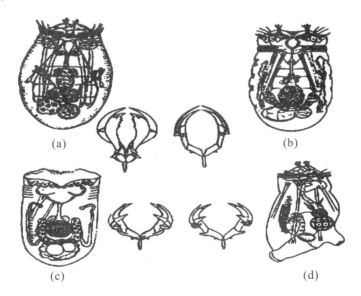

图 11.4 晶囊轮属 Asplanchna(自王家楫)

(a)前节晶囊轮属(*A. priodontab.*);(b)盖氏晶囊轮属(*A. girodi*);
(c)小氏晶囊轮属(*A. brightwellid.*);(d)西氏晶囊轮属(*A. siebold*)

（1）晶囊轮属（*Asplanchna*）：身体透明呈囊袋形，像一个电灯泡。无足与肛门，亦无肠管。咀嚼器可伸出口外摄食。食物残渣亦从口中吐出。全部卵胎生。休眠卵球形，每个雌体可怀2~3个，但并不产出，随死后的母体沉入水底。该属均是典型浮游种类。温暖季节广泛出现于池塘、湖泊、水库等淡水水域中。冬季经常在冻底又富含有机质的浅水水体中，其种群数量特别大。据作者观察，此类轮虫在沉积物中的休眠卵只有经冷冻后方可上浮，且萌发率也显著提高。晶囊轮虫虽大量摄食其他轮虫。它的发生毫无例外的会终止臂尾轮虫种群数量的高峰期，但因其个体大（>500 μm）、无被甲、寡敌害，一旦出现很容易形成优势种群，极有可能成为适合室内外大规模培养的优质饵料浮游动物。

（2）囊足轮属（*Asplanchnopus*）：除了有足和趾之外，基本上和晶囊轮虫相似。常见种为多突囊足轮虫（*A. multiceps*）。

3. 疣毛轮虫科（Synchaetidae）

具晶囊轮虫型头冠，杖型咀嚼器，无被甲，有的种类有附肢。常见者均是典型的浮游轮虫。

（1）疣毛轮属（*Synchaeta*）：头冠上面有4根长刚毛，两侧各具一显著的"耳"状突起。足不分节。趾1对、很小。该类轮虫极易变形，固定后往往只能从头部两侧依稀可见的"耳"状结构中辨别它们。此外，从它的休眠卵呈球形且有长刺的特征上也可区别。盐幅和温幅极广。一年四季（包括冰冻季节）在淡水、咸水中均可繁殖，有时数量极大，每升水中可达数万个，但高峰期持续时间不长。如果改善环境，延续其种群数量高峰期的时间，利用其广温、广盐习性，进行大规模培养或增殖利用是很有可能的。

（2）多肢轮属（*Polyarthra*）：头冠上既无长刚毛也无"耳"状突，身后亦无足与趾，但身体两侧背腹面有12条针状或叶状的附肢，有跳跃和游泳的功能。头冠的盘顶区有1对显著的盘顶触手。先端有1束感觉毛。其广泛分布于湖泊、水库、池塘中，一年四季均可找到。个体小，运动（跳跃）较快，又有附肢。其饵料价值不大。常见种为针簇多肢轮虫（*P. trigla*）。

11.2.2.2　簇轮亚目

具枝型咀嚼器、巨腕轮虫或聚花轮虫型头冠。营浮游生活。

1. 镜轮科（Testudinella）

头冠为巨腕轮虫型。无胶质围裹身体。足或有或无，有者亦无趾。

（1）镜轮属（*Testudinella*）：被甲较坚硬，腹背扁平，背腹面观近圆形，透明似镜。足长不分节,末端无趾,但有一圈纤毛。多营底栖生活,在水草丛生处易采到较多个体。见图 11.5。

（2）巨腕轮属（*Hexarthra*）：无被甲,体前半部有 6 个粗壮腕状附肢,能划动跳跃,无足,为典型的浮游轮虫。在温暖季节出现于湖泊、池沼中。环顶巨腕轮虫（*H. fennica*）可生活于内陆咸水或浅海海湾中,是耐盐性较强的种类。见图 11.6。

（3）三肢轮属（*Filinia*）：卵形,无被甲。有 3 条或长或短的附肢,其中前两条能活动。分布很广。一年四季在池塘、湖沼或其他富含有机质的淡水水体中均能大量繁殖。高峰期种群数量可达几十万个/L,但生物量不大,且肢体长,采收时亦缠绕成团、饵料价值不大。见图 11.7。

图 11.5　镜轮虫(自王家楫)　　图 11.6　巨腕轮虫(自王家楫)　　图 11.7　三肢轮虫(自王家楫)

（4）泡轮属（*Pompholyx*）：被甲薄而透明,后端有足孔,但无足。足孔内有一黏液管伸出,可粘着排出的卵,故常可见到一卵附着在足孔后端。该属均是一些体长仅 100 余微米的小型浮游轮虫,广泛分布于池塘、湖泊中,但数量不多。

2. 聚花轮虫科（Conochilidae）

聚花轮虫型(马蹄型)头冠,无被甲,大多数为自由游泳的群体。常见者为聚花轮属（*Conochilus*）,其群体由几个或上百个纵长的个体组成。直径可达 1～4 mm。分布广,在中小型湖泊、池塘中常形成大的种群。因其个体大、无被甲且活动缓慢,是许多水生动物的优质饵料。但目前尚未掌握对它进行定向培养的技术。常见种类主要有团状聚花轮虫（*C. hippocrepis*）和独角聚花轮虫（*C. unicornis*）。前者是几十个或上百个个体由胶质连成大形球状群体,个体头冠上的腹触手有 2 个;后者的群体一般小于 25 个个体,腹触手有 1 个(触角)。

11.2.2.3　胶鞘亚目

具胶鞘轮虫型头冠和多型咀嚼器,个体具一大的胶鞘。少数营浮游生活。仅一科。

胶鞘轮科(Collothecidae)：特征同亚目。常见为胶鞘轮属(*Collotheca*)，营固着或浮游生活。营浮游生活的如敞水胶鞘轮虫(*C. pelagica*)，胶鞘透明，头冠并无一般胶鞘轮虫头冠所具有的裂片，但围顶纤毛发达，这是对浮游生活的适应。通常生活在池塘或湖泊中的敞水带。营固着生活的多态胶鞘轮虫(*C. ambigua*)固着在沉水植物上，单独栖息在一个透明的胶鞘中。个体呈喇叭状，头冠具 5 个显著的裂片和 5 束长刚毛，体长 600～700 μm。在每年夏、秋季大量出现。

11.3　生活习性

多数轮虫主要借头冠纤毛的转动做旋转或螺旋式运动，另外一些有附肢的种类如三肢轮虫、多肢轮虫、巨腕轮虫等则借附肢做跳跃式运动。轮虫的尾部虽不是主要的运动器官，但它的摆动无疑可以起到推波助澜的作用。当足腺分泌物粘着在基质上时，还会以此足作圆心转圈运动。三肢轮虫的后肢不能活动，但在运动中可起舵的作用。无论哪种运动方式，其速度一般都小于 0.02 cm/s。轮虫缓慢的运动正是其成为水产动物幼苗开口饵料的有利条件。

多数轮虫靠轮盘纤毛环向同一方向的转动使水形成漩涡。其中适口的细菌、单胞藻和腐屑等便被沉入口中，过大的物体被口围纤毛拒之于外。实验表明，多数滤食性轮虫的适口食物最适 5～10 μm；另一部分大型种类如晶囊轮虫则倚仗其特殊的头冠和砧型咀嚼器捕食原生动物、其他轮虫、小型甲壳动物等。当然，与这类食物大小差不多的大型浮游植物、有机碎屑等也在取食之列。据观察，这类轮虫的咀嚼器平时横卧咀嚼囊中。在猎食时飞速旋转 90 度至 180 度，伸出口外猎取食物后缩回。晶囊轮虫捕食其他小型浮游动物的效率是十分惊人的。作者曾在一个晶囊轮虫的胃腔中一次性发现 55 个臂尾轮虫的咀嚼器。难怪它的出现会导致臂尾轮虫种群高峰期的终结。疣毛轮虫等的杖型咀嚼器的槌钩也能伸出口外摄取食物并吮吸营养；值得注意的是营固着生活的胶鞘轮虫。它们漏斗状的头冠形成一个捕食陷阱，当各类小型浮游生物落入陷阱时，头冠裂片上的刺毛便封住"井口"以防食物脱逃。

因轮虫的取食方式不同，其食物的类别各式各样。但就目前最具培养价值的几种臂尾轮虫来说，主要食物还是小型浮游生物和有机碎屑。它们的取食器官虽能排出一些异物，但也仅局限于颗粒大小，而对食物的质量难有选择性。现已查明，某些单胞藻如小球藻(*Chlorella*)、扁藻(*Platymonas*)等饲喂轮虫的效果较裸藻属(*Euglena*)、裸甲藻(*Gymnodinium*)为好。这里除细胞大小、运动速度外，可能还有营养成分和毒性的问题。总之，食物的种类、密度都直接影响轮虫的繁殖，是培养中特别值得关注的问题。

轮虫的基本生活方式有两类:一类营浮游或兼性浮游生活,如臂尾轮属(*Brachionus*)、龟甲轮属(*Keratella*)、叶轮属(*Notholca*)、犀轮属(*Rhinoglena*)、水轮属(*Epiphanes*)、晶囊轮属(*Asplanchna*)、多肢轮属(*Polyarthra*)、疣毛轮属(*Synchaeta*)、聚花轮属(*Conochilus*)、镜轮属(*Testudinena*)、巨腕轮属(*Pompholyx*)、三肢轮属(*Filinia*)等;另一类营底栖、附着或固着生活,如蛭态亚目的轮虫等(这类轮虫的饵料开发价值大多不如浮游轮虫,本书未作重点介绍)。

11.4　生态分布和意义

轮虫广泛分布于各类淡水水体中,在海洋、内陆咸水中也有其踪迹,但种量稀少。部分具有一定耐盐性的种类,可在河口、内陆盐水以及浅海沿岸带的混盐水水体中生活,甚至大量繁殖,如褶皱臂尾轮虫(*B. plicatilis*)、尖尾疣毛轮虫(*S. stylata*)、颤动疣毛轮虫(*S. tremula*)、尖削叶轮虫(*N. acuminata*)、螺形龟甲轮虫(*K. cochlearis*)、环顶巨腕轮虫(*H. fennica*)、角突臂尾轮虫(*B. angularis*)、壶状臂尾轮虫(*B. urceus*)。但真正适合在咸水中大规模培养的应首推褶皱臂尾轮虫。见彩图 11.7,彩图 11.8。

湖泊、池塘、池沼应是轮虫生活的理想水域。那里水体平静、有机质丰富,还有大量适合休眠卵藏身的水底沉积物。在这些水体中,轮虫的种类或多或少,与各类水体的污染程度有关。如武汉东湖在 20 世纪 60 年代为 82 种,而到 80 年代减少到 57 种,主要因水质污染严重所引起。池塘因高度富营养化,又极少有水草,所以轮虫种类贫乏,常见者有臂尾轮属、水轮属、晶囊轮属、三肢轮属、多肢轮属、疣毛轮属、巨腕轮属和犀轮属的某些种类。但一些污生种类的数量可以极高。春季轮虫密度最高达 25 000 个/L。有的适低温种能在北方冰下水体中繁殖。

在同一水体中的轮虫,其水平和垂直分布受水流、光照、水温等多种生态因素的影响,特别是水流。当风浪激起水体的垂直环流时,轮虫不是随波逐流集中在水体的下风位,而是随着上升流从下层上升聚集在水体的上风位处。当无风浪时,除边缘稍多外,轮虫数量的水平分布比较均匀。轮虫的垂直分布也与风浪有关,当有风浪时,大多数个体沉降至中下层;当风平浪静时,全池分布均匀或相对集中于中上层(白昼)。了解轮虫的分布规律对其采捕,尤其是置泵抽滤将是十分重要的。

11.5　轮虫休眠卵

轮虫休眠卵是轮虫在不利生态条件下形成的滞育结构,是轮虫有性生殖的产物,对轮虫抵御不良环境及保种、繁衍和分布均有重要的意义。

轮虫的休眠卵通常蕴藏在水体沉积物中。在 20 世纪中叶,国外有人试图从水体沉积物中查找休眠卵作为培养轮虫的种源,如伊腾隆(1958)和 Nipkow(1961)将混有轮虫休眠卵的沉积物置镜下直接计数,May(1986)用"萌发法",凭借孵出的虫体数目来推算沉积物中的卵量,但此两法不能分离卵也不能准确定量。长期以来,广泛蕴藏于水体沉积物中的轮虫休眠卵资源无法查清和得以开发利用。迄今,我国淡水鱼苗生产仍沿用传统的"豆浆法",海水育苗则被迫采用价格昂贵且适口性差的卤虫幼体,成本高、成活率低,严重限制了苗种生产的发展。如果能找到一种合适的定性、定量研究轮虫休眠卵的方法,查清其资源,将为敞池增殖轮虫打下坚实的基础。

11.5.1 轮虫休眠卵的采集、分离和定量

每池设 2~4 个点,用体积为 600 cm³ 的长圆筒形有机玻璃采泥器,即休眠卵采集器,垂直插入泥底,采集约 10 cm 厚的底泥,并切取上部 5 cm 高度的泥层置入容积为 1 000 mL 的盛泥钵中,加水稀释到 600 mL,搅拌均匀后取出 10 mL,注入 50 mL 的烧瓶中,准备分离。见图 11.8。

分离前,先在用精盐调成的饱和食盐水中加入其重量 20% 的蔗糖(普通市售白糖即可),配制成糖盐高渗液。

分离时,将高渗液缓缓加入上述盛泥浆水的烧瓶中,用玻璃棒搅动 1 分钟,静置 20 分钟;等泥沙下沉后再搅动,并再加高渗液(同时冲洗搅拌),使液面略凸出于瓶口;这时休眠卵逐渐上浮。为使观察清晰,可加 1~2 滴碘液使其着色(用于萌发的卵不可加碘),20 分钟后即可计数。

计数时,先用计数框在突出瓶口的液面上粘取上浮休眠卵,随即置低倍镜下观察并计数,一般粘取 3~4 片即可将上浮休眠卵取尽。见图 11.9。

休眠卵的数量可按下式计算:

$$N = \frac{V \times P_n}{U \times S}$$

式中,N 为休眠卵数量(个/cm² 或 万/ m²),P_n 为观察到的休眠卵数量(个),V 为被稀释后的泥水体积(mL),S 为采泥器底面积(cm²),U 为所取泥浆水样体积(mL)。

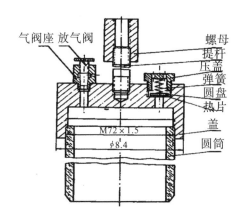

图 11.8　休眠卵采集器(自李永函等)

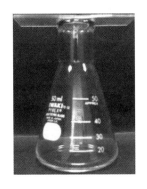

图 11.9　休眠卵收集装置

11.5.2　轮虫休眠卵的鉴定和分类

轮虫休眠卵的鉴定与分类如下所述。见图 11.10,图 11.11。

1. 萼花臂尾轮虫的休眠卵

呈卵状肾形;大型,长径 150 μm 左右,短径约 100 μm。外卵壳表面具凹凸不平的条状脊突,镜下呈不规则弯曲的粗线纹,壳缘刺突明显。胚胎位于小端,钝圆。隔年休眠卵或经高渗液处理后的通常具一大气室。在池塘中,当该种轮虫密度大于 1 万个/L 时,常产生大量休眠卵,每个产休眠卵的雌性一般带卵 1～2 枚,产出后先挂于虫体被甲末端的足孔两侧,稍久脱落而沉没水底。据测,1 t 肥厚的鱼池淤泥中可蕴藏上亿个萼花臂尾轮虫的休眠卵。

2. 壶状壁尾轮虫的休眠卵

呈卵状肾形;大型,卵径与萼花臂尾轮虫休眠卵接近,但卵形更为尖细,具一明显的卵盖。壳面线纹较细,壳缘刺突不清。胚胎偏于卵之小端,先端常平齐。休眠卵的形成与分布和萼花臂尾轮虫类同,唯独出现率稍低,对盐度的适应性更广,有时可在半咸水中发现其踪迹。

3. 褶皱臂尾轮虫的休眠卵

呈卵状肾形;大型,卵径和卵形颇似萼花臂尾轮虫休眠卵,但壳纹更为细腻,壳缘无棘突。胚胎位于卵之大端,末端多平齐。在内陆盐水水域或沿海富营养化程度较高的水体中,该种轮虫常大量繁殖,对"拥挤效应"似乎有极强的适应性。通常种群密度超过 2~3 万个/L 时才有休眠卵形成,每一次产休眠卵 1~2 个,罕见有 3 个,离体后一律沉积水底。底泥层中的休眠卵量有时可高达 1~2 千万个/m²。在这类富含休眠卵的池塘中,如果用机械或铁链拉拽搅动底泥,可使休眠卵上浮水面,有时在池边或四隅均能见到一层微红色的卵浮膜,将之采出便可作为移植其他水体或室内培养的"种源"。在室内培养达高密度(>10 万个/L)时,如果改变其生活条件,可获大量纯度极高的休眠卵,亦是室内集约化培养轮虫的重要采"种"方式。

4. 角突壁尾轮虫的休眠卵

呈卵状肾形;中型,长径约 100 μm,短径 60~70 μm,卵盖清晰,外卵壳表面具蜂窝状装饰物,镜下呈稀疏分布的颗粒状花纹。胚胎位于卵之小端,先端平齐。休眠卵的形成与分布类似萼花臂尾轮虫,但出现时间更早。在冬季出现的种群中,早春即可见到大量的休眠卵。

5. 矩形壁尾轮虫的休眠卵

呈椭球形;大型,长径约 120 μm,短径 80~100 μm,呈黑褐色。外卵壳表面装饰物呈峰状。脊突或尖或钝,或高或低,镜下呈网络状,壳缘突起明显。该种常间生于其他臂尾轮虫种群中,很少单独形成优势种。在池塘浮游轮虫群落数量极大时,该种的数量即使不多也会出现休眠卵。

6. 卜氏晶囊轮虫的休眠卵

呈球形;大型,卵径平均 160 μm,最大可逾 200 μm。外卵壳表面具泡状装饰物,镜下呈比较规则的半球形壳纹,其间有点状花纹。初形成的休眠卵色淡,半透明,成熟后色泽加深,不透明。该种系卵胎生,休眠卵形成后亦不产出体外(宿存),随母体死亡而沉积水底。当水温在 15 ℃ 以上时才大量萌发,故繁殖盛期在春末夏初,休眠卵亦在此时形成。鉴于其捕食的特性,所以它是其他轮虫的敌害。在其休眠卵大量存在的池塘,不宜用来培养其他轮虫。在盐度大于 8‰ 的半咸水池塘中晶囊轮虫不能生存,淤泥中也找不到它们的休眠卵。

7. 尖尾疣毛轮虫的休眠卵

呈近似球形或球形;中型,卵径 60~80 μm,卵壳半透明,具刺,刺长 20~30 μm,渐尖。该种广泛分布于池塘、水库、湖泊中,其温幅、盐幅较广,一年四季均可出现。休眠卵在春夏季出现,但在泥层中尚未找到。从具长刺的结构看,其休眠卵可能属浮性卵。

8. 针簇多肢轮虫的休眠卵

呈卵形;中型,长径约 80 μm,短径约 60 μm。卵壳厚,半透明,其上分布着 2~3 层骨条状饰纹,颇似大型双菱藻。该种是典型的广温适冷种,高峰期多出现于冬季或早春,但在低温下很少有休眠卵。

9. 螺形龟甲轮虫的休眠卵

呈椭球形;中小型,长径约 70 μm,短径约 50 μm。卵壳装饰物网络状,其间具刺,壳缘刺稀疏(30~40 个),呈不规则弯曲。分布广,在鱼池、水库中随时都能找到该种的雌体,当密度不太大时(几千个/L)就可能出现休眠卵。休眠卵在底泥层中零星分布。

10. 矩形龟甲轮虫的休眠卵

呈椭球形;中型,长径约 80 μm,短径约 60 μm,壳面除网络状结构,还具短粗突起,镜下呈粗细不均的颗粒状花纹。壳缘粗颗粒为 30~40 个,但无棘突。休眠卵的产生与分布同螺形龟甲轮虫。

11. 曲腿龟甲轮虫的休眠卵

呈椭球形;中型,长径约 80 μm,短径约 60 μm,形态颇似矩形龟甲轮虫,但壳缘有波折,壳面网络状结构不清,周边具骨条状饰纹(约 20 条)。生态分布近似其他两种龟甲轮虫,底泥中很少发现其休眠卵。

12. 长三肢轮虫的休眠卵

呈卵形;中型,长径约 100 μm,短径约 80 μm,外卵壳上具大型泡状装饰物,泡状突起分布不均,常使卵形不对称。该种分布极广,与多肢轮虫一样,温幅大,即使在冰下水体中亦可形成优势种,但休眠卵多出现于春末夏初。从形体上看,此种休眠卵似乎适于浮水,但试验表明,初产出者仍迅速沉没。

13. 前额犀轮虫的休眠卵

呈椭球形;中型,长径约 100 μm,短径约 70 μm。卵壳上布满钝刺状饰物,壳缘刺 100 余枚,排列整齐,刺长为短径的 1/8~1/5。休眠卵宿存,随母体死亡而下沉或黏附于杂物上。

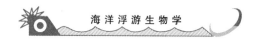

池塘常见轮虫休眠卵检索表

1. 球形或近似球形 ··· 2
1. 其他形状 ··· 3
2. 卵径>100 μm,卵壳具大型泡状突起,壳缘可见不甚整齐的半圆形饰物 ···············
　　　　　　　　　　　　　　　　　　　　　　晶囊轮虫(*Asplanchna . sp*)休眠卵
2. 卵径小,约50 μm,卵壳具长刺 ············· 疣毛轮虫(*Synchaeta . sp*)休眠卵
3. 肾形、卵状肾形或卵形 ··· 4
3. 椭球形 ··· 9
4. 肾形或卵肾形 ··· 5
4. 卵形 ··· 8
5. 卵较小,长径<100 μm,短径<80 μm,卵壳饰纹点状,胚胎先端平齐,卵盖清晰
　　　　　　角突臂尾轮虫(*Brachionus angularis*)休眠卵
5. 卵大,卵径>100 μm,卵壳饰纹条状或网状 ······································· 6
6. 条状饰纹粗而清晰,壳缘具凹凸不平的突起。胚胎两端钝圆 ·······················
　　　　　　　　　　　　　　　　　　　萼花臂尾轮虫(*B. calyciflorus*)休眠卵
6. 饰纹和壳缘突起均不甚清晰,胚胎先端常平齐 ··································· 7
7. 胚胎位于卵之小端,产自淡水或低咸水 ········· 壶状臂尾轮虫(*B. urceus*)休眠卵
7. 胚胎常位于卵之大端,产自咸水或半咸水 ······· 褶皱臂尾轮虫(*B. plicatilis*)休眠卵
8. 壳面饰物呈泡状突出,不同侧面卵形有变 ······· 长三肢轮虫(*filinia longiseta*)休眠卵
8. 壳面饰物骨条状,常呈辐射多层排列 ········· 多肢轮虫(*Polyarthra sp*)休眠卵
9. 卵壳具明显棘刺 ··· 10
9. 卵壳无明显棘刺 ··· 11
10. 棘刺密而比较均匀,休眠卵宿存 ············· 前额犀轮虫(*Rhinoglena frontalis*)休眠卵
10. 棘刺稀疏而不均匀,休眠卵非宿存 ········· 螺形龟甲轮虫(*Keratella cochlearis*)休眠卵
11. 卵壳上具辐射状分布的骨条状饰纹,花纹稀疏,单层排列,壳缘波折 ···············
　　　　　　　　　　　　　　　　　　　　曲腿龟甲轮虫(*K . valga*)休眠卵
11. 装饰物排列无序,呈线纹或点纹 ··· 12
12. 壳面具粗线纹,边缘突起明显,呈峰状,卵径>100 μm ···························
　　　　　　　　　　　　　　　　　　　矩形臂尾轮虫(*B. leydigi*)休眠卵
12. 壳面具或粗或细的点纹,边缘无明显突出物,卵径<80 μm ·······················
　　　　　　　　　　　　　　　　　　　··· 矩形龟甲轮虫(*K . quadrata*)休眠卵

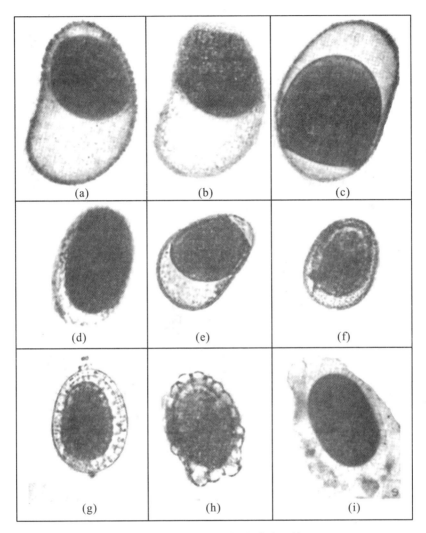

图 11.10　轮虫休眠卵(自李永函等)

(a)萼花臂尾轮虫休眠卵;(b)壶状臂尾轮虫休眠卵;(c)褶皱臂尾轮虫休眠卵;(d)矩形臂尾轮虫休眠卵;(e)角突臂尾轮虫休眠;(f)镰状臂尾轮虫休眠轮;(g)针簇多肢轮虫休眠卵;(h)长三肢轮虫休眠卵;(i)前额犀轮虫休眠卵(母体内宿存)

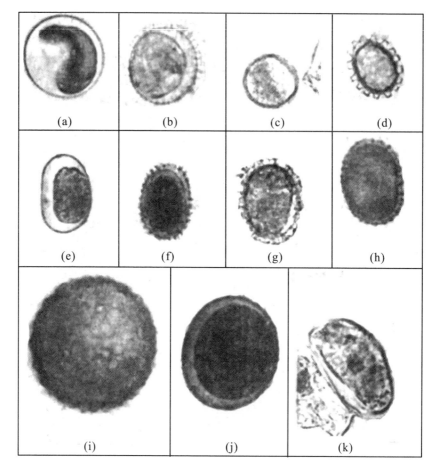

图 11.11　轮虫休眠卵（自李永函等）

(a)尖尾疣毛轮虫休眠卵；(b)梳状疣毛轮虫休眠卵；(c)沟痕泡轮虫休眠卵；(d)臂三肢轮虫休眠卵；(e)蒲达臂尾轮虫休眠卵；(f)螺形龟甲轮虫休眠卵；(g)曲腿龟甲轮虫休眠卵；(h)矩形龟甲轮虫休眠卵；(i)卜氏晶囊轮虫休眠卵；(j)奇异巨腕轮虫休眠卵；(k)裂足轮虫休眠卵（附着在母体上）

　复习思考题

1.名词解释：焰茎球，咀嚼器，孤雌生殖，卵胎生，混交雌体，不混交雌体，非需精卵，需精卵，冬卵，夏卵，休眠卵，触手。

2.图示轮虫生活史。

3. 比较臂尾轮虫和晶囊轮虫的食性和生殖方式。

4. 简述轮虫的主要特征。

5. 不同轮虫休眠卵的特征。

6. 轮虫休眠卵的采集方法。

7. 绘制轮虫(雌性)典型结构图。

第12章 枝 角 类

枝角类(Cladocera)是指节肢动物门,甲壳纲,鳃足亚纲,双甲目,枝角亚目的动物。通称水蚤,俗称红虫或鱼虫。它与其他甲壳动物不同的特征是,躯体包被于两壳瓣中,体不分节(薄皮溞例外),头部具1个大复眼。第二触角发达为双肢型,后腹部结构、功能复杂,胸肢4~6对,兼具滤食、呼吸功能。

枝角类大多生活于淡水,仅少数产于海洋。一般营浮游生活,是水体浮游动物的主要组成部分。枝角类个体不大(体长0.2~10 mm,一般1~3 mm)、运动速度缓慢、营养丰富,是水产经济动物苗期的重要天然饵料。

12.1 枝角类的主要特征

12.1.1 枝角类的外部形态特征

体短,侧扁不分节,侧面观呈卵圆形。多数种类体长2~3 mm。分为头部和躯干部两个部分。见彩图12.1。

1. 头部

包被于整块甲壳内,其背面有的种类具颈沟,与躯干部分开。头部有以下结构:

(1)头顶与头盔:头部顶端为头顶,弧形或突出呈斧状,称头盔。头盔形状常随季节成周期性变化。

(2)眼:复眼1个(胚胎时为1对),相当发达,由若干小眼(透明晶体)组成。其上有肌肉牵引,能转动;单眼1个,通常较小,位第一触角附近。复眼和单眼均为视觉器官,能感受光线的强弱。复眼还能识别光源的方向和颜色。

(3)触角:2对。第一触角位于头部腹侧,短小,单肢型,1~2节。雌性与雄性差别极大。雌性短,不动。雄性长,能动,末端具长刚毛,在交配时起执握器的作用。第二触角发达,为双肢形型,由原肢(1~2节)生出外肢(背肢)和内肢(腹肢),内、外肢2~4节。其上的羽状刚毛数目常以一定序式(刚毛式)表示。如0-0-1-3/1-1-3表示外肢4节,第一、二节上无刚毛,第三、四节上分别有1根和3根刚毛;内肢3节,分别具1、1、3根刚毛。刚毛式是分类的重要依据。第二触角是主要游泳器官。

（4）壳弧：头部两侧各具 1 条由头甲增厚形成的隆线，称壳弧。可伸展至第二触角基部，形状随种类而异。如隆线溞壳弧后端弯曲呈锐角状。其他种类则不呈锐角状。壳弧支持了头部，且为触角肌着生处。

2. 躯干部

包括胸部与腹部。

（1）壳瓣（介壳）：左右 2 片，背缘愈合。腹缘和后缘游离，薄而透明，一般种类躯干部包被于壳瓣之内。有的种类壳瓣后背角延长成壳刺（如溞属），而有的种类则是壳瓣后腹角延长成较短的壳刺（如船卵溞和象鼻溞属）。壳瓣面光滑，或有点状、线状、网状等花纹，或有小刺等附属物。壳瓣分内、外两层，血液在两层间流动循环。内层薄，与外界水接触，进行氧气交换，具有呼吸作用；外层较厚，具有保护作用。

（2）胸部、胸肢和摄食：躯干部有附肢（胸肢）的部分称胸部。胸肢 4～6 对。枝角类的胸肢已丧失运动机能，主要为摄食器官，其形成与摄食方式（食性）有密切关系。

（3）腹部：胸部以后无附肢的部分称腹部，腹部背侧有 1～4 个突起，称腹突，它构成孵育囊（brood chamer）的后壁，具防止卵子逸出的作用。腹突之后有一小节状突起，其上着生 2 根羽状刚毛，称尾刚毛，它具有感觉机能。有的种类（大眼溞科等）小节突很发达，称为尾突。自小节突或尾突以后到尾爪这部分结构称为后腹部，肛门开口于后腹部后方。后腹部的形态及其结构，如肛门开口的位置，肛刺与侧刺的数目和排列形式，尾爪与其凹面的基刺、栉刺的有无和数目等特点常作为分类的重要依据。尾爪、肛刺和侧刺等这些结构在后腹部前后弯曲时，除了剔除不能食进的物质外，还能拭除黏附在胸肢刚毛上的污物。

滤食性种类（如溞属等绝大部分种类）的胸肢扁平，叶状，不分节，上有许多羽状刚毛构成滤器。由于胸肢的不断运动，在两壳瓣内产生恒定的水流，从水流中滤得食物颗粒，并把它们集中到胸肢基部的腹沟中，形成食物流向前推进入口。滤食性种类的主要食物是藻类、原生动物、细菌和有机碎屑。一般认为各种有机颗粒只要大小适当（1～80 μm 之间，以 1～20 μm 为主）都可被摄食。不合乎需要或过大的缠结块经第一对胸肢基部刚毛的反复活动并由后腹部把它们扫出壳外。

捕食性种类（如薄皮溞等少数种类）的胸肢呈圆柱形，外肢退化（大眼溞总科）或完全消失（薄皮溞科），只留内肢，有真正的关节，上生粗壮的刺状或爪状刚毛。捕食原生动物、轮虫和小型甲壳动物时，用大颚将猎物杀死与撕裂，然后送入口中。滤食性种类的胸肢除摄食外，还有交换气体、进行呼吸的机能。同时，除大眼溞总科外,其余种类的雄体的第一对胸肢内肢有状钩,许多种类的外肢还有长鞭,交配时雄体就利用这对胸肢和第一触角攀抓雌体。

12.1.2　枝角类的内部构造和生理

1. 消化系统

由消化道和其上的附属器官组成。消化道由食道、中肠和直肠组成。食道前端有口,口的周围有口器,口器为头部的第三、四、五对附肢(口肢),即 1 对大鄂和 2 对小鄂,它们与一片上唇和一片下唇共同组成。口后接前肠,后接胃,最后接直肠。在枝角类的消化道内已证实有蛋白酶、肽酶、酯酶和淀粉酶,但这些酶是否由枝角类自己产生,还值得研究。

2. 循环系统

头部后方的背侧有一卵形的心脏,共有 3 个孔。前端 1 个动脉孔,后端两侧 1 对静脉孔。绝大多数种类没有血管,血液只在体腔内及其组织间流动,但流动的路线是一定的。当心脏收缩时,血液被压出动脉孔,可达头部,向后折回,分布到全身各部;然后汇集经过静脉孔,再回归心脏。血液一般为透明无色或带淡黄色,当水中溶解氧浓度很低时,溶解性的血红素增加,呈红色。

3. 呼吸系统

枝角类主要进行扩散性呼吸。氧气和二氧化碳的交换通过整个体表面进行,特别是壳瓣的表面和胸足表面。另外还具有特化的呼吸器官。枝角类胸肢基部的上肢呈囊状,称鳃囊,其内充满流动的血液,有呼吸机能。

4. 排泄系统

成体的排泄器官,即颚腺 1 对,生于前胸两侧,由末端囊和细长盘曲的肾管组成。肾管近端开口于末端囊,其开口称肾孔;远端开口于第二小颚基部,这开口应是排泄孔。幼体的排泄器官为触角腺。随着幼体不断发育,肾管开始退化,排泄孔逐渐闭塞,末端囊也消失。

5. 神经系统和感觉器官

枝角类的感觉器官有四种,即感化器、触觉器、视觉器和颈感器。感化器是第一触角上的嗅毛;触觉器是第一触角上的触毛、后腹部的尾刚毛和体上其他各种毛状体;视觉器通常包括 1 个单眼和 1 个复眼;颈感器又名额器,为枝角类所特有,分布于头部各处,与由脑发出的神经相连。但总体来说,枝角类的神经系统还是比较原始的。

12.2 枝角类的生殖

12.2.1 生殖系统

雌雄异体,雌性生殖系统位于中肠的两侧,有 1 对长形的卵巢和 1 对较短的输卵管,1 对生殖孔,位于后腹部靠近背面的左右两侧,与孵育囊相通。雄性生殖系统也位于中肠的两侧,为 1 对腊肠形的精巢,其后接 1 对输精管,末端为生殖孔,开孔于肛门或尾爪附近,少数种类的生殖孔开口于阴茎状的突起上,这突起就是交媾器。

12.2.2 生殖方式和生殖周期

枝角类有两种生殖方式,即孤雌生殖(单性生殖)与两性生殖。当外界条件比较适宜时,进行孤雌生殖;当环境条件恶化时,进行两性生殖。

孤雌生殖的雌体,它所产生的卵为孤雌生殖卵,也称夏卵。这种卵不需受精就能发育,故又名非需精卵。当外界条件恶化时,孤雌生殖的雌体所产的夏卵,不仅孵出雌体,也同时孵出雄体,开始两性生殖。两性生殖时雌体所产的卵称冬卵。见彩图 12.5。

有的种类冬卵保护在卵鞍内。无卵鞍的受精冬卵脱出母体后散落水中,具卵鞍的受精冬卵则在母体脱壳时,与壳瓣一起脱出。多数漂浮水面,受风浪影响群集于水域的沿岸区;少数种类(象鼻溞等)的卵鞍沉在水底。

从冬卵孵出第一代雌溞开始,通过多代的孤雌生殖,直到进行两性生殖,重新形成受精的冬卵,这个过程成为一个生殖周期。随水域条件不同,溞的生殖周期也不同。分布于湖泊敞水区的种类常为单周期,如秀体溞,由于除秋末水温急剧下降外,其余时间环境条件都比较稳定,因此,一般仅一个生殖周期,两性生殖在秋末进行。而分布在较小的池塘中的种类,如溞,都属于双周期的种类,一年有两个生殖周期,两性生殖在秋末和春季各进行一次。分布在小水洼中的种类,由于环境因子多变,一年就有好几个生殖周期,可以进行多次两性生殖,这样就变成多周期的种类。另外,分布于大型或深水湖泊的种类,如象鼻溞,由于环境条件特别稳定,则是无周期的种类,数年都不进行两性生殖。见图 12.1。

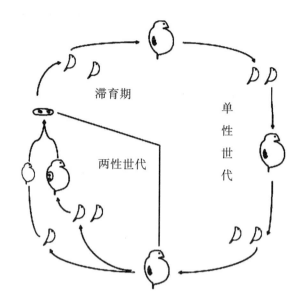

图 12.1 枝角类生活史模式图

12.3 分类

枝角类最常见的种类主要分为两个部,即单足部(Haplopoda)和真枝角部(Eucladocera)。

分部检索表

1(2)体长大,不侧扁。具 6 对近圆柱形的游泳肢,没有外肢 ························· 单足部

2(1)体较短,多少侧扁。5～6 对叶状胸肢,或 4 对近圆柱形的游泳肢,其外肢不退化 ······
·· 真枝角部

12.3.1 单足部

冬卵间接发育,先孵出后期无节幼体。仅一科一属一种。

透明薄皮溞(*Leptodora dindti*):体长圆筒形,颇透明,分节。壳瓣小,不包被躯干部和胸肢。复眼很大,呈球形,除由冬卵孵出的第一代外,其余各代个体都无单眼。第一触角能活动,短小不分节。第二触角粗大,刚毛式为 0 - 10(12) - 6(7) - 10(11)/6(7) - 11(13) - 5(6) - 8。游泳肢 6 对,圆柱形,分节,只留内肢,外肢退化,其上有许多粗壮的刚毛,各对游泳肢皆为执握肢,缺鳃囊。后腹部有 1 对大的尾爪。肠管直。无盲囊。雌体长,为 3～7.5 mm。雄体较小,为 2～6.85 mm,第

一触角较大,呈长鞭状,前侧列生嗅毛;壳瓣完全退化,该部位突出呈背盾。其为典型的浮游种类。大多分布于大中型湖泊中,小型湖泊或积水较深的池塘也经常发现,为北方种,除华南外,长江流域、东北、云南和内蒙古都有发现,有时数量极多。

12.3.2　真枝角部

本部的冬卵可直接发育。共分为九个科。

分科检索表

1(12)躯干部与胸肢全为壳瓣所包被。

2(3)胸肢 6 对同形,叶状 ⋯⋯⋯⋯⋯⋯⋯⋯⋯⋯⋯⋯⋯⋯ 仙达溞科

3(2)胸肢 5~6 对,前两对执握状,其余叶状。

4(5)第二触角内、外肢均 3 节。肠盘曲,多具后盲囊 ⋯⋯⋯ 盘肠溞科

5(4)第二触角外肢 4 节,内肢 3 节。肠通常不盘曲,无后盲囊。

6(7)第一触角不能活动,呈吻状尖突,嗅毛位于基部 ⋯⋯⋯ 象鼻溞科

7(6)第一触角不呈吻状尖突,嗅毛位于末端。

8(9)壳弧发达。雌性第一触角短小,不能活动 ⋯⋯⋯⋯⋯⋯⋯⋯ 溞科

9(8)壳弧不发达或没有。两性第一触角均长而且能移动。

10(11)后腹部上肛刺周缘有羽状毛,末肛刺分叉 ⋯⋯⋯⋯⋯ 裸腹溞科

11(10)后腹部上肛刺周缘无羽状毛,末肛刺不分叉 ⋯⋯⋯⋯ 粗毛溞科

12(1)躯干部与胸肢裸出壳外。

13(14)尾突短,短于尾刚毛,腹部短而尖 ⋯⋯⋯⋯⋯⋯⋯⋯ 圆囊溞科

14(13)尾突长,明显超过尾刚毛,腹部长圆柱形。

15(16)尾突比尾刚毛稍长,无尾爪 ⋯⋯⋯⋯⋯⋯⋯⋯⋯⋯ 大眼溞科

16(15)尾突比尾刚毛长得多,有尾爪 ⋯⋯⋯⋯⋯⋯⋯⋯⋯⋯ 长棘溞科

1.　仙达溞科(Sididae)

颈沟明显。第一触角能动;第二触角粗大,双肢,上具多数游泳刚毛。胸肢 6 对。

(1) 秀体溞属(*Diaphanosoma*):头部大、复眼大。无单眼和壳弧,有颈沟,第一触角较短、能动,前端有一根长鞭毛和一簇嗅毛。第二触角强大,刚毛式为 4-8/0-1-4。肠管直,无盲囊。后腹部小,锥形,无肛刺,爪刺 3 个。雄体第一触角较长,有 1 对交媾器,位于第六对胸肢之后肠管的两侧。主要分布于湖泊、水库等较大型的淡水水体中。

(2) 尖头溞属(*Penilia*):体透明,头部小,额角尖细。后腹部狭长,尾爪细长,具 2 个基刺。第二触角刚毛式为 2-6/1-4。分布于海洋中。

2. 盘肠溞科(Chydoridae)

壳较厚,包被整个体躯。复眼小,常与单眼等大,也有小于单眼的。第一触角短小,微能动;第二触角也较小,内外肢均 3 节,内肢有 5 根,外肢为 3 根游泳毛。胸肢 5~6 对。没有腹突。肠管盘曲一圈以上。

(1)盘肠溞属(*Chydorus*):体稍微侧扁,近乎圆形。壳瓣短,长度与高度略等。腹缘浑圆,其后半部大多内褶。壳瓣后缘高度通常不到壳瓣高度的一半,头部低,吻长而尖,第一、二触角都较短小,后腹部短而宽,爪刺 2 个。雄体小,吻较短,第一触角稍粗壮,第一胸肢有钩,后腹部较细,肛刺微弱。本属种类多,广温性世界种占多数。多分布于浅小的水坑或湖泊、水库的沿岸区草丛中。

(2)尖额溞属(*Alona*):体侧扁。近乎矩形。无隆脊。壳瓣后缘高度大于体高的一半,后腹角一般浑圆,少数种类具齿或成刺。后腹部短而宽,极侧扁。爪刺 1 个。雄体吻较短,第一胸肢有壮钩。有些种类的雄体无爪刺。本属种类多,分布广,多生活于湖泊近岸草丛、池塘或沟渠中。

3. 象鼻溞科(Bosminidae)

体小,短而高,壳腹缘平直,仅在中部微凸,后腹角延伸成棘状壳刺。无单眼。第一触角长,与吻愈合,不能活动。第二触角内肢 3 节,外肢 3~4 节。胸肢 6 对。肠不盘曲,没有盲囊。

(1)象鼻溞属(*Bosmina*):体形虽有变化,但自头部背侧至壳瓣后背角几乎呈圆弧形,无颈沟,壳瓣后缘平截,壳瓣后腹角向后延伸成壳刺。第一触角基部不愈合为一。第二触角外肢 4 节,内肢 3 节。全国各地大、中、小水体都有分布,但主要生活在湖泊中,尤以富营养水域数量多,在大型深水湖泊或水库的敞水区多于沿岸区。

(2)基合溞属(*Bosminopsis*):有颈沟。头部与躯干部分界明显,后腹角不延伸成壳刺。雌体第一触角基端左右愈合,末端弯曲,嗅毛生于触角的末端。第二触角内、外肢皆 3 节。雄体第一触角稍微弯曲,左右完全分离,且不与吻愈合,能活动。第一胸肢有钩和长鞭毛。

本属仅一种颈沟基合溞(*B. deitersi*),在我国各省都有分布,草丛化的湖泊中分布尤为普遍,大多生活在沿岸区。

4. 溞科(Daphniidae)

壳瓣后背角或后腹角明显,有些延伸成壳刺。壳面上多数具网纹。复眼大,单眼小。壳弧发达。第一触角短小,一般不能动;第二触角大,外肢 4 节,具 4 根刚毛,内肢 3 节,具 5 根刚毛,刚毛式为 0-0-1-3/1-1-3。胸肢 5 对。后腹部肛刺两行,尾爪无爪刺。

(1) 溞属(*Daphnia*)

壳瓣背面有脊棱,后端延伸成壳刺,壳面有菱形的网纹。吻明显,一般都单眼,无颈沟。头与躯干的界限不清。第一触角小,不能动;第二触角具 9 根刚毛。腹突 3~4 个。本属种类多,分布广,以温带最为普遍。

隆线溞(*Daphnia carinata*):雌体长 1.3~3.7 mm。壳刺长可达体长的 1/3。壳面网纹多呈菱形。吻尖长。壳弧发达,后端弯曲呈锐角状。单眼小。第一触角短,第二触角刚毛式为 0-0-1-3/1-1-3。后腹部有肛刺 10 个左右。尾爪基部有两列栉刺。卵鞍内贮冬卵 2 个,其长轴与卵鞍背侧大致平行。该种是淡水池塘湖泊中最常见的枝角类,特别是鱼苗池清塘后,继轮虫、裸腹溞繁殖高峰期后,常出现大量隆线溞,是鱼苗后期的适口饵料,但因个体较大而不能被较小的鱼苗取食。

大型溞(*Daphnia magna*):雌体长 2~6 mm,壳刺短,甚至消失。壳面有菱形花纹。壳弧发达但其延伸长度不如隆线溞。后腹部在肛门之后的背侧显著凹陷,形成"肛凹陷",肛刺以此分为前后两组,前 9~12(有时 5~6)个,后 6~10 个。卵鞍内贮冬卵 2 个,斜卧,长轴与卵鞍长轴成一定角度。和隆线溞一样,是池塘、湖泊中的常见种,但出现率稍低,在低盐度(<5‰)水体中也有分布,见彩图 12.2、彩图 12.3。

长刺溞(*D. longispina*):雌体长 1.2~3.0 mm。壳刺长大于 1/2 体长。壳纹菱形或呈不规则的网状。壳弧较发达,后端弯曲成一钝角。后腹部无肛凹陷,肛刺 9~15 个,愈近尾爪者愈长大。冬卵 2 个贮存于近似三角形的卵鞍中,卵长轴与卵鞍背缘垂直。比较广泛地分布于水库、湖泊和江河中,但池塘中的出现率不如前述两种,偶尔出现于半咸水水体中。

(2) 低额溞属(*Simocephalus*):无壳刺。头小而低垂。有颈沟。单眼较大,呈纺锤形或点状。第一触角不甚发达,长短雌性雄性相近。主要栖息于水坑、池沼等小型淡水水体中,喜生活于水草茂密的岸边。

(3) 网纹溞属(*Cariodaphnia*):壳瓣具多角形网纹。颈沟深,头小无吻。复眼大,充满头顶。单眼小,点状。雌性第一触角不甚发达。雄性较发达,均可微动。瓣壳后背角稍突出成一短角刺。卵鞍贮冬卵 1 个。分布较广,以稻田、水沟、坑塘中更为常见。

(4) 船卵溞属(*Scapholeberis*):体近长方形,长 1 mm 左右。壳瓣腹缘平直,后腹角具有向后延伸的壳刺。颈沟明显。复眼大。卵鞍内储冬卵 1 个。本属枝角类常利用壳瓣腹缘的刚毛使腹面向上侧悬而飘浮水面。常见种为平突船卵溞(*S. mucronata*)。广泛分布于湖泊、池塘、沟渠等淡水水体中,以多草的沿岸带数量较多。

5. 裸腹溞科（Moinidae）

头大，下倾，无吻，有颈沟。两性的第一触角均长而能动，第一胸肢缺外肢。后腹部只有一列肛刺，最末一个分叉，肛刺的周缘均有刚毛，呈羽状。

裸腹溞属（*Moina*），其身体不很侧扁，颈沟深，无壳刺。壳瓣近乎圆形，无壳刺。复眼大，通常无单眼。后腹部露出壳瓣之外。卵鞍内储冬卵 1～2 个。

（1）多刺裸腹溞（*M. macrocopa*）：雌体长 0.8～1.2 mm。腹缘刚毛 55～65 根，列生于整个腹缘，前长而后短。第一触角长大，呈棒状，雄性更加强大。后腹部具羽状肛刺 7～11 个和末端叉状肛刺 1 个。尾爪基部无栉状刺列而仅有一些微小的梳状毛。卵鞍内储冬卵 2 个。喜居于小型水域，特别是一些有机质丰富的间歇性水体中。春夏季数量特别大。在清塘不久的鱼苗池中，其密度可达每升水数百个，是鱼苗的重要活饵料。

（2）微型裸腹溞/模糊裸腹溞（*M. micrura*）：雌体 0.5～0.8 mm，为体型最小的裸腹水蚤。腹缘较长，刚毛只有 11～25 根。后腹部羽状肛刺 3～6 个，叉状肛刺 1 个。尾爪大，基部有 10～12 个栉状刺。卵鞍内储冬卵 1 个。常居于有机质丰富的湖泊和池塘中，偶见于半咸水水体。

（3）蒙古裸腹溞（*M. mongolica*）：雌体长 1.0～1.4 mm。腹缘长，刚毛 22～29 根。壳瓣上具多角形网纹。后背角不形成壳刺。颈沟发达。复眼较小，无单眼。本种与同属的其他种的主要区别是雌体第一胸肢倒数第二节上不具前刺。该种是大陆唯一得到承认的盐水裸腹水溞，是中国枝角类的新纪录，其分布报道迄今仅限于晋南、内蒙古、新疆和银川地区。在这些地区的暂时性和永久性水体中都很常见，盐度 10～23 之间出现率最高，曾在一个盐度为 165.2 的超盐水体中发现少量个体。在室内经短期驯养，移到淡水和海水中都能生长繁殖。见彩图 12.4。

6. 圆囊溞科（Podonidae）

壳瓣形成孵育囊，不包被头部和胸肢。体短、头大，复眼也大。第二触角外肢 4 节，刚毛 6～7 根；内肢 3 节，刚毛 6 根。第一触角小，不能移动，海产。

（1）圆囊溞属/短尾溞属（*Podon*）：雌体长 0.25～0.45 mm，具颈沟，壳瓣圆，呈囊形，育室半圆形。第二触角刚毛式为 0-1-2-4/1-1-4。本种多广泛分布于近海岸，但盐幅极广，可进入半咸水域生活。

（2）三角溞属/僧帽溞属（*Evadne*）：雌体长 0.3～0.5 mm。体呈三角形。吻短而钝，无颈沟。育室锥形。第二触角刚毛式为 1-1-4/0-1-1-4。在我国沿海均有分布，适盐性颇广，可进入半咸水域生活。

7. 大眼溞科(Polyphemidae)

壳瓣不包被体躯和胸肢,只能盖住孵育囊。头大,复眼非常大,无单眼。没有壳弧。第一触角小,能动;第二触角小,外肢 4 节,内肢 3 节,各有 7 根游泳刚毛。后腹部短,无尾爪,尾突 1 个,棒形。

大眼溞属(*Polyphemus*):颈沟深而明显,第二触角刚毛式为 0-1-2-4/0-1-1-5。后腹突棒状,约与 2 尾毛等长。常见种为虱形大眼溞(*P. pediculus*),为嗜寒性冷水种。分布于我国东北和西北地区的湖泊、池塘中,以腐殖质贫营养型水体中最常见。杂食性,捕食小型甲壳动物,也吞食较大型藻类和有机碎屑。

12.4　生态分布和意义

枝角类的绝大多数种类栖息于淡水水域。随环境的不同,其种、量差异极大。在江河中,枝角类的种类和数量都相当贫乏,常见者不外长额象鼻溞和长刺溞等几个种类,平均每升水中常不足 1 个。而在废旧的河道和闭塞的支流处其种量要多许多,甚至可与湖泊相比;湖泊是枝角类的主要分布水域,尤其是蔓生水草的沿岸区,种量特别丰富,但敞水区种类较少。常见种有长额象鼻溞、长刺溞等,但数量却可能相当大,每升水可达 100 个以上。池塘环境与湖泊沿岸区近似,枝角类组成也大致相同。但某些在湖泊中数量不多的种类,如大型溞和蚤状溞等,在池塘中往往大量繁殖。当然,池塘中数量最多的要首推多刺裸腹溞和隆线溞。该两种枝角类在施肥池塘中,经常形成极大种群。其数量有时可达每升水数百个,且持续时间相当长。枝角类在各不同水域中的分布显然受其外界因子的影响,pH 与枝角类的代谢、生殖与发育有密切关系。如圆形盘肠溞发育的最适 pH 为 5.0 和 9.0,分布较广;大型溞在碱性水体(pH 为 8.7~9.9)中更为适应;而透明薄皮水蚤和短尾秀体溞、长刺溞等则喜生于各类酸性水体中。水体盐度是影响枝角类分布的又一重要因子。枝角类广布于淡水水体,也分布于内陆盐水水体。真正的海洋枝角类不过 10 来种。许多淡水种类如大型溞、多刺裸腹溞、短尾秀体溞、长刺溞、透明薄皮溞等也出现于低盐水体中,另外一些种类可出现于盐度相当高的内陆盐水中,如蒙古裸腹溞、圆形盘肠溞、内蒙古秀体溞(*D. mongolianum*)等,可出现在 40 以上的超盐水水域中;同时,上述的一些种类也很容易在微盐水甚至淡水中找到。可见枝角类对盐度的适应范围是十分广泛的。当然,此种适应必须是逐渐的和长期的。假如把长期生活于淡水中的大型溞突然置于海水中,将会很快死亡,而将之慢慢驯化,则可适应相当高的盐度。我国银川地区的蒙古裸腹溞可生活于 165.2 的超盐水体中,应归因于该地区降水量逐年减少,水体盐度逐渐增加所致。

枝角类在水域中数量多、运动缓慢、营养丰富,是许多鱼类和甲壳动物的优质饵料。特别是一些水产经济动物的幼体,在取食轮虫和人工(颗粒)饲料的过渡阶段,枝角类更是其难以代替的适口饵料。见表12.1。

表 12.1　两种枝角类的化学组成

种类	化 学 组 成				
	蛋白质	脂肪	碳水化合物	灰分	其他
大型溞	44.61%	5.15%	16.75%	33.49%	0
蚤状溞	46.56%	3.90%	9.02%	25.85%	14.67%

枝角类摄食大量的细菌和腐质,其对水体自净起重要作用;枝角类对毒物十分敏感,是污水毒性试验的合适动物,同时可做污染水体的监测生物。此外,在药物微量测定、繁殖、育种与变异等科学研究以及生物学教学上,枝角类也被广泛使用。

 复习思考题

1. 图示枝角类第二触角刚毛式:0-0-1-3/1-1-3。
2. 名词解释:后腹部,刚毛式,壳腺,壳刺。
3. 比较枝角类和轮虫生活史的异同点。
4. 简述蒙古裸腹溞的特征。

第13章 桡 足 类

桡足类(Copepoda)是一类小型的甲壳动物,体长不超过3 mm,一般营浮游生活,分布于海洋、淡水或半咸水中。桡足类是水域浮游动物中的一个重要组成部分,是鱼类和其他动物良好的天然饵料。但也有很多种类营寄生生活,如鱼体上寄生的锚头蚤、中华鱼蚤和鲺等,易寄生于鱼类的鳃、皮肤或肌肉中,引起鱼类的疾病。本章主要讲述作为鱼类饵料的桡足类。由于桡足类活动迅速,世代周期相对较长,故在水产养殖上的饵料意义不如轮虫和枝角类。

13.1 桡足类的主要特征

13.1.1 桡足类的外部形态特征

桡足类的身体明显分节,全身由16~17个体节组成,但由于愈合的原因,通常见到的一般都不超过11节。身体略呈卵圆形,分前体部和后体部,前者较粗,后者较细。在前体部和后体部之间具一活动关节,其位置是区别各目桡足类的依据之一。在哲水蚤目,其活动关节通常位于第五胸节与第一腹节之间;剑水蚤目和猛水蚤目的则位于第四、五胸节之间;而怪水蚤目的则在第三、四胸节之间。见图13.1。

(1) 前体部(metas):也称头胸部,由头和胸部组成。头部通常由头部的5个体节和第一胸节(有时第一、二胸节)愈合而成,其前面称额器,腹面常有刺状的突起,叫额角(rostrum)。背面常有1个单眼,或1对晶体。胸部由3~5节组成,每节均有1对附肢。后体部(urosome),即腹部,或由末胸节或末2胸节和腹部愈合组成。腹部不具附肢,由3~5节组成,雌雄有别,雄的一般比雌的多1节(雌性常第一、二两节相愈合)。在第一腹节具有生殖孔,称生殖节。雌性的腹面常膨大,叫生殖突起。最末的腹节称尾节(telson),肛门位于该节的末端背面,故也将这节称肛节。末端具1对尾叉,在尾叉的末端有5根不等长的刚毛,常呈羽状。

(2) 附肢:以哲水蚤为例,第一触角位于头部的两侧,强大,为主要的游泳器官,单肢型,细长,由25节构成,末端第2~3节具2根羽状刚毛。一般有明显的雌雄区别,雄性常特化成执握器,在哲水蚤目中为一侧,猛、剑水蚤目中则两侧均弯曲。第二触角短而粗壮,双肢型,亦为游泳器官,由基肢2节、内肢2节、外肢3节组成,各节的内缘和内、外肢的末端都有刚毛,内、外肢的结构及长短比例是分类的依据之一。大颚双肢型,基肢2节,基节为1几丁质板,面向口的末端呈锯齿状,称咀嚼缘,具背齿、中央齿、腹齿和1根刚毛。齿数和形状常与食性有关,其形态也是鉴定种类的依据之一。在底节的末端生出内、外2肢,内肢2节,外肢5节,皆生羽状刚毛,有助于滤食活动。第一小颚是1对很小的附肢,原肢发达,2节组成,第一节内缘基部形成一大的咀嚼叶,外缘具一突出小叶,即上肢;第二节内缘具一突出小叶,内、外肢都不发达,内肢为2节,外肢为1节,外缘亦具羽状毛。第一小颚的形状随种类而异,滤食性者(如哲水蚤)有较多的刚毛,捕食者(如歪水蚤)则刚毛退化。第二小颚呈叶片状,单肢型,外肢,构造简单;基肢由2节构成,内缘各突出2小叶,上生许多羽状刚毛;内肢2节,内缘亦有羽状刚毛,刚毛能形成网状,以搜集食饵。颚足是胸部的第一对附肢,单肢型,缺外肢,较长大;基肢2节,较粗大;内肢5节,各节的内缘均生羽状刚毛。颚足的结构亦随种和食性而不同,滤食者多羽状刚毛,捕食者则具强刺,有的则呈爪状。

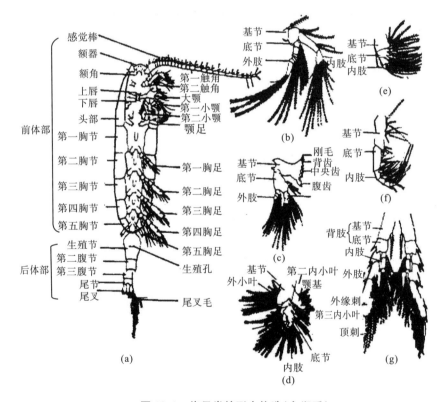

图 13.1　桡足类的形态构造(自郑重)

(a)雌性桡足类的腹面观;(b)第二触角;(c)大颚;(d)第一小颚;(e)第二小颚;(f)颚足;(g)胸足

3. 胸足:位于胸部的腹面,上生羽状刚毛,用于游泳,通称游泳足,即为第 2～6 胸肢,通称 1～5 对胸足(P1−5)。前 4 对皆为双肢型,其结构基本相似,一般没有雌雄的区别。基肢 2 节,内、外肢各 3 节,通常内肢较短小,外肢的外缘常有短刺,称外缘刺,外肢和内肢具发达的羽状刚毛,为主要的游泳器官。第五对胸足随种类的不同,都有不同程度的改变,雌、雄有显著的区别,是鉴定种类的最主要依据。哲水蚤属雌性左右对称,雄性常不对称,右肢的内、外肢皆短小。

13.1.2 桡足类的内部构造和生理

1. 消化系统

消化器官为一条狭长的管道。消化通道的顺序为:口→食道→中肠→后肠→直肠→肛门。中肠在头节处稍膨大,称"胃","胃"具腺上皮,它由大型、不规则的腺细胞组成。腺细胞能分泌消化酶,食物的消化作用主要在这里进行。

2. 排泄系统

鄂腺 1 对,是桡足类的排泄器官(无节幼体期,触角腺是排泄器官,自桡足幼体开始,触角腺退化消失)。此外,身体表皮和消化道后段也具有一定的排泄功能。

3. 循环系统

哲水蚤目,心脏呈卵圆形,位于第二、三胸节的背面,具 4 个心孔,前 1、侧 2、腹 1。前心孔与前大动脉相通,具活瓣,其余心孔与静脉相连。当心脏的肌肉收缩时,动脉中的血液向前行至头部前端,进入脑周围的空间,最后汇入第二胸节的围脏腔。当动脉瓣上的肌肉收缩而关闭时,心脏舒张,血液由围心腔进入心脏。剑水蚤目和猛水蚤目没有心脏和血管,血液的循环是通过消化道的蠕动和外部附肢的运动来促使血液流动的。

4. 感觉器官

由 2 个侧眼点和 1 个中眼点组成。有些种类侧眼点高度发达,具有晶体及其他特化的构造。额器(frontal organ)位于身体的最前端,其基部具一群感觉细胞,此外还有一个侧腺体,能够独立地起神经作用。额器的作用有待进一步研究。

桡足类的摄食方式有滤食、捕食和杂食。一般以细菌、小型浮游生物和有机碎屑为食。滤食是大多数桡足类的食性,如哲水蚤、许水蚤、伪镖水蚤等。捕食性通常捕食各种小型动物及卵,如寡毛类、摇蚊幼虫、其他桡足类和鱼等,如台湾温剑水蚤和广布中剑水蚤等。一个体长 2 mm 的摇蚊幼虫,通常在 9 min 内即可被完全撕碎吃尽。杂食性兼有滤食和捕食两种食性,如小剑水蚤。

13.2　桡足类的生殖

13.2.1　桡足类的生殖系统

雌雄异体,雌性的卵巢单个、长柱形,位于头部背面中央,其后接输卵管,再到生殖孔,位于前体部靠近腹面的左右两侧,与纳精囊相通。雄性生殖系统的精巢也是单个、长柱形,位于头部与胸部的中央,其后接输精管,精子贮存在精荚囊中,后接射精管,末端为生殖孔。

在生殖季节,一般雄体都用第一触角或第五胸足抱握雌体。交配时,雄体先用执握肢的第一触角抓住雌体的尾叉,随后用第五右胸足抱住雌体的腹部。接着精荚从雄孔排出,雄体就利用第五左胸足摄取下精荚,并固着在雌孔旁,然后精卵受精,排到水中孵化成无节幼体。

13.2.2　桡足类的发育

桡足类在发育中经历两个过程,分别为无节幼体阶段和桡足幼体阶段。以镖水蚤为例。

(1) 无节幼体:呈卵圆形,背腹略扁平,身体不分节,前端有 1 个暗红色的单眼,附肢 3 对,即第一、二触角,大颚,身体末端有 1 对尾触毛,此称第一龄无节幼体,也叫六肢幼体。到第二龄,身体末端分叉。第三龄出现第一小颚的原基,其上具 1 刺。末端具 2 对尾触毛。第四龄的第一小颚已发达。第五龄出现第二小颚,末端的尾触毛增至 3 对。第六龄已出现第一颚足及前 2 对胸足的原基。六龄后的无节幼体,随体形渐次拉长,体节数也相继增加,附肢上的刚毛数增多,发育成桡足幼体。见彩图 13.1。

(2) 桡足幼体:第一桡足幼体共 6 节,计前体部 5 节,后体部 1 节,第三胸足的原基出现,尾叉有 5 对刚毛。第二桡足幼体分 7 节,即前体部 6 节,后体部 1 节,胸足 4 对,尾刚毛 6 对。第三桡足幼体分 8 节,即后体部增至 2 节,游泳足 5 对。第四桡足幼体分 9 节,后体部变为 3 节。第五桡足幼体分 10 节,其后体部雄性 4 节,雌性仍保持 3 节。最后蜕皮一次,即变为成体。雄性腹部增至 5 节,雌性出现受精囊,此后一般不再蜕皮。见彩图 13.2。

13.3 分类

自由生活的桡足类主要隶属哲水蚤目、剑水蚤目和猛水蚤目。海洋桡足类已鉴定的约 4 500 种,大多数属猛水蚤目(2 800 种)和哲水蚤目(2 300 种)。我国约有 451 种。

分目检索表

1(4)粗大的前体部和细狭的后体部之间界限明显。

2(3)第一触角长,一部分种类右触角变成执握肢,第二触角双肢型 ………… 哲水蚤目

3(2)第一触角短,雄性左右触角均变为执握肢,第二触角单肢型或具有退化的外肢 ……………………………………………………………………………… 剑水蚤目

4(1)前体部和后体部之间没有明显的界线。第一触角短,雄性左右均为执握肢。第二触角双肢型,外肢退化 ………………………………………… 猛水蚤目

13.3.1 哲水蚤目

体可分头胸部和腹部,头胸部显著大于腹部,胸腹之间为可动关节。头部与第一胸节及第四、五胸节常愈合。腹部雌体 4 节,雄体 5 节。雌体生殖节大,腹面有 1 对生殖孔;雄体只有 1 个,位于左侧。第一触角长,22～25 节,雌体左右对称,雄体右侧变为执握肢。第五胸足雌体与前四对不同,退化或全缺。尾叉刚毛 5 根(4 根羽状刚毛),有囊状心脏,在胸部第一、二节之间。

1. 哲水蚤科(Calanidae)

一般为中型桡足类,1.5～13 mm。头胸部呈长筒形,头和第一胸节一般分开,胸部分 4～5 节,后端圆钝。腹部雌性 4 节,雄性 5 节。第一触角雌性 25 节,雄性 24 节,超过尾叉,末第二、三节有 2 条羽状长刚毛。胸足的内、外肢均 3 节,第五对未变形,仍保持游泳足形状,雌性似第四对,雄性左足外肢比右足稍长。

(1)哲水蚤属(*Calanus*):末两胸节分开,末胸节后侧角钝圆。第五胸足基节内缘具锯齿,雄性左足比右足长大。本属分布广,数量大,是重要的海洋桡足类,是很多经济鱼类和须鲸的主要饵料。一些种类,如飞马哲水蚤(*Calanus fimarchicus*)和海流及水团的关系非常密切。因此,可以根据它的分布,来探索海流及水团的来龙去脉,在生产上具有很大的参考价值。在中国海分布的中华哲水蚤(*Calanus sinicus*),其锯齿数 17～22,雄性左足内肢很短,仅达或不达其外肢第一节的末端,为暖温带种,广泛分布于渤、黄、东海,为这一带水域的优势种,是鲐等经济鱼类的重要饵料。见彩图 13.3。

中华哲水蚤(*Calanus sinicus*)：雌性体长 2.70～3.50 mm，雄性体长 2.60～3.50 mm。雌雄头胸部呈长筒形。雌性额部前端突出，额丝长，胸部后侧角短而钝圆，腹部生殖节长与宽相等。第五胸足内缘齿数为 14～29，分内外肢，各分 3 节。雄性第五胸足基节内缘齿数为 11～27，左右不对称，左足内肢与外肢第一节等长，外肢末节呈锥状，顶端 1 细刺。生活于黄海、东海，是暖温带地方种，季节性向南分布到南海北部沿岸。由于个体大、数量多，是沿海浮游桡足类重要种。

粗新哲水蚤(*Neocalanus robustior*)：雌性体长 3.65～4.10 mm，头胸部宽大，额部前端较突出，额丝也较细长，头节背面中央末端的小突起也较明显。胸部后侧角短钝。腹部生殖节近球形，其腹面明显突出，内侧第三尾刚毛最长。第二至第五胸足外肢 2～3 节外缘皆具细毛。第五胸足的结构与前几对相似。生活于高温外海中上层。

隆线拟哲水蚤(*Calanoides carinatus*)：雌性体长 2.25～2.60 mm。头额部前端较狭小，略呈三角形，额丝较细长。胸部后侧角突起较尖锐，尾叉短小而对称。第五胸足与前四对相似，但内外肢均为 2 节，在第一基节内缘具细毛，不具长毛或细齿。生活于较深陆坡区，常在上升流区出现，第四、五期桡足幼体，而成熟个体较少，可作为上升流的定性指标种。

微刺哲水蚤(*Canthocalanus pauper*)：雌性体长 1.50～1.55 mm，雄性体长 1.35～1.55 mm，额部前端钝圆，额丝较细，胸部后侧角突起对称，雌性第五胸足第一基节内缘无锯齿。雄性第五胸足与前几对同形，唯左内肢退化，左外肢长大，第二节的内末部具球状突起，末节具 2 长刺毛。生活于近海和外海暖水，在不同水团交汇区数量多，是重要浮游桡足类之一。

小哲水蚤(*Nannocalanus minor*)：雌性体长 1.6～1.9 mm，雄性体长 1.7～1.8 mm，雌雄头胸部呈椭圆形，额部前端宽圆，额丝长，胸部后侧角背面观尖长，侧面观宽圆。雌性生殖节对称，第五胸足第一基节的内缘具锯齿，齿数 13～15。雄性第五胸足左右不对称，左足较右足长大，外肢第一、二节外末角各具 1 长刺，刺内缘具细齿，末节短，呈锥状，右足结构与前几对相似。生活于近海暖水，具有较大数量，是重要浮游桡足类之一。

达氏筛哲水蚤(*Cosmocalanus darwinii*)：雌性体长 1.95～2.30 mm，雄性体长 1.80～2.15 mm，雌性额部前端宽圆。末胸节背中部末缘内凹陷。后侧角不对称，左侧较右侧长，腹部第一、二节末缘具小刺。雌性第五胸足的外肢较前 3 对狭小。雄性后侧角短钝，不对称。生殖节末缘较突出。第五胸足左足特别发达，外肢分 3 节，第二节外缘具 1 长钩状突，突起中部内缘具 1 指状突，第三节细长，外缘末具 1 叶状突。右足短小。内外肢均分 3 节，外肢末节末端具 3 短刺。生活于近海、沿岸水域，数量颇多，是重要浮游桡足类。

普通波水蚤（*Undinula vulgaris*）：雌性体长 2.80～2.95 mm，雄性体长 2.4～2.65 mm。雌、雄头胸部呈长筒状，额部前端钝圆，额丝长。雌性胸部后侧角具刺状突，生殖节长。内侧第二尾刚毛最长，第二胸足外肢第二节外缘基部具 1 深刻痕，第五胸足结构与前几对相似。雄性胸部后侧角短钝，不呈刺状。第五胸足不对称，右足退化，左足特别发达，第一、二节细长成臂状，第三、四节较短，外末部各具 1 长刺突，末节细长，呈蠕虫状。生活于沿海，特别是不同水团交汇区。见图 13.2。

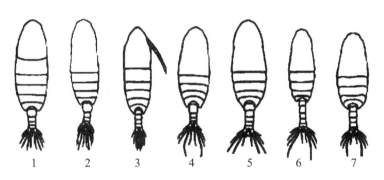

图 13.2　几种常见的哲水蚤（自陈清潮等）

　　1.中华哲水蚤；2.粗新哲水蚤；3.隆线拟哲水蚤；4.微刺哲水蚤；5.小哲水蚤；

　　6.达氏筛哲水蚤；7.普通波水蚤

2. 胸刺水蚤科（Centropagidae）

中小型桡足类，长 1.5～3 mm。头与胸部第一、二节愈合或分开。末胸节后侧角刺状。雄体第五对胸足左足外肢 2 节，不对称，左足末端有钩状刺，钳状。

（1）胸刺水蚤属（*Centropages*）：头部比胸部狭小。胸部后侧角刺状。腹部雌性 3 节，生殖节常不对称。尾叉较长。第五胸足雌性内、外肢各 3 节，外肢第二节的内缘延伸为一大刺；雄性不对称，左足外肢 2 节，有足外肢 3 节，末 2 节形成钳状。本属为近海或咸淡水种。如瘦尾胸刺水蚤（*C. tenuiremis*）和叉胸刺水蚤（*C. furcatus*）。

哲胸刺水蚤（*Centropages calaninus*）：雌性体长 1.90～2.00 mm，雄性体长 1.85～2.00 mm。雌雄额部前端具 1 小突刺，后侧角对称、钝圆，生殖节左缘较突出，尾叉不对称，右叉较大；雌性第五胸足对称，外肢第一节内末缘具 1 小结节，外肢第二节内刺特别长大，末节末刺细长。雄性腹部第三节背末缘具一排小齿，第五胸足不对称，左外肢第二节宽大，外缘具 2 长刺，右外肢第二节宽大，内缘基部刺突细长，末节末缘具 1 向内弯拆的长刺突。其在近海浅水区，特别是藻类密集区数量较多，比较常见，在我国的东海南部、南海均有分布。

叉胸刺水蚤(*Centropages furcatus*)：雌性体长 1.60～1.75 mm,雄性体长 1.45～1.70 mm。额部前端截平,单眼发达。胸部后侧角尖锐,其内侧具 1 小刺,左右对称。雌性腹面末缘具 1 突起,指向后方;第五胸足外肢第二节的内刺比本节长,比末节短。雄性后侧角左刺较长,不对称;雄性第五胸足、右外肢第二节膨大,内刺的外缘基部具 2 小齿,末节前半部较粗,外缘具 2 小刺,内缘基部具 1 小刺,后半部为长刺。其生活于近海暖水区,是沿海浮游动物群落中的常见种。在我国东海和南海近海区均有分布。

奥氏胸刺水蚤(*Centropages orsinii*)：雌性体长 1.4～1.6 mm,雄性体长 1.4 mm。雌性头胸部较狭长,前端两侧较紧缩。额部微突;胸部后侧角尖锐,右侧刺较左侧刺稍长;腹部生殖节长大,左右对称,腹面具 1 小刺,长为宽的 2 倍,肛节最短;第五胸足对称,右外肢第二节腹面具 2 行粗齿,在外肢第二节内刺的腹面仅 1 行细齿。雄性第五胸足左外肢末节末刺长,内外缘具细齿,右外肢第二节长大,末节细长,基部较粗大,内缘近基部具 1 小刺。其生活于暖水近海区,有时有较大数量。在我国东海和南海均有分布。见图 13.3。

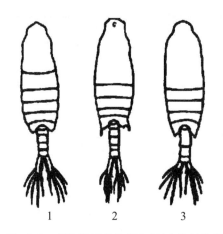

图 13.3　几种常见的胸刺水蚤(自陈清潮等)

1.哲胸刺水蚤;2.叉胸刺水蚤;3.奥氏胸刺水蚤

(2) 华哲水蚤属(*Sinocalanus*)：头胸部窄而长,胸部后侧角不扩展,左右对称,顶端具 1 小刺。腹部雌性 4 节,雄性 5 节。尾叉细长。第五胸足雌性双肢型,对称,内、外肢各 3 节,外肢第二节内缘具刺状,末节无顶刺;雄性外肢左右均 2 节,左足末端为 1 直刺,右足第二节的基部膨大,末部呈钩状。本属为淡水或咸淡水种,常见有细巧华哲水蚤(*S. tenellus*)和汤匙华哲水蚤(*S. dorrii*)。

3. 拟哲水蚤科（Paracalanidae）

本科为小型桡足类。头与第一胸节愈合，末两胸节也愈合。腹部雌性 2～4 节，雄性 5 节。尾叉末端具 4 根刚毛。第五胸足退化，单肢型，雌性对称，2～4 节，雄性不对称，左足 5 节，右足 2～4 节或完全消失。

拟哲水蚤属（Paracalanus）：额和后胸末端圆钝。第一触角短于体长，第 2～4 胸足外肢第三节外缘近端锯齿状。第五胸足雌性对称，单肢型，2～3 节，雄性不对称，左足 5 节，右足 2～3 节或完全消失。常见种为小拟哲水蚤（P. parvus）。

针刺拟哲水蚤（Paracalanus aculeatus）：雌、雄性体长 1.0～1.1 mm，雌性头胸部后半部较宽，额角顶端具 2 细丝，胸部后侧角具钝突起，生殖节长与宽近相等。第五胸足单肢不对称，其分 2 节，左足稍长，末节近背末缘具 2～3 小刺，末端具 2 刺，内刺特别长大，其外缘具细齿，外刺短小，右足较左足稍短，结构相同。雄性胸部后侧角较钝圆。第 5 胸足单肢不对称，左足分 5 节，末节较短，末端具 2 末刺，右足长不及左足第 2 节末端，分 3 节，末节长，具 2 末刺。分布于黄海、东海和南海；太平洋、印度洋和大西洋暖水区。

矮拟哲水蚤（Paracalanus nanus）：雌性体长 0.5～0.6 mm，雄性 0.5 mm，头胸部呈长椭圆形，额角细长，呈刺状。雌性胸部后侧角稍突出，呈钝角状，其侧具细毛。头胸部约为腹部 5.2 倍。腹部分 4 节，生殖节宽大，宽略大于长度。第五胸足左右对称，共分 2 节，第一节粗大，第二节短小，末缘具 2 刺，外刺短，内刺较其本节长。雄性第五胸足不对称，左足分 5 节，末节具大小刺 2 枚。右足分 2 节，第一节粗大，末节小，末缘也具大小刺 2 枚。分布于东海、南海；太平洋、印度洋和大西洋暖水区；地中海。

小拟哲水蚤（Paracalanus parvus）：雌、雄体长 0.7～1.1 mm，雌性身体矮壮，头胸部呈长卵形，后半部较前半部略狭，胸部后侧角钝圆。头胸部长为腹部的 3 倍。生殖节较肛节稍长。第五胸足短而对称，分 2 节，末节长为宽的 3 倍，末端具 2 刺，外刺短，内刺长过末节。雄性第五胸足不对称，左足分 5 节，末节具 2 刺，内刺长，右足短，分 2 节，末节也具 2 末刺。分布于黄、渤海、东海和南海；太平洋、印度洋和大西洋暖水区。

孔雀丽哲水蚤（Calocalanus pavo）：雌性体长 1.00～1.25 mm，雌性头胸部呈长卵形，前后端的宽度变化较小。头前端中央稍突出，额刺细长，后侧角钝圆。生殖节膨大呈葱头形，右尾叉较长，羽状尾刚毛很发达。雌性第五胸足对称，各分 4 节，第一节宽大，第二、三节较短，末节长，外末角具 1 小刺，其内末缘至末端具 3 羽状刺毛及 1 长刺，末缘腹面具 2 横排小刺。分布于东海、南海；太平洋、印度洋和大西洋的热带、亚热带区；地中海和红海。

羽丽哲水蚤（*Calocalanus plumulosus*）：雌性体长 1.00～1.20 mm,头胸部较细长,额部前端宽圆,胸部后侧角钝圆。腹部分 3 节,生殖节宽大,右尾叉稍长,尾刚毛不对称,其右内侧第一尾刚毛特别发达,超过身体 5 倍多。第五胸足对称,共分 4 节,第一、二节短小,末节长大,近末缘较基部为宽,顶端具 1 长刺及 1 刺毛,外末角具 1 粗刺。分布于东海、南海；太平洋、印度洋和大西洋热带区。

驼背隆哲水蚤（*Acrocalanus gibber*）：雌雄性体长 1.1～1.2 mm,雌性体形粗状,额部前端钝圆。侧面观时头背部前端明显隆起,第四、五胸节不完全愈合,胸部后侧角具小突起,左右对称。腹部生殖节宽大于长,第四胸足外肢第三节外缘远端的较粗大,齿数为 6,雄性第五胸足左足第一节长且大,第四节的外末角刺突较显著,末节外末缘具 1 小刺,右足不存在。分布集中在东海和南海；太平洋和印度洋的热带区。

微驼隆哲水蚤（*Acrocalanus gracilis*）：雌性体长 1.05～1.20 mm,雄性体长 0.95～1.00 mm,雌性身体粗壮,额部前端椭圆,额丝稍长,侧面观头胸部隆起较小,向后逐渐弯平,胸部侧角突起较小,生殖节宽大于长,第二、三、四胸足外肢末节外缘细齿为 11～13、9～10、21～23,第四胸足外肢末节细齿较粗大,第五胸足退化,雄性第五胸足左足分 5 节,末节末缘具 1 尖刺,右足消失。主要生活在东海、南海；太平洋、印度洋和大西洋的热带和温带水域。

单隆哲水蚤（*Acrocalaus monachus*）：雌性体长 0.8～1.0 mm,雄性体长0.7～0.8 mm,雌性头胸部背面观呈长卵形。头的前端较狭窄,额角分叉。胸部后侧角略突出,头胸部长约为腹部的 5 倍。腹部分 4 节,生殖节宽略大于长。第四胸足外肢末节外缘基部具 17～18 小刺,末部具 8～12 小刺。雄性第五胸足左分5节,第四节外末角具锐状刺突,第五节外缘末端具 1 小刺,末端具 1 长刺,右足退化不存在。其是常见浮游桡足类,具有重要经济意义,常分布于东海南部、南海。见图 13.4。

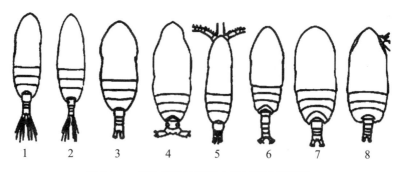

图 13.4　几种常见的拟哲水蚤（自陈清潮等）

1.针刺拟哲水蚤；2.矮拟哲水蚤；3.小拟哲水蚤；4.孔雀丽哲水蚤；5.羽丽哲水蚤；
6.驼背隆哲水蚤；7.微驼隆哲水蚤；8.单隆哲水蚤

4. 伪镖水蚤科（Pseudoiaptomidae）

小型桡足类，额部前端宽圆或狭长，头部与第一胸节、第四与第五胸节均愈合。腹部雌性4节，生殖节膨大，常不对称，腹面明显突出；雄性5节。第四胸足的内、外肢均3节，第五胸足雌性为单肢型，对称；雄性结构复杂，4或5节，内肢常退化。雌性携带左右不对称的卵囊。本科为近岸低盐种。

许水蚤属（*Schmackeria*）：胸部后侧角钝圆，常有数根刺毛。雌性第五胸足第三节较短。最末端的棘刺长而锐；雄体也为单肢型，不对称，左侧底节内缘向后方伸出一长而弯的腿状突起，淡水、半咸水均有分布。如火腿许水蚤（*S. poplesia*）。

海洋伪镖水蚤（*Pseudodiaptomus marinus*）：末胸节后侧角呈刺状突起，腹部各节有小刺。第五胸足雌体单肢型，对称，各分4节，末节末端分2叉，雄体不对称，右足呈单肢型。为沿岸河口种，在我国沿海广泛分布。

5. 镖水蚤科（Diaptomidae）

小型。头部与第一胸节的分界明显，雌体的第四、五胸节部分愈合。第五胸节两后侧角多少伸展成翼状突，雄体第四、五胸节不愈合，后侧角也无翼状突，腹部雌体2~4节。第五胸足雌体对称，雄体不对称，右足大于左足。右足外肢2节，第二节外缘具一刺，末端为1长而弯曲的钩状刺，内肢退化，1或2节；左足内外肢1或2节。

（1）大型中镖水蚤（*Sinodiaptomussarsi*）：雌性第四胸节背面有一矩形突起。腹部分3节，生殖节长而宽，前半部两侧缘隆起，顶部有1刺，第二腹节窄而短。第五胸足的内肢短小，2节；外肢第二节末端的爪状刺发达，内外缘均有锯齿，第三小节的分界线不明显，末端有不等长的刺2根。雄性第四胸节背面中央无矩突，第五右胸足的内肢短小，仅1节，外肢第二节背部近外末缘有一圆丘状突起；左足外肢末端的钳板粗壮，内侧面有横的梯级隆起线。

（2）北镖水蚤属（*Arctodiaptomus*）：雌体粗壮，第四、五胸节愈合，但两侧仍留有节痕，末胸节后侧角扩展有尖刺。雌性第五胸足内肢末端仅有细刺毛。雄性第五右胸足内发达，末端尖锐。左足外肢末端之钳板甚长，钳刺亦较长。如直刺北镖水蚤（*A. rectispinosus*）、咸水北镖水蚤（*A. salinus*）和新月北镖水蚤（*A. stewartianus*）。

6. 角水蚤科（Pontellidae）

大中型桡足类。头部两侧有尖的突起，或具侧钩，前额背面有1对晶体。胸部后侧角常延伸为锥状或刺状，雄性常不对称。腹部短，常不对称，雌性1~3节，雄性4~5节。雌性生殖节及尾叉常不对称。第五胸足雌性外肢1~2节；雄性一般为单肢型,右足末 2 节成钳形。

椭形长足水蚤(*Calanopia elliptica*):雌性体长 1.75～1.80 mm,雄性体长 1.60～1.70 mm,雌雄头胸部呈椭圆形。雌性后侧角尖锐对称。腹部第二节与生殖节等长。第五胸足左末第二节较右足的长、大,各节外缘均具 2 小刺,末节末刺较长。雄性右后侧刺较左,腹部第二节右外末缘具 2 小刺。第五胸足不对称,左足第三节外末刺粗大。末节外缘具 2 刺,末端具 2 刺。右足第三节宽大,外缘后半部具 3 粗突,末节外末部具 2 粗突。生活于近海和沿岸热带水域,数量颇多。

小长足水蚤(*Calanopia minor*):雌性体长 1.15～1.40 mm,雄性体长 1.10～1.15 mm,雌性额部前端狭圆,额刺粗短,后侧角尖锐,生殖节腹面具小突,第二腹节比其前一节长。第五胸足左右各分 3 节,末节基部粗大,具 2 外缘刺,末端具长刺。雄性左边第五胸足第二节长、大,内缘基部具三角形突起,末节狭长,右第五胸足末节短阔,内末部具 1 小刺。生活在沿岸和近海的热带区,为常见种。

尖刺唇角水蚤(*Labidocera acuta*):雌性体长 2.90～3.25 mm,雄性体长 2.85～3.20 mm,雌雄头胸部长筒形,额部前端中央具 1 尖刺,头部无侧钩。雌性胸部后侧角具长刺,对称。腹部生顶节右末缘近腹面具 1 粗刺,指向右方,腹面生殖孔左下缘具 1 小刺。雌性第五胸足双肢,对称,外肢外缘具 3 小刺,内缘光滑,末端具 3 小刺,内肢短,呈指状,末端尖锐,外末缘 1 小刺。雄性胸部后侧角尖锐而不对称,右侧角为弯曲长刺,末端指向右后方。腹部第一、二节不对称,生殖节右外末部具 2 刺,其下刺较粗大。第五胸足左足分三节呈长方形,其内缘中部 1 小刺,外末刺小,末节较狭长,右足第 3 节宽短,内缘具弧状突起,末节小,外缘 2 小刺,末刺小,与前节构成螯状。生活于近海,是近海较大型桡足类。

后截唇角水蚤(*Labidocena detruncata*):雌性体长 2.25～2.75 mm,雄性体长 2.25～2.30 mm。雌性额刺较细、后侧角具小刺,其内缘具钝突。生殖节宽大。背面隆起,尾叉之间背面具 1 垂片。尾叉基部膨大。第五胸足双肢、对称,外肢长,具 3 外缘刺及 1 内缘刺,顶刺尖,内肢小,呈锥状。雄性背、腹眼和额角均发达,后侧角具小刺,尾叉短,近方形。第五胸足左足短,末节短。内缘皆具细毛,外末部具 4 刺突。右足特别发达,第三节长大。外缘基部具 1 粗指突。末节呈长刺突。生活在近海和外海上层水,是重要浮游生物。

科氏唇角水蚤(*Labidocera kroyeri*):雌性体长 2.15～2.65 mm,雄性 2.05～2.15 mm。雌、雄头胸部呈长筒形,额部前端钝圆。雌性额角粗短,头部具侧钩。胸部后侧角呈三角形,左右对称,生殖节右缘上部具数个刺突,第二节也具多数刺突,随个体不同而有变化。第五胸足双肢、对称,外肢呈长刺突,内外缘光滑,内肢短小,末端分双叉。雄性后侧角不对称,右侧角刺长大,呈双叉形。生殖节左末缘较突出。第五胸足左末节内缘具多数细毛,末端具 5 刺突。右足第三节宽大,外缘基部具1长指状突,中部具2小突起,末节细长向外弯曲,与其前一节形成螯状。生活在上中水层。

小唇角水蚤(*Labidocera minuta*):雌性体长2.00～2.05 mm,雄性体长1.45～2.00 mm,雌性头胸部呈长筒形,额部前端狭圆,头部两侧具侧钩。雌性胸部后侧角背面观钝圆,近腹面各具1小刺,生殖节宽大,呈长方形,右缘基部突出,腹面基部具1小刺。第五胸足对称,外肢细长,外缘具1小刺,末端叉形,内肢短小,呈指状突起,其内末部具1小刺。雄性眼较雌性发达,胸部后侧角不对称,右侧刺长较阔,呈刃形。第五胸足左足末节小,末端具3指状突,大小不一,右足第二节内缘中部近腹面具多数细刺,末节狭长,外缘具2小刺,末端具3刺。生活于热带近海。

阔节角水蚤(*Pontella fera*):雌性体长2.95～3.10 mm,雄性体长2.75～2.85 mm,雌雄头胸部长大,额部前端呈钝三角形。额角和侧钩发达,胸部后侧角不对称。雌性胸部后侧角左突较右突稍长,生殖节左缘背面具1突起,腹面生殖孔的上方具1圆突,尾叉侧扁。第五胸足双肢,外肢内外缘各具3小刺,末端呈刺状,内肢短小,末端为分叉刺突。雄性第五胸足左足第三节长大,末节短小,末端具3片状突起。右足第三节宽大,外缘基部的背腹缘具2突起,近末部的腹面具一半圆形的片状突起,末节呈长臂状,与前节形成螯状。生活于外海中。

腹斧角水蚤(*Pontella securifer*):雌性体长3.9～4.0 mm,雄性体长3.4～3.6 mm,雌性头胸部宽大,额部前端呈三角形,额刺粗短,侧钩小,胸部后侧角具三角形刺突,左刺比右刺大,左右刺的内侧各具1小瘤状突。雌性第五胸足对称,外肢外缘具4小刺,内缘光滑,末端呈刺状,内肢短,末刺分叉,雄性第五胸足左足末节外缘中部具1刺,末端具2粗刺,内刺较外刺长,右足第三节长大,外缘基部具3粗突,为长刺,并向外弯,数量不多。生活于大洋上层暖水层中。

羽小角水蚤(*Pontellina plumata*):雌性体长1.70～1.85 mm,雄性体长1.45～1.55 mm。雌、雄头胸部呈卵圆形。雌性后侧角右刺长于左刺。第五胸足外肢细长、末端具3刺突、内肢短小、末端分叉。雄性的后侧角对称。第五胸足左足第三节的外末刺细长,末节短,呈锥形。左足第三节外缘基部具1粗突,其内缘后部具2乳状突。末节内缘基部具1球形突起,其上具3个小刺,左外缘基部及末部各具1小刺,末端刺突尖锐。生活于近海和外海高温、高盐上层水中。

皇简角水蚤(*Pontellopsis regalis*):雌性体长2.65～2.75 mm,头胸部宽大。额部前端中央微钝,额刺细长,腹眼小。胸部后侧角具刺状突,左侧刺突较长。腹部分2节,第一节宽大,基部背面具数枚小刺,左缘中部具1钝三角形突起,右缘中部稍膨大,腹面中部也较突出,肛节短而宽,背末缘位于左右尾叉中间较突出,尾叉阔短,左右对称。第五胸足双肢,不完全对称,外肢外缘具3小刺,内末部具1刺突,顶端分双叉,结构相似。生活于热带沿海。

勇简角水蚤(*Pontellopsis strenua*)：雄性体长 2.8 mm,头胸部呈长筒形。额角前端中央具钝突,额刺发达,胸部后侧角的左侧刺短,右侧刺近后部稍向内弯曲,长达第三腹节中部。腹部第一节右缘中部具 1 小突,其上具 1 小刺,突起基部后侧另具 1 小刺,第三节右缘突显着,其上生细刺。内缘基部具细毛,内末部具 1 小刺。右足第三节外缘基部突起细长,末节狭长,外缘具 2 小刺,与前节形成钳形。生活于热带近海水团混合区中。见图 13.5。

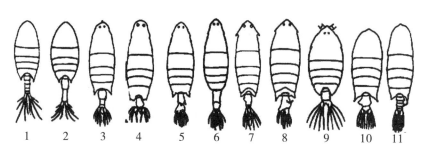

图 13.5 几种常见的角水蚤(自陈清潮等)

1.椭圆形长足水蚤;2.小长足水蚤;3.尖刺唇角水蚤;4.后截唇角水蚤;5.科氏唇角水蚤;6.小唇角水蚤;7.阔节角水蚤;8.腹斧角水蚤;9.羽小角水蚤;10.皇筒角水蚤;11.勇简角水蚤

7. 纺锤水蚤科(Acartiidae)

体瘦小。头背具 1 单眼,头与第一胸节分开,第四、五节愈合,腹部雌性 3 节,雄性 4~5 节。第五胸足雌性对称,2~3 节;雄性单肢,不对称,左 4,右 4~5 节。

丹氏纺锤水蚤(*Acartia danae*)：雌性体长 1.15~1.25 mm,雄性 0.80~0.85 mm。雌雄头胸部呈纺锤形,雌性后侧角刺突较雄性粗大。雌性第五胸足对称,第二节长方形,外末刺特长,约为末节 4 倍,末节呈刺状,后部内外缘均具锯齿,尾叉长方形。雄性第五胸足的左足第二节内缘中部具 1 乳突,其上生 2 小齿,第三节呈长方形,末节宽大,呈卵圆形。右足第二节内缘中部具 2 小突,大小不等,末节近三角形,外缘中部具 1 丛毛,内缘中部具 1 小刺,末刺短小。生活于近海中。

小纺锤水蚤(*Acartia negligens*)：雌性体长 1.15~1.20 mm,额部前端钝圆,额丝细小,单眼发达。后侧角具 1 细刺,其内侧钝圆。生殖节长大,两侧不膨大,第一、二腹节背末缘具数枚细刺。第五胸足第二节呈方形,外末刺毛很长,末节基部膨大,后半部呈刺状,内外缘具锯齿,末端为细刺。生活于近海浅水区中,适于较高盐度。

8. 歪水蚤科(Tortanidae)

中小型桡足类,长 1~2 mm。头和第一胸节分开,前额呈三角形,前端背面有

1 单眼。腹部雌性 2～3 节,雄性 5 节。腹部与尾叉两性常不对称。第五胸足两性均单肢,雌性 2～3 节,末节呈镰刀状;雄性左 4 右 3 节,呈半螯状。本科仅一属,歪水蚤属(*Tortanus*),主要分布于近岸低盐水域。常见的种类有特氏歪水蚤(*T. derjugini*)和刺尾歪水蚤(*T. spinicaudatus*)。

13.3.2　猛水蚤目

体一般较细长。头胸部并不显著宽于腹部。头节与第一胸节愈合,第四、五胸节间有一可动关节。雌性第一、二腹节部分或全部愈合成生殖节,雄性不愈合。尾叉末端有 2 根发达的刚毛。额部突出显著。第一触角一般不超过 9～10 节,雄性左右皆变为执握器。第一胸足与其他附肢常异形,内肢呈执握状。第五胸足退化,通常分为 1～2 节,两性异形。多数种类带有一个卵囊,位于腹面,少数 2 个,位于两侧。大多数在海水中营底栖生活,一部分种类分布于淡水或半咸水中,常生活于底层或水草丛中,营浮游生活的种类较少。代表种类如下:

(1) 小星猛水蚤属(*Microsetella*):额角弯向腹面,呈喙状。第一触角雌性 5 节,雄性 6 节,执握状;第二触角外肢 2～3 节,短于内肢。前四对胸足内、外肢各 3 节,内肢长于外肢,第五胸足退化。分布在沿海。见彩图 13.4。

(2) 角猛水蚤属(*Cletocamptus*):体长圆形,各节后缘具锯齿。第一触角 6～7 节,尾叉长形,头节近圆方形,额突出而钝圆。常见有后进角猛水蚤(*C. retrogressus*)。

(3) 美丽猛水蚤属(*Nitocra*):体圆柱形,额突出,腹部各节的侧面、尾叉及肛门板后缘具细刺。第一触角 8 节;第二触角 4 节,外肢仅 1 节。雄性第一胸足底节内末角的刺呈钩状,第二、三、四胸足内、外肢均 3 节,第五胸足两性均 2 节。为淡水或咸淡水种类。

13.3.3　剑水蚤目

头胸部明显宽于腹部,呈卵圆形,头与第一胸节愈合。雌体腹部第一、二节愈合成生殖节。尾叉刚毛 4 根,一般居中 2 根较长。第一触角雄性对称,与雌性异形,呈执握状;第二触角两性均单肢,或具退化的外肢。第一、二、三、四胸足构造相似,第五胸足退化,很小,各胸足两性的构造几乎完全相同。雄性一般具第六胸足。生殖孔和卵囊成对。无心脏。第四、五胸节为可动关节。

1. 剑水蚤科(Cyclopidae)

额部弯向腹面。第一触角雌性 6～21 节,雄性 17 节或少于 17 节,成执握肢;第二触角分 4 节。上唇末缘具细锯齿,大颚退化成一小突起,附刚毛 2～3 根。小颚退化成片状。颚足内肢退化。本科多分布于淡水中。

（1）剑水蚤属（*Cyclops*）：第一触角 14～17 节。第一、二、三、四胸足外肢均为 3 节；第五胸足 2 节，基节与第五胸节分离，外末角具 1 羽状毛，末节较长大，内缘中部具 1 刺，末缘有 1 长刚毛。尾叉较长，表面具纵脊。常见的种类有近邻剑水蚤（*C. vicinus*）和英勇剑水蚤（*C. strennus*）。

（2）真剑水蚤属（*Eucyclops*）：第一触角细长，12 节。尾叉细长，其长度大于宽度的 3 倍，外缘具细齿。常见的种类有锯缘真剑水蚤（*E. serrulatus*）。

（3）中剑水蚤属（*Mesocyclops*）：头胸部较粗壮，腹部瘦削。生殖节瘦长，前宽后窄。尾叉较短，内缘光滑，末端尾刚毛发达。第一、二、三、四胸足内、外肢均 3 节；第五胸足 2 节，第一节较宽，外末角具 1 羽状刚毛，末节窄长，内缘中部及末端各具 1 羽状刚毛。常见的种类有广布中剑水蚤（*M. leuckarti*）。

（4）温剑水蚤属（*Thermocyclops*）：头胸部卵圆形，腹部瘦削。尾叉较短，内缘光滑。第一胸足底节的内末角具 1 羽状刚毛。第五胸足分 2 节，基节短而宽，外末角突出 1 根羽状刚毛，末节窄长，末缘具 1 刺和 1 刚毛。本属在鱼池中常见的种类有台湾温剑水蚤（*T. taihokuensis*）和透明温剑水蚤（*T. hyalinus*），在鱼苗孵化季节常侵袭鱼卵和鱼苗，影响渔业生产。

狭叶剑水蚤（*Sapphirina angusta*）：雌性体长 3.50～3.70 mm，雄性体长 3.95～4.37 mm。雌性身体狭长，头前端左右角眼间距短。前后体部的长度比例为 73∶77。第二触角第二节较其后二节长度之和为长。第二胸足内肢稍长于外肢，其末节末端具 2 叶状刺。雄体透明，前体部宽大。第二胸足内肢末节末端的外末缘刺长，内末缘的叶状刺发达，呈矛状，末端的叶状刺小。生活于高温高盐外海上层水中。

黑点叶剑水蚤（*Sapphirina nigromaculata*）：雌性体长 1.60～2.00 mm，雄性体长 2.10～2.40 mm，雌性前体部呈卵圆形，眼间距短。第四胸节的后侧角具钝突，尾叉呈长卵形。第二触角的末节为其前一节长的 3 倍。第二胸足内肢末节的末端具 2 叶状刺。雄性前体部宽大，第二胸足内肢末节末端腹面具 3 刺，内刺长，外刺短，背面具 2 叶状刺和 1 针状刺。生活于暖水近海和外海中。

玛瑙叶剑水蚤（*Sapphirina opalina*）：雌性体长 2.1～2.2 mm，雄性体长 2.7～2.8 mm，雌性前体部呈卵圆形，眼间距短，前后体部的长度比例为 80∶20，第三、四、五节侧角皆呈翼状，第二胸足内肢末节末端具 3 叶刺。第四胸足内肢长达外肢末节的中部，末端具 2 叶状刺。雄性体长宽大，长椭圆形，附肢结构与雌性同。生活于热带外海中。

奇桨剑水蚤（*Copilia mirabilis*）：雌性体长 2.3～2.5 mm，雄性体长 4.5～4.7 mm，雌性前体部背面观呈长方形。头前端角眼发达，眼间距大，肛节很长，末端较中部为宽，其左右侧各具小齿突，尾叉细长，呈棍棒形。第四胸足内肢为单节，短小，外肢各节的外缘均具细刺。雄性身体呈卵圆形，头前端宽而圆，尾叉长，第二颚足第二节腹面末缘明显突出,具 2 刺毛。生活于近海暖水中。

2. 长腹剑水蚤科(Oithonidae)

小型桡足类,体细长,前、后两部分界明显,后体部狭长。雄性第一触角短粗;第二触角外肢消失。第一、二、三、四胸足外肢各 3 节;第五胸足退化,只有 2 根刺毛。

长腹剑水蚤(*Oithona rigida*):雌性体长 0.7～0.8 mm,雄性体长 0.6 mm,雌性前体部宽大,呈卵圆形,头前端宽平,无额角,第四胸节后缘两侧各具 1 小刺。前后体部的长度比例为 60∶40。后体部各节及尾叉的长度比例依次为 15∶26∶15∶17∶12∶15,尾叉长度为宽的 2.3 倍,雄性的前后体部的长度比例为 58∶42,后体部各节及尾叉的长度比例依次为 15∶21∶14∶14∶11∶11,生殖节较长大,尾叉与肛节等长。生活于暖水近海中,常出现较多数量,是小型浮游桡足类主要种类之一,特别是沿岸盐度稍低的海区。见附图 13.5。

深角剑水蚤(*Pontoeciella abyssicola*):雌性体长 1.0～1.2 mm,雄性 0.8 mm,雌性前体部呈倒梨形,前额具 1 小突起,无额角,后侧角钝圆。后体部分 5 节,生殖节基部较宽大,尾叉与肛节等长。第一触角分 8 节,第一、二、三、四胸足内外肢各分 3 节,内肢第 1 节外末角具 1 小突起。雄性后体部分 6 节,生殖节短小,第一触角分 4 节,末节细长呈鞭状,第一、二、三、四胸足与雌性的相同,唯第二、三、四胸足外肢末节末刺较粗大。生活于热带区中。见图 13.6。

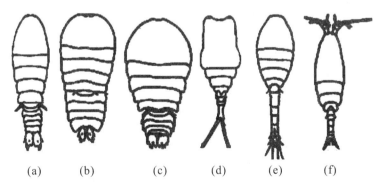

(a)　　　(b)　　　(c)　　　(d)　　　(e)　　　(f)

图 13.6　几种常见的剑水蚤和长腹剑水蚤(自陈清潮等)

(a)狭叶剑水蚤;(b)黑点叶剑水蚤;(c)玛瑙叶剑水蚤;(d)奇桨剑水蚤;(e)长腹剑水蚤;(f)深角剑水蚤

3. 大眼剑水蚤科(Corycaeidae)

小型桡足类,前、后体部分界明显,前体部呈长椭圆形。头部前端有 1 对发达的晶体。第三、四胸节常愈合，有明显的后侧角。后体部较短，1～2节。第一触角短小，第二触角发达。第一、二、三胸足内、外肢各 3 节；第四胸足内肢退化，外肢3节；第五胸足消失，仅留下 2 根刺毛。仅大眼剑水蚤（Corycaeus）一属，海产，分布于各海区中。见彩图 13.6。

柔大眼剑水蚤（Corycaeus flaccus）：体长 1.7 mm，前体部呈长筒形。前半部较宽大，头节与第一胸足分开。第二胸节后侧角小而尖。第三胸节的后侧角长达后体部的中部，第四胸节的后侧角突出。前后体部的长度比例为 76：24。后体部及尾叉的长度比例为 59：41。尾叉细长，中部较狭，其长度约为基部宽度的 8 倍，左右不撇开，第二触角第一、二基节的内刺接近相等。生活于大洋暖水上层中。

长刺大眼剑水蚤（Corycaeus longistylis）：雌性体长 2.5 mm，雄性体长 2.1 mm。雌性前体部呈长筒形，前半部宽大，第二胸节后侧角尖小，第三胸节后侧角发达，呈翼状刺，长达生殖节的后部。前体部腹面具 1 突起。前后体部的长度比例为 73：27，后体部各节及尾叉的长度比例依次为 19：24：57，生殖节呈球形，背面隆起。雄性前后体部的长度比例为 69：31，后体部及尾叉的长度比例为 43：57，后体部仅为单节，前半部卵圆形，后半部狭长。生活于暖水近海区中。

太平洋大眼剑水蚤（Corycaeus pacificus）：雌雄体长 1.0～1.1 mm，雌性前体部的前半部较宽。头前端钝圆，角眼间距较小。第三胸节后侧角发达，呈翼状，向后伸超过生殖节中部。前后体部的长度比例为 73：27。后体部各节及尾叉的长度比例依次为 54：21：25，生殖节呈长卵形，长为宽的 1.4 倍，第二胸足外肢末刺不弯。雄性头前端较钝平，角眼间距较大。第三胸节后侧角不达生殖节中部，前后体部的长度比例为 53：22：25。生殖节很宽大，腹面基部无小钩刺，长为其宽的 1.4 倍。生活于热带近海中。

美丽大眼剑水蚤（Corycaeus speciosus）：雌性体长 1.9～2.0 mm，雄性体长 1.6～1.7 mm，雌性前体部呈长筒形，后侧角向后伸展至肛节的后末缘，前后体部的长度比例为 75：25，后体部各节及尾叉的长度比例依次为 33：17：50，尾叉长，左右撇开，第四胸足内肢仅 1 小节及 1 刺毛，雄性第三胸节的后侧角向后伸展达生殖节中部。前后体部的长度比例为 68：32，后体部各节及尾叉的长度比例依次为 34：20：46，生殖节呈卵圆形，尾叉细长，长约为宽的 12 倍。生活于暖水近海区域中。

驼背绢水蚤（Farranula gibbula）：雌性体长 0.85～0.92 mm，雄性体长 0.77～0.87 mm，雌性头前端侧面观具 1 拟喙状突起。前体部的后半部背面具 1 瘤状突起，其后侧角可达生殖节的中部。生殖节呈长卵形。第二触角第二基节内末缘具多数小刺。雄性生殖节后半部的 1/3 紧缩而狭长。尾叉长度为宽度的 8 倍。生活在沿海，是小型桡足类中的优势种。见图 13.7。

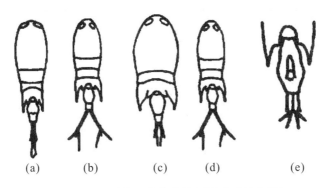

图 13.7　几种常见的大眼剑水蚤(自陈清潮等)

(a)柔大眼剑水蚤;(b)长刺大眼剑水蚤;(c)太平洋大眼剑水蚤;

(d)美丽大眼剑水蚤;(e)驼背绢水蚤

13.4　生态分布和意义

桡足类生活在各种不同类型的水域中,像海洋、湖泊、水库、池塘、稻田沼泽及内陆盐水等都有它们的分布。此外,在井水、泉水、岩洞等地下水中,甚至苔藓植物丛中有时也有它们的踪迹。

一般来说,哲水蚤营浮游性生活,通常生活于湖泊的敞水带、河口及塘堰中。猛水蚤营底栖生活,它们栖息于除敞水带以外的各类水域中,生态环境多种多样,如湖泊、塘堰、沼泽的沿岸带,河流的泥沙间等。剑水蚤介乎于上述两大类之间,栖息环境亦多种多样。

河流等流水水域桡足类的数量十分贫乏;而在湖泊、池塘等静水水域,特别是富养型水体,桡足类的数量十分丰富,有时甚至可高达 1 000 个/升以上,一般数量在 10～100 个/升之间。从对武汉东湖长期监测结果来看,桡足类的数量组成中,无节幼体占 75%左右,桡足幼体和成体占 25%左右。同一地区的桡足类的体长冬季大于夏季,如在广东的鉴江口的球状许水蚤(*Schmacreia forbesi*),雌体平均体长在夏季和冬季分别为 1.15 mm 和 1.19 mm;广布中剑水蚤分别为 1.23 mm 和 1.06 mm。同一种桡足类分布在北方的个体有时较分布在南方的大,如以江苏和新疆两地的标本加以比较,白色大剑水蚤雌体长度在新疆为 1.70～1.87 mm,而在江苏的仅为 1.28 mm。

桡足类幼虫体和成体都有休眠现象。哲水蚤、剑水蚤和猛水蚤中不少种类有休眠以度过不利环境,但以桡足幼体(通常是第一期至第五期)和雌、雄成体休眠的种类更为普遍,如常见的剑水蚤、真剑水蚤、中剑水蚤、大剑水蚤等属的许多种类,在春夏之交或秋季开始夏眠或冬眠,或在湿土中度过水域的干涸期。在夏眠或冬眠期,它们的身体藏在一个包囊中,包囊由特殊的分泌物粘住一些泥块和植物块组成。有的剑水蚤的成熟的雌体带着卵囊,在包囊中的卵囊也一并度过不利的环境条件。但是到目前为止,还未见无节幼体进行冬眠的报道。也有不在包囊中休眠的,如英勇剑水蚤的第四期桡足幼体直接进行夏眠,广布中剑水蚤的第五期桡足幼体在水域底部的淤泥中越冬。这些休眠的幼体的数量可多到每平方米底土内数百个至一万多个。据记载,在挪威的一个水体内,一个桡足类休眠最密集的地区,每平方米的底部沉积物中,竟有 400 万个发育阶段不同的桡足类。由此可以推断,一般在一个范围内呈块状分布。正因为如此,所以排水后的鱼池一注入新水后,很快就会出现性成熟的剑水蚤。

桡足类是各种经济鱼类,如鲥、鲱、鲐和各种幼鱼、须鲸类的重要饵料,如欧洲北海鲱的产量与桡足类,尤其是哲水蚤的数量和分布密切相关。有些鱼类专门捕食桡足类,所以桡足类的分布和鱼群的洄游路线密切相关。因此,桡足类可作为寻找渔场的标志。有些桡足类的产量很大,如挪威沿海水域直接捕捞飞马哲水蚤(*Calanus fimarchicus*)已有几十年的历史,作为人类、家畜和家禽的食料,具有很高的经济意义。目前新兴的浮游生物渔业正日益引起各国水产工作者的重视。另外,某些桡足类与海流密切相关,因而可作为海流、水团的指标生物。

有些桡足类,如台湾温剑水蚤(*Thermocyclops taihokuensis*),常侵袭鱼卵、鱼苗,咬伤或咬死大量的仔、稚鱼,对鱼类的孵化和幼鱼的生长造成很大的危害,影响渔业生产。在剑水蚤和一些镖水蚤中,它们又是人和家畜的某些寄生蠕虫,如吸虫、绦虫、线虫的中间宿主,由于它们的存在,使这些寄生虫得以完成其生活史并传播,有害于人体和家畜的身体健康。

 复习思考题

1. 名词解释:桡足类,无节幼体,桡足幼体。
2. 简述桡足类的基本特征。
3. 绘图区别哲水蚤目、剑水蚤目和猛水蚤目的特征。
4. 试述桡足类的经济价值及其与渔业的关系。
5. 简述桡足类的生殖发育特点。

第 14 章　毛　颚　类

毛颚类(Chaetognatha)身体较透明、细长似箭、左右对称,有侧鳍、尾鳍和体腔,故称为箭虫。它们的身体前端具有颚刺,所以,又称为毛颚动物。在胚胎发育上,毛颚动物属于后口动物(deutostoma)。毛颚动物几乎全生活在海洋中,除极少数种类以外,都是营浮游生活的。虽然种类不多,但由于它们分布广、数量大,在海洋浮游生物中占有很重要的地位。

14.1　毛颚类的主要特征

14.1.1　毛颚类的外部形态特征

毛颚动物身体细长,活体较为透明,有侧鳍和尾鳍。身体被横隔膜(transvers septum)分为头部、躯干、尾部。

1. 头部

头部较小,被一层称为头巾(hood)、可以伸缩的表皮包围着,以横隔膜与躯干部分开。在头部左右两侧有 4~12 根颚刺,由几丁质组成,呈钩状。颚刺基部稍膨大并有肌肉附着;顶端尖锐,内缘形成刃部,为捕食器官。头部前端两侧具有 2 列小齿,前齿约 3~10 枚,后齿较多,有的多于 30 枚。齿列的有无、齿的形态及齿数是鉴定种类的依据。小齿也是几丁质结构,有助于抓捕饵料生物。头部背面中央有 1 对眼点。在头部背面脑的后方或向后延伸至躯干部的前端,有一圈由纤毛细胞形成的环状构造,称纤毛环(corona ciliata),其位置和形状因种而异,是分类上的重要依据,可分为三种类三型。

(1) 甲型:仅位于头部背面,不向躯干部延伸,一般呈卵圆形。如肥胖箭虫(*Sagitta enflata*)。见彩图 14.1。

(2) 乙型:自脑后开始,向躯干部延伸。一般狭长,两侧呈波浪状。如百陶箭虫(*S. bedoti*)。见彩图 14.2。

(3) 丙型:自眼后开始,向躯干部延伸,两侧也呈波浪状。如强壮箭虫(*S. crassa*)。

头巾位于颈部,为体壁的特殊皱褶,可向前伸展,盖住整个头部,被认为或许具有保护颚刺(当它们不用于捕食时)和在游泳时减低阻力的作用。头部腹面,在后齿列后方,有薄片状隆起的前庭器(vestibular organ),其上或有横列的乳突,更常见的是具有乳突的横脊,在有些种类则只是简单的脊,即前庭脊(vestibular ridge)。这一隆起是由长圆柱形的表皮细胞组成,为前庭器(1 对)。许多毛颚类前庭器后端有一明显的腺体的凹陷,称前庭穴(vestibular pit);但有些种类前庭穴仅有一些分散的腺细胞,在头部腹面中部有一大的凹陷,称为前庭(vestibule)。

2. 躯干部

这是介于前(头躯)、后(躯尾)横隔膜之间的狭长部分,在颈部和躯干部两侧常有泡状组织,称为领(collarette)。这是表皮的增厚部分,由大型泡状细胞组成。领的发达程度随种而异,有些种类,如强壮箭虫、翼箭虫(Pterosagitta)等,可以延伸到尾部,几乎把整个身体包围起来;另一些种类如肥胖箭虫、锯颚箭虫(Sagitta serratodentata)等,没有这种泡状组织;而另有些种类,如百陶箭虫等,虽有泡状组织,但并不发达。在躯干部和尾部两侧有 1~2 对侧鳍,鳍内有微细的鳍条(fin ray),鳍条的分布情况不全一样。在有些种类,如肥胖箭虫、百陶箭虫等,它们的鳍条未达鳍的基部,形成"无鳍条带",这个"带"的宽狭程度随种类而异。一般,在具有 2 对侧鳍的毛颚类,其前侧鳍位于躯干部,而后侧鳍则跨于躯、尾两部;在只有 1 对侧鳍的种类,则位于尾部,或跨于躯、尾两部。毛颚动物的鳍由于不具肌纤维,没有游泳功能,只有平衡身体的作用,适应浮游生活。

3. 尾部

自后横隔膜以后的身体末端部分,称为尾部。尾部常被中隔膜分为左右两半。在尾部末端有一个三角形尾鳍,尾鳍也具有鳍条。一般性成熟的个性,在尾部两侧有不同形状的突起,为贮精囊。

14.1.2 毛颚类的内部构造和生理

毛颚动物具有发达的体腔,体腔液起着循环的介质作用。没有特殊的呼吸和排泄系统。肌肉发达,尤其是头部肌肉特别发达。消化系统较为简单,口位于头部腹面中央,下接食道,与细长、直的肠子连接。肛门开口于躯尾横隔膜前方的腹面中央。神经系统十分复杂,主要有脑神经节、腹神经节以及通往身体各处的神经。

1. 肌肉

毛颚动物的肌肉是发达的,尤其是头部的肌肉更为复杂,也特别发达。这是因为肌肉参与并支配着头部的各种器官,诸如头巾、齿、颚刺、前庭和口等,以及其他部分。在躯干和尾部,肌肉较为简单,主要有基膜(basement membrane)下的体壁肌肉,有纵肌层,包括 4 个厚的纵肌带,即 2 个背侧纵肌带(dorsolateral longitudi-nalmuscle band)和 2 个腹侧纵肌带,介于这两者之间另有较小而薄的侧纵肌带(lateral band)。有些毛颚类,如 *Heterokrohnia*,*Eukrohnia* 等属,在腹侧纵肌带的内侧还有横肌层,它的有无在分类上具有一定意义。

2. 体腔

毛颚类的体腔是以肠腔法(enterocoelic method)形成的。体腔是分室的,也即头腔和成对的躯干部和尾部体腔。头部的体腔较简单,单室,扩及头巾,并由前横隔膜与成对的躯部体腔分开,后者又被背、腹肠系膜(mesentery)分隔为左右两腔室。箭虫属(*Sagitta*)尾部体腔又由不完整的、与中隔膜(median mesentery)平行的侧隔膜(lateral mesentery)分为 4 个腔室,一般认为是躯部体腔的两次隔离。体腔充满着无色的体腔液,其中含有微细的颗粒。体腔液在躯干和尾部腔室中循环,沿着体壁内表面向前流动和沿着中肠系膜向后流动。这种流动是由躯干内表面的纤毛颤动所引起的。

3. 消化系统

口位于头部腹面中央的凹陷(前庭)内,紧接为球状咽,咽穿过头—躯隔膜,与细长、直的肠子连接。肠子由背、腹肠系膜(这些肠系膜为体壁基膜的继续,而无细胞,所以不是腹腔上皮),悬于体壁,纵行于躯干部。肛门开口于躯尾横隔膜前方的腹面中央。有些种类,从肠子的前端两侧生出 1 对盲囊;而这种盲囊在有些种类中是没有的,如撬虫(Krohnitta)等。咽壁肌肉发达,有纵肌和环肌,其上皮富有能分泌颗粒的细胞;而肠子只有 1 层薄的环肌层。肠内皮含有腺细胞和吸收细胞。腺细胞一般在肠子前段最丰富,或多或少含有液泡,具消化功能。肠子后段则以吸收细胞占多数,它们是一些具细小颗粒和纤毛的柱形细胞。

4. 神经系统和感觉器官

毛颚类的神经系统十分复杂,主要有脑神经节、腹神经节、神经连合以及通往身体各处的神经。感觉器官包括眼点、纤毛冠及感觉毛。眼点 1 对,位于头部背面,其大小和色素随种类而异。在箭虫属,每个眼由 5 个愈合的色素杯单眼组成,在单眼中,光感受器朝向色素杯,所以具有视觉功能。纤毛冠位于脑后方,可能具有觉察水流变化的作用,或有化学感受器的作用。纤毛冠的形态在分类上意义已见上述。感觉毛一般纵列于躯部,有触觉功能。

5. 食性

毛颚类是贪婪、凶猛的肉食性动物,是海洋食物网的另一个重要环节,主要捕食小型甲壳动物(尤其是桡足类,它占肥胖箭虫饵料的 94.8%)、仔、幼鱼和其他毛颚动物等,有时也捕食被囊类和水螅水母类。一般认为,毛颚类,特别是身体透明的种类,大多是"伏击"捕食者(ambush predator),也即饵料动物通过其觉察范围之前,它是保持平静的;当明显地检测到搅动,便急速地向前冲击,头巾缩回,借助头部肌肉的收缩,把颚刺展开,并用列齿抓住饵料动物;这时,颚刺关闭,围住饵料动物,这些捕食动作以惊人的速度完成;之后,饵料动物被推入口内,被咽部的分泌物所润滑,通到肠子的后段,在那里,饵料被旋转,前后击动,直至被捣碎。肠内皮腺细胞分泌酶在肠中进行细胞外消化。毛颚类的消化能力是很强的。

14.2　毛颚类的生殖

14.2.1　毛颚类的生殖系统

毛颚动物系雄性先熟的雌雄同体(protandrous hermaphrodite)。卵巢 1 对,位于躯部后段两侧、躯尾隔膜前方的体腔内,其长度因种类而不同,同时也与性成熟度有关。在卵巢的外侧有输卵管通道,恰好位于躯尾隔膜的前侧面的雌性生殖孔。输卵管末段膨大,成为纳精囊(spermatheca),作为接受另一个或同一个体的精子的器官。精囊并不明显,也是 1 对,位于尾部前段两侧的体腔内。当性成熟时,精母细胞脱离精巢随体腔液流动,同时逐渐形成精子;成熟的精子沿着输精管向后侧经过纤毛漏斗进入贮精囊(seminal vesicle),在那里,精子被分泌物包围而成精胞(spermato phore),待贮精囊破裂时排出体外。

贮精囊是鉴定种类的重要根据之一。根据它的形态,可以分为以下四种类型:

甲型:贮精囊呈球形或椭圆形。当充满精子时,侧面破裂,排出体外。如肥胖箭虫、六鳍箭虫(*Sagitta hexaptera*)等。见彩图 14.3。

乙型:贮精囊前半部膨大(由腺细胞组成),后半部狭长。当充满精子时,前半部侧面破裂。如强壮箭虫、粗壮箭虫(*S. rabusta*)等。见彩图 14.4。

丙型:贮精囊呈长椭圆形。当充满精子时,全部或前半部侧面破裂。如百陶箭虫等。见彩图 14.5。

丁型:贮精囊前部有厚的泡状组织,有的种类在前侧面有齿状突起。如银颚箭虫等。

14.2.2　毛颚类的生殖发育

一般来说,毛颚动物为异体受精,但也常有自体受精现象。在其尾部体腔中的精子形成之后,卵子才开始成熟。在自体受精的箭虫属,如果脱离贮精囊的精胞粘着于同一个体的身体表面,特别是侧鳍上,那么,精子就离开精胞,游向雌性生殖孔和纳精囊。受精时,精子游上输卵管,这管并不直接通入卵巢,而是在一个成熟卵附近,由输卵管壁上的 2 个细胞向内生长,使之与卵接触。尔后,这些附上的细胞形成 1 个腔,或"管道"。精子就经这个腔到达卵子,而进行受精作用。在箭虫属,受精卵被一层胶包围,而浮游于海中。另一些毛颚类,卵可附着于亲体表面,而由亲体携带一些时间。

毛颚类幼体发育不经变态。受精卵的卵黄很少,卵裂为均等完全卵裂,囊胚有腔。以内陷法(invagination)形成原肠胚。在原口的对面有 2 个内胚层细胞分化为生殖细胞,再分裂为 4 个,其中 2 个将发育成精巢,另 2 个为卵巢。体腔是以肠腔法形成的,即在原肠背壁的内胚层形成 2 褶,将原肠分为 3 个部分,中央为内胚层中肠原基,两侧为体腔原基。以后,原口封闭,在其相对一端的外胚层细胞向内凹陷,形成口与前肠。到了胚胎发育后期,体形逐渐变长。一般 2 天后即孵化为幼体(如强壮箭虫的卵径约 0.35 mm,孵化后的幼体长度为 0.8 mm),在水中浮游 1 周后,逐渐发育为成体。

14.2.3　毛颚类的再生

有些毛颚动物具有较强的再生能力。例如,肥胖箭虫失去头部,在躯干部的伤口组织紧缩(肌肉收缩,并被上皮覆盖之),新的头部就在紧缩组织里开始形成:眼睛最先出现,随即出现口,最后形成颚刺。这种再生现象在其他种类(如 Sagitta helenae)也有发现。

14.3　分类

毛颚动物是一个分类位置尚待确定的小门,仅包括 1 个纲,称为矢虫纲(Sagittoidea),矢虫纲只包括 2 个科,即 Amiskwidae 科和箭虫科(Sagittidae)。前者仅有 1 属 1 种(Amiskwia sagittiformis),全系化石。现存的全是箭虫科的种类。这一科包括 9 个属约 70 种,其中,在我国海区已发现约 25 种。我国近海常见箭虫如下。

（1）百陶箭虫(Sagitta bedoti):体稍硬,通常较不透明,纤毛冠乙型,贮精囊略呈卵形,颚刺 6～7 个,前齿为 8～13 个,后齿为 16～29 个。前侧鳍自腹神经节中央开始,略长于后侧鳍。这是沿岸种,常在不同水团或海流交汇处大量繁殖,是我国东海、南海区最占优势的毛颚类。

(2) 拿卡箭虫(*S. nagae*):体形与百陶箭虫相似,体长 21～26 mm,前齿为 11～13个,后齿为 21～24 个。颈部的领发达,向后伸至纤毛环后端 1/5 处,前侧鳍自腹神经节稍前开始,略长于后侧鳍。在我国东海和南海常见。

(3) 强壮箭虫(*S. crassa*):泡状组织很发达,延伸至尾部,纤毛冠丙型,两侧呈波浪状,贮精囊椭圆形,颚刺为 8～11 个,前齿为 6～14 个,后齿为 15～43 个。这是沿岸低盐种,在我国渤海、黄海占优势。

(4) 太平洋箭虫(*Sagitta pacifica*):体较细硬,成体不透明,颚刺的刃缘呈锯齿状,贮精囊的前侧缘具锯齿,纤毛冠乙型,没有泡状组织,颚刺为 6～7 个。前齿为 8～11个,后齿为 17～23 个。这是暖水种,大多栖于表层。它主要分布于我国东海、南海及台湾省周围水域。这种毛颚类被认为是黑潮的指示种。

(5) 肥胖箭虫(*S. enflata*):纤毛冠甲型,没有泡状组织,侧鳍短,卵巢也短,贮精囊甲型,呈小球形,靠近尾鳍,颚刺为 7～10 个,前齿为 5～10,后齿为 7～18。这是暖水表层种,在我国从南黄海到南海有广泛分布,是我国海区的主要毛颚类之一。见彩图 14.6。

(6) 六鳍箭虫(*S. hexaptera*):长 55 mm,透明,纤毛冠甲型,没有泡状组织,贮精囊稍狭长,侧鳍短,颚刺为 6～10 个,前、后齿少,分别为 1～5 个、2～6 个。这是热带外海种,可作为暖流指示种,在我国东海、南海都有分布。

(7) 龙翼箭虫(*Pterosagitta draco*):纤毛冠甲型犁,贮精囊呈耳状,颚刺为 7～11 个,其刃缘呈锯齿状。前齿为 4～10 个,后齿为 8～19 个。这是暖水表层种,可作为暖流指示种,在我国东海、南海都有分布。

(8) 太平洋撬虫(*Krohnitta pacifica*):身体细长、不透明。侧鳍长椭圆形,卵巢长,成熟时可达侧鳍前端。这是暖水表层种,在我国东海外海和南海都有分布。

14.4 生态分布和意义

世界各海,不论从寒带海至热带海,或从表层至深海,都有毛颚类的分布。一些狭分布性的种类,常可作为水团、海流的指示生物。

毛颚动物全部海产。在现代种类中,除了锄虫(Spadella)营底栖生活以外,其余都是在海洋中浮游的。虽然种类不多,但其数量大、分布广,是海洋浮游动物的重要类群之一。它们又是许多鱼类的天然饵料。所以,它的数量分布可作为渔获指标之一。另一方面,由于毛颚类的凶猛肉食习性,能捕食仔鱼或幼鱼,故对产卵场与养殖业有一定危害性。可见,毛颚动物对海洋渔业既有有利的一面,又有有害的一面。此外。毛颚动物可作为海流、水团的指示种,对水文学工作者探索海流的来龙去脉有一定帮助。毛颚动物的一些形态特征和环节动物较相似,过去曾被认为是环节动物的一个纲,但通过发生学的研究,又表明它和环节动物是较为疏远的。事实上,毛颚类的系统位置比后者高得多。它应属于后口动物,具体腔,并左右对称。这两个特征显示了它们和棘皮动物与脊索动物更为亲近。因此,它们在生物进化史研究上具有重要意义。

复习思考题

简述毛颚动物的主要特征。

第 15 章　卤　虫

卤虫(Artemia)也称盐水丰年虫(Brine shrimp)、丰年虾等。分类上属于节肢动物门(Arthropoda),有鳃亚门(Branchiata),甲壳纲(Crustacca),鳃足亚纲(Branchopoda),无甲目(Anostrocr),盐水丰年虫科(Branchinectidae)。其以鳃呼吸;身体分节;头部具 5 对附肢,即 2 对触角、1 对大颚、2 对小颚,胸部 8～11 对附肢,前 3 对为颚足,辅助摄食,后 5 对为步足,用于游泳,低等的种类腹部无附肢。

15.1　卤虫的主要特征

卤虫成体细长而分节。整体由头、胸、腹三部分组成(不具头胸甲)。生活在低盐度水域的卤虫,体呈灰褐色;生活在高盐度水域的卤虫,体呈血红色。成体全长一般在 7～15 mm,低盐度生活的个体一般都长于高盐度的。头部前段中央具单眼,两侧为相对的复眼,等长的眼柄向两侧延伸。

头部有 5 对附肢:第一、第二触角,大颚,第一颚,第一、第二小颚,第一触角呈短棒状,不分节,末端具感觉毛;第二触角位于第一触角的下方,其形态变化大,是区分雌雄的重要标志之一。雌的比较简单,雄的变成强大的执握器。大额、第一小颚、第二小颚组成口器,用以咀嚼食物。

胸部 11 节,胸肢 11 对,为叶片状,在生殖孔前方。胸肢由内叶、外叶和扇叶部分组成。胸肢基部有一片外叶,在扇叶和外叶之间,有一柔软的小片为鳃,行呼吸作用,因此,胸肢有游泳和呼吸的作用。

腹部由 7～9 节组成,不具腹肢,前 2 节愈合,雄性的在其腹面为成对的交接器;雌性的腹面形成育卵囊,卵在育卵囊孵化排放,其末端有开口,腹部末节为尾节,其末端有两扁平的尾叉;尾叉大小和刚毛数随生活水域盐度的增高而相应变小。见图 15.1。

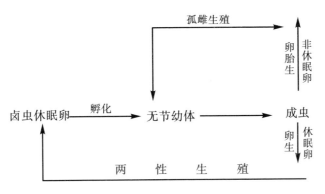

图 15.1　卤虫生殖模式示意图

15.2　卤虫的生殖

卤虫有两类,一类是孤雌生殖卤虫,一类是两性生殖卤虫。一般认为,孤雌生殖卤虫和两性生殖卤虫即使生活在同一地区,也存在生殖隔离,它们之间是种间的差别。国内的卤虫品系多数是行孤雌生殖的,但山西运城盐湖等地出产的卤虫进行两性生殖。见图 15.2。

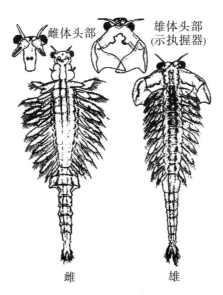

图 15.2　卤虫的外形图(自董聿茂等)

卤虫的繁殖期在北方一般可从 4 月延续到 11 月。有卵生和卵胎生两种生殖方式:卵生是指子代以卵的方式自母体内产出;卵胎生是指子代自母体内产出时已孵化为小的无节幼体。雌性卤虫的生殖系统能形成两种类型的卵——冬卵和夏卵。关于控制产冬卵和夏卵的机制还不清楚,但一般认为环境条件好时产夏卵,条件较差时产冬卵。夏卵在育卵囊内发育至无节幼体时才产出,此即为卵胎生,这种生殖方式能迅速地增加卤虫的数量。冬卵(又称休眠卵、耐久卵)的外面包有一层厚厚的卵壳,是由卵壳腺分泌形成的,这种卵在雌体的育卵囊内发育至约 4 000 个细胞即停止发育并进入滞育期,产出后不经一定条件的刺激不能孵化,这就是我们在水产养殖中所使用的卤虫卵。耐久卵在一定条件下,终止滞育,启动孵化生理,重新开始胚胎发育,最后孵化为无节幼体。

卤虫冬卵的外层为一厚的卵壳,卵壳内为处于原肠期的胚胎。卵壳分为三层。外层是卵外壳,呈土黄色至咖啡色等不同深度的颜色,这一层具有物理和机械的保护功能;中间一层称为外皮层,有筛分作用,可阻止大于二氧化碳(CO_2)分子的分子通过;最内一层是胚表皮,为一透明而有弹性的膜。卵壳内为胚胎,一般处于滞育期。这种状态的卤虫卵处于暂时的发育停止状态,对环境的忍耐力很强,耐干燥、低温,对较高的温度也不敏感。当含水量低于 10% 时可一直保持这种滞育状态;含水量高于 10% 且又处于有氧的环境中时,胚胎便开始代谢活动。干燥的卤虫卵受温度的影响不大,置于 −273~60 ℃ 并不影响其孵化率,短时间放置在 60~90 ℃ 对孵化率也无影响。虫卵完全吸水后对温度则有明显的反应,当温度低于18 ℃ 或高于 40 ℃ 时就可使胚胎致死,在 −18~4 ℃ 及 32~40 ℃ 时不使胚胎致死,但可停止胚胎的活动,这种停止是可逆的,但长时间放置会降低虫卵的孵化率。

卤虫发育有变态阶段。冬卵孵出的无节幼体很小。体长 0.3~0.4 mm,体宽0.25~0.30 mm(包括附肢的基部),身体呈长椭圆形,不分节,具 3 对附肢,呈淡肉红色。孵化 3 天后,幼体生长到 0.8~0.9 mm,附肢加长、活动力加强,消化道明显可见,复眼开始出现,体后部分节隐约可见,此时进入后无节幼体期,见彩图 15.1~彩图 15.10。

15.3　生态分布和意义

1. 分布

卤虫分布甚广,在世界各大陆的盐湖、盐田等高盐水域中均有分布,风和水鸟是卤虫传播的主要媒介。我国的卤虫最常分布于华北的盐田、海南西岸的盐田、山西运城的盐湖和西北地区的大部分盐湖,在青藏高原的盐湖内也有分布。在自然界中,卤虫一般出现在下列地区:①能持续保持稳定的高盐度地区(波美 10~18 度为宜),因为在这种条件下才能排除卤虫的捕食者。②在冬季有冰冻期,因为在冰冻的低温环境中,即使卤虫卵有机会吸水也无法进行新陈代谢和孵化,可以存活到翌年春季。

2. 盐度

卤虫是广盐性生物,特别能忍耐高盐,甚至能生活在接近饱和的盐水(波美 25 度)中。一般说来,幼虫的适应盐度范围为波美 20～100 度,成体的适应盐度范围为波美 10～250 度。

3. 温度

卤虫能忍受的温度范围为 6～35 ℃,因产地不同而有所差异,最适生长温度为 25～30 ℃。

4. 溶解氧和 pH 值

卤虫的耐低氧能力很强,可生活于氧气浓度为 1 mg/L 的水中,也能生活于含饱和氧或 1.5 倍的溶氧过饱和环境。卤虫生活的天然环境为中性到碱性。孵化用水的 pH 值以 8～9 为宜,pH 值低于 8 时会降低孵化率。

5. 食性

卤虫是典型的滤食性生物,只能滤食 50 μm 以下的颗粒。对大小为 5～16 μm 的颗粒有较高的摄食率。卤虫对食物的大小有选择性,但对食物种类没有选择性,在天然环境中主要以细菌、微藻和有机碎屑等为食。

6. 敌害

卤虫生活的高盐环境使它能逃避大多数可能的捕食者,但它不能逃避水鸟的危害,有些水鸟在某些季节完全靠卤虫为食。此外,某些昆虫或其幼虫(如半翅类、甲虫等)也能捕食卤虫。

 复习思考题

1. 简述卤虫的主要特征。
2. 简述卤虫的生殖。

第16章 介 形 虫

16.1 介形虫的主要特征

　　体包在两瓣石灰质的甲壳内,壳内与闭壳肌相连,称介形虫(Ostracoda)。体分节不明显,根据附肢分为头、胸两部。附肢最多为 7 对,胸后无附肢,末端具 1 尾叉。头部有发达的第一、二触角,为感觉和运动器官。大颚有触须。在大颚以后的附肢,称口后附肢,其数目各类均不相同。壮肢目和尾肢目均为 4 对,简肢目为 3 对,分肢目仅 2 对。其名称随功能的不同也各不一样。第一对都叫小颚,第二对在海萤科叫第二小颚,腺介虫科叫颚足,浪花介虫科则叫第一步足。第三、四对通常都呈足状,称步足或清洁足。体长 0.1～23 mm,大多为 0.5～2.0 mm,最大的深海巨介虫(*Gigantocypris agassizi*)体长达 23 mm。见图 16.1。

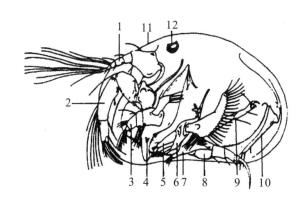

图 16.1　介形虫模式图(自董聿茂等)
1.第一触角;2.第二触角;3.大颚须;4.大颚;5.小颚须;6.小颚;
7.颚足;8.步足;9.清洁足;10.尾叉;11.甲壳;12.眼

16.2 介形虫的生殖

　　生殖分有性和孤雌生殖两种。海萤行有性生殖时,雄性抓住雌性第一或第二触角,然后将阴茎插入雌性壳瓣间的生殖孔。受精卵产于体躯背面的壳腔内;而其他种则产于水中,或附于植物上。初孵化为具 2 片介壳的无节幼体。以腺介虫为例,见彩图 16.1。

16.3 分类

介形亚纲以尾肢目的种类最多,分肢目(无心脏和复眼,有 5 对头肢,无胸肢)和简肢目(无心脏和复眼,胸肢 1 对)的种类都很少。绝大多数都生活于海洋中,只有尾肢目中的一部分种类生活在淡水中;极少数完全陆栖,生活于潮湿的石块下和森林的沃土内。这类动物在我国尚缺乏全面调查,目前知之甚少。

分目检索表

1(2)除 5 对头肢外无其他附肢,没有心脏和复眼 ……………………………… 分肢目

2(1)除头肢外还有胸肢。

3(4)胸肢仅 1 对。均没有心脏和复眼 …………………………………………… 简肢目

4(3)胸肢有 2 对。心脏和复眼或有或无。

5(6)有心脏没有复眼。第二触角双肢型,外肢比内肢发达,内肢最多为 3 节,外肢多达 9 节 …

……………………………………………………………………………………… 壮肢目

6(5)心脏和复眼均没有。第二触角为单肢型,内肢最多 4 节,外肢十分退化 …… 尾肢目

16.3.1 壮肢目

介壳前端腹面有一缺刻。第二对触角多为双肢型,基节粗大,外肢发达,9 节,边缘生羽状刚毛,为主要的游泳器官;内肢退化,最多 3 节。大颚触须发达,呈足状。除 5 对头肢外,还有 2 对胸肢。尾叉片状,有强大的爪刺。有心脏。本目为介形动物中营浮游生活的类群。

分科检索表

1(2)有复眼。大额无咀嚼突。第 2 胸肢多节,呈蠕虫状 ……………………… 海萤科

2(1)无复眼。大额有咀嚼突。第 2 胸肢 1 或 2 节 ……………………… 皮壳介虫科

海萤科(Cypridinidae):壳全部钙化,石灰质。第一触角强壮,5~8 节;大颚无咀嚼突;末 3 对附肢都不呈足状。复眼 1 对,着生于眼柄上。

海萤属(*Cypridina*):特征同科,因上唇能分泌发光物质(腺体),故称海萤。见彩图 16.2。

16.3.2 尾肢目

介壳无触角缺刻。第二触角单肢型,外肢全缺或仅留痕迹,内肢不超过 4 节。

大颚触须弯曲,足状。口后附肢 4 对,即小颚、颚足、步足和清洁足各 1 对。尾叉细长,柱状,末端有 2 爪,有些种类退化。海洋和淡水均产,极少数为陆栖。

分科检索表

1(2)第二触角外肢分 2 节,长,刚毛状　……………………………………………… 浪花介虫科

2(1)第二触角外肢退化,为 1 鳞片或缺。

3(4)有尾叉。第 3 对足向后,背侧直,为捕捉足　………………………… 腺介虫科

4(3)无尾叉。第 3 对足与第 1 对相似,腹侧直,适于步行　…………… 达尔文介虫科

　　腺介虫科(Cypridae):壳薄。通常具单眼,第一触角 6～8 节,上长刚毛。第二触角内肢足状,3～4 节,大颚须节,第一小颚触须 2 节,尾叉呈鞭状。多数为淡水种。

　　腺介虫属(Cypris):体侧扁。具单眼。第二触角 5 节,具 5 根游泳刚毛,很长,超出末端刚毛。第三口后附肢 4 节,末端具一强爪,第四口后附肢钳状,尾叉强壮,细长。见彩图 16.3。

16.4　生态分布和意义

　　这是一类小型的低等甲壳动物,在淡、海水中皆有分布。除少数种类,如壮肢目的皮壳介虫科和海萤科的少部分种类在海洋中营浮游生活外,多数种类都生活于水底,匍匐于水底或水草间。海萤科多数在沙质浅海区生活,它们白昼匿栖于海底,夜间则移于海水的表层。尾肢目的多数种类常生活于淡水水域中,杂食性,常以细菌、藻类、小型动物和动物尸体或有机碎屑为食。水草茂盛、有机质较丰富的浅水域介形虫数量较多。介形动物是鱼类的良好天然饵料,但又是鱼类和水鸟寄生绦虫的中间宿主。

复习思考题

1. 简述介形虫的主要特征。
2. 简述介形虫的主要种类。

第 17 章 被 囊 动 物

被囊动物（Tunicata）是一类低等脊索动物（Chordata），属于尾索动物门（Uro-chorda）。除海鞘纲（Ascidiacea）营底栖生活外，有尾纲（Copelata）和海樽纲（Thaliacea）都是在海洋里营浮游生活的。

17.1 被囊动物的主要特征

除有尾纲以外，成体一般没有脊索的结构，但在幼体，其尾部却有脊索存在。所以，这类动物也称为尾索动物。成体呈囊状或圆桶状，被由其皮肤分泌的、近似植物纤维质的被囊（tunica）所包围，因而也称为被囊动物。成体以鳃裂进行呼吸。成体没有感觉器官和状神经系统，而具有开管式的循环系统。

浮游被囊类是滤食性动物，属于纤毛黏液摄食类型。浮游被囊动物包括有尾类、海樽和纽鳃樽等，都有被囊（tunica）或"住屋"，不但起着保护作用，而且是滤食器官的一个重要组成部分。

在有尾类，虫体倒悬于"住屋"内，借尾部的击动，激起水流通过囊壁的筛屏（screen）而进入"住屋"。一般来说，筛屏的入口小孔可防止过大的颗粒进入"住屋"，而进入"住屋"的限于很细小的饵料颗粒，然后含有这些微小颗粒（主要包括微型浮游生物）的水流再次通过更细密的过滤网（也就是精致的颗粒收集器）。尔后，饵料颗粒被收集于中央总管道内。由于虫体鳃裂上的长纤毛的颤动，吸引水流及饵料颗粒进入口中，这时饵料颗粒由内柱分泌的黏液包裹着，沿着咽后纤毛带与围咽纤毛带而被送进食道。有尾类的"住屋"是经常更换的，往往在几分钟内，旧的"住屋"膨胀，便分泌出新的"住屋"；当过滤器被阻塞时，"住屋"便被抛弃，这些被抛弃的"住屋"成为海水腐质的重要组成部分。它们是一些浮游动物，特别是小型游泳动物的饵料，这对丰富水域的营养物质具有重要意义。

纽鳃樽的滤食主要是借助体壁肌带的收缩，使吸入的水流通过它们的过滤系统。在大多数种类，动物从水流中经过滤收集的颗粒饵料，由身体后端的内柱不断地分泌黏液形成圆锥形"食物条"，吞入口中。一般认为，它们对饵料颗粒缺乏选择能力，从小于 1 μm 到大于 1 mm 以上的颗粒都能被滤食。

17.2　被囊动物的生殖

多数为雌雄同体,以两性生殖、出芽生殖等方法进行繁殖。各类浮游被囊动物的繁殖和发育方式各不相同。有尾纲为直接发育,不经过变态;海樽纲的生活史较为复杂,有世代交替现象。但类别不同,其繁殖方式也有差异。

17.3　分类

被囊动物可分为三个纲,分别为海鞘纲、有尾纲和海樽纲。上文提及海鞘纲主要为底栖,因此只介绍有尾纲和海樽纲。

17.3.1　有尾纲

有尾类的身体可分为躯体和尾部两部分。躯体一般呈圆锥形,后端向背腹方向扩大。躯体腹面延伸为细长的尾部。外观上酷似蝌蚪幼虫。有尾类的显著特征是:具有由表面上皮细胞分泌的胶质构成的"住屋"(house)。有些种类,如住囊虫和有尾虫(*Appendicularia*),被包于住屋之内;而在褶海鞘(*Fritillaria*)虫体则附于住屋下面。住屋一般3小时更换一次。见图17.1。

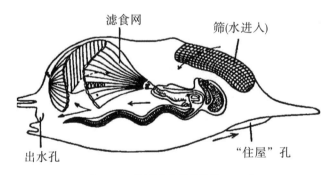

图 17.1　住囊虫和住屋(仿Hardy)

异体住囊虫(*Oikopleura dioica*):躯体小而胖,背部近平直。口位于前端,斜向背面,口腺小。尾部肌肉很窄,具两个纺锤形的亚脊索细胞。尾部与躯体的长度比为4:1。雌雄异体。在我国沿岸水域(特别是南海)广泛分布。

长尾住囊虫(*O. longicauda*):躯体短而胖,具发达的角质头巾。口斜向背部,没有口腺和亚脊索细胞。尾部较硬,肌肉较宽而硬,伸至尾部近末端。鳍的末端为圆形。尾、躯长度比为5:1。雌雄同体。在我国沿岸水域较常见,见彩图17.1。

透明褶海鞘(*Fritillaria pellucida*)：躯体近长方形。体腔宽大，鳃腔发达。前端稍宽于后端。内柱弯曲。尾部末端有"V"形深凹。尾部宽，后半部常有 2 对大的、对称的腺细胞。在我国东海和南海有分布。

17.3.2　海樽纲

海樽纲是一类具有永久性的透明胶质囊的浮游被囊动物。它们主要分布在热带海域，常可作为暖流的指示生物。这类浮游被囊动物常栖息于热带海表层，也可分布至 180 m 深处。它们是间接发育的，其生活史较复杂，有世代交替现象——包括有性个体的芽生体(blastozooid)、有尾的蝌蚪幼虫(*tadpole*)和具有背芽突(cadophore)的无性个体(oozooid)。海樽体透明，呈酒桶形，外面有硬化的、薄的被囊。两端开口，前端为入水孔，镶以 12 枚小叶，称围口叶(circumoral lobe)；后端为出水孔，镶以 10 枚小叶，称围泄殖孔叶(circumatrial lobe)，和入水孔的小叶一样，具有大量感觉细胞。在被囊里面，肌肉纤维组成 8 条环状的肌带，第一及最末一条分别为鳃和围鳃的括约肌。由于肌肉的收缩，水从出水孔排出，使动物向前行动。口即宽大的鳃孔，位于身体前端，导入具有鳃裂的咽，咽占据身体前半部的大腔，又名鳃腔。内柱位于鳃腔的腹缘，是一个分泌黏液的纤毛沟。食道从鳃腔后端腹缘开始，向后通入膨大的胃，胃的后端是短而窄的肠子，肠子在最后第二肌带处转向上前方。肛门开口于排泄腔或称围鳃腔(peribranchial cavity)。在海樽科，消化管的排列随不同属而异。随水流从口(入水孔)进入鳃腔的饵料颗粒，被内柱及咽壁的黏液所收集，而纤毛颤动将其送入消化道。粪便排入围鳃腔，然后随水流排出。

心脏位于内柱后端与食道开口之间，由围心囊(pericardial vesicle)皱褶而成。血液循环是通过腔隙来完成的。脑神经节位于咽的背面、身体背缘中部，从这神经节伸出 2 对主要神经，一对向前分布于口缘；另一对往后分布于围鳃腔两侧。脑神经节下面有 1 神经下腺(subneural gland)，其作用尚欠明了。它的神经管向前，通过纤毛漏斗，开口于鳃囊的前端。海樽为雌性先熟的雌雄同体。卵巢近球形，位于肠子转弯处；精巢细长，在消化道上方向的延伸至内柱。阴性生殖管一起开口于围鳃腔腹面。

和有性个体相比较，海樽的无性个体的形态具有以下一些不同的特点：无性个体有 9 条环状肌带，其中最末 2 条围绕围鳃孔(出水孔)固口叶 10 枚，而围泄殖腔孔叶 12 枚；鳃囊后端有少数鳃孔；有芽茎、背芽突和听囊；听囊位于身体边上，在囊中有 1 耳石，为平衡器官；消化管紧密联成一堆的内脏团(visceral mass)。见图 17.2。

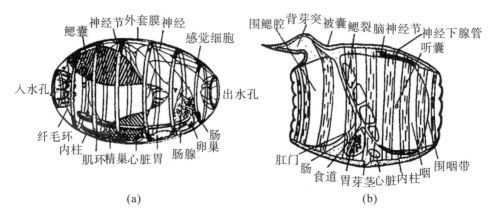

图 17.2　海樽的基本形态

(a)有性个体；(b)无性个体

1. 磷海樽目(Pyrosomida)

磷海樽类营群浮游生活。群体常呈筒形,体有1长柱形的空腔。仅一端(底部)开口。形如海鞘的个体排列在群体的胶质壁内,每个个体有1个宽大、几乎占身体全部的鳃囊,具有很多鳃裂(多于20个)。鳃孔(或口)向外开口,而向内为泄殖腔(cloaca)。在鳃囊的前端两侧具有发光器官,能发出强烈的光,故又称火体虫类。火体虫为雌性先熟的雌雄同体,没有幼体期。本目只有一科一属:即火体虫科(Pyrosomatidae),火体虫属(*P. peron*)。它是典型的热带种类。在我国东海、南海均有分布,但其种名尚待鉴定。

2. 全肌目(Cyclomyaria)

体呈酒桶形,两端开口,一端为入水孔,导入宽大的鳃腔,另一端为出水孔。环状肌带完全包围较薄的囊壁。发育间接,要经过蝌蚪幼虫期,有世代交替现象。本目只有海樽科(Doliolidae)。囊壁较薄,被8~9条环状肌带完全包围。鳃腔占身体的前半部或更大部分;通常仅鳃囊后部有鳃孔。消化道位于身体腹面的围鳃腔,其排列随属而异。

(1) 拟海樽属(*Dolioletta*):消化道盘曲在围鳃腔底的中央部分。肛门开于第六肌带。

软拟海樽(*D. gegenbauri*):囊壁薄而软。消化道螺旋形。鳃裂约70个。精巢呈管状,延伸到第一肌间。内柱从第二、三肌带之间延伸至第四、五肌带之间。本种分布很广,遍及世界各大洋的温带和热带区。在我国山东以南海区均有分布。

（2）海樽属（*Doliolum*）：消化道位于围鳃腔、呈宽弧形，肛门顶位（右侧）。

小齿海樽（*D. denticulatum*）：囊壁薄而硬。消化道弯曲、呈膝状，鳃裂多，约100 个。精巢呈管状，延伸到第三肌带。内柱从第二肌带延伸至第四肌带。本种广泛分布于暖流区，在我国主要分布于南黄海以南海区，尤以南海最为常见。

3．半肌目（Desmomyaria）

身体梭形，其长轴为前后端。囊壁较厚，没有被肌带完全包围。直接发育，不经过幼虫期。纽鳃樽科（Salpidae），其鳃腔和围鳃腔连接成为 1 个腔，位于身体前部。消化道位于身体腹面。本科动物有世代交替，包括称为"复体"的有性世代和称为"单体"无性世代。

（1）环纽鳃樽属（*Cyclosalpa*）：消化道细长，没有形成球状核。

佛环纽鳃樽（*C. floridana*）：单体呈桶形，囊壁较厚，有 6 条肌带；复体侧面观略呈三角形，囊壁较薄，口位于前端，排泄孔位于身体背面后端，具 3 条肌带。无发光器。分布在我国东海和南海。

（2）纽鳃樽属（*Salpa*）：消化道形成一块核。

梭形纽鳃樽（*S. fusiformis*）：单体呈长筒形，前端圆形，后端近方形。具 8 条肌带，第一、二、三体肌在背面接触。内脏位于体腹面，消化管紧密盘曲成 1 核。芽茎位于消化管前面，在成熟的个体，它向前伸，尔后弯向右方。内柱长而直，位于体腹面。复体呈菱形，前后各有 1 个圆锥形突起。第四与第五体肌在侧面接触。内脏位于体后右侧。内柱长而直，前端向上弯。

本种是最常见的浮游被囊动物之一，广泛分布于各大洋的暖流区。在我国东南近海常见，黄海也产。

（3）萨利纽鳃樽属（*Thalia*）：消化道弯曲。身体后部具明显突起。囊壁厚而硬。

萨利纽鳃樽（*Thalia democratica*）：单体桶形。消化道"U"形。具有 5 条肌带。复体呈卵圆形，也具有 5 条肌带。和单体一样，内脏位于后突起里面。分布很广，数量很大，为浮游被囊动物，各大洋暖流区均有分布。在我国山东以南近海也很常见。

17.4　生态分布和意义

浮游被囊动物的分布很广，几乎遍及世界各大洋。但是，由于各海区的环境不同，无论在种类组成上或在数量上都有较大的差异。在热带海，海樽纲的种类较多，有时数量也大，是热带浮游动物的主要种类（包括许多纽鳃樽、火体虫及海樽）。

它们常被暖流带到高纬度海域,但在高纬度的冷水区,即使能存活一段时间,也不能繁殖。因此,这类动物可作为暖流的良好指示生物。

在有尾纲,除了一些暖水性种类以外,许多种类的分布是很广的。例如,异体住囊虫是著名的广温(3.2~29.5 ℃)、广盐(11.4‰~36.7‰)性种类。一般来说,纽海樽、火体虫和海樽是外海浮游动物群落的成员;而住囊虫则常是沿岸海区的浮游动物优势种之一。例如,异体住囊虫可作为沿岸流的指示种。

浮游被囊动物由于数量大、分布广,它们在海洋浮游生物(尤其是热带海洋)中占有重要位置,与海洋渔业的关系是相当密切的。首先,被囊类可直接作为经济鱼类的饵料。据报道,乌鲳摄食被囊类。因此,被囊类的分布可作为捕捞乌鲳的主要依据。其次,有些种类的密集水域,恰是渔场所在地。例如,太平洋西北部为海樽的大量密集区,也正是鱼类集群的水域。相反,另有一些种类,如梭形纽鳃樽的大量集群对鱼类洄游起着阻碍作用,并严重堵塞网目,使渔获量显著减少。再者,许多浮游被囊类的分布和海流的关系十分密切,常可作为一定水团或海流的良好指示种。因此,深入研究这类浮游动物具有理论和实践意义。

许多浮游被囊动物具有发光的能力。它们本身有发光的能力,且发光是不连续的,这和细菌的连续发光显然不同。火体虫是由许多个体组成的发光群体,各个成员间歇地发光,很像一个发亮的火球,因而称为火体虫。在每个成员的鳃腔两侧(在围咽带上面)有 1 对发光细胞群,称"介壳"细胞(testcell),这就是发光器,由于对刺激的反应而发出色光。这种刺激包括机械的(如水流、波浪等)、化学的、电的或光照的,以及同一种的另一个群体的发光"感染"等,但当刺激过强或动物死亡时,光色可从蓝色变为橙、红或褐色。火体虫各个成员之间并无神经联系。

 复习思考题

何谓被囊动物?简述被囊动物的主要特征和生态分布特点。

第 18 章　珊瑚浮浪幼虫

珊瑚(Coral)属于腔肠动物门(Cnidaria)珊瑚纲(Anthozoa),为珊瑚虫群体或骨骼化石。珊瑚虫为腔肠动物,身体呈圆筒状,有 8 个或 8 个以上的触手,触手中央有口。多群居,结合成一个群体,形状像树枝。其五彩缤纷的颜色和无可取代的生态价值被人们所熟知。

自 1990 以来,由于社会经济的发展,来自人类活动的压力越来越大,加之人们的非法开采和全球变暖等原因,使得珊瑚礁的覆盖率迅速降低,珊瑚种类减少,珊瑚礁生物多样性下降。据统计,如果不对珊瑚进行有效的保护,到 2030 年珊瑚将会从地球上彻底消失。因此恢复珊瑚礁生态系统具有重要意义。

18.1　珊瑚浮浪幼虫

珊瑚在发育过程中有个浮浪幼虫阶段,浮浪幼虫在着床之前一直浮游,其大小与草履虫很接近,也是周身具有纤毛,通过纤毛不断摆动进行着比较快速地游动,所以把珊瑚浮浪幼虫称为浮游生物也是可以理解的。通过研究珊瑚有性繁殖和浮浪幼虫发育过程,为利用有性繁殖技术恢复珊瑚礁生态系统提供了发育生物学上的理论基础,本实验对珊瑚胚胎发育和浮浪幼虫进行了研究,在本书中将以图片的形式加以介绍。见彩图 18.1。

从该图我们可以了解到珊瑚从卵到着床的基本成长过程,为珊瑚的人工繁育提供了有效的保障。珊瑚的人工繁育有很重要的意义,通过珊瑚的人工繁育可以建立可移动人工珊瑚棚;固定 CO_2,实现碳抵消计划;恢复已经被破坏的珊瑚群;定向、大量繁殖珍奇珊瑚;保护珊瑚的物种资源;维护生态平衡,保护生物多样性;提高国民认识珊瑚、爱护珊瑚的觉悟;开发珊瑚可利用的资源;美化海岸和建海底花园、服务于旅游业等。

18.2　珊瑚的分类检索表

珊瑚的分类检索表(参考《中国动物志》,邹仁林著)

1(22) 隔片由相当少的小梁(羽榍 trabeculae)组成,群体占大多数;珊瑚体小(直径 1~2 mm);水螅体触手很少超过 2 轮;无口道脊。

2 (9) 有围鞘。

3 (4) 有内鞘有横隔 ⋯⋯⋯⋯⋯⋯⋯⋯⋯⋯⋯⋯⋯⋯⋯⋯ 星孔珊瑚属(*Astreopora*)

4 (3) 无内外鞘。

5 (6) 有轴珊瑚体 ⋯⋯⋯⋯⋯⋯⋯⋯⋯⋯⋯⋯⋯⋯⋯⋯⋯ 鹿角珊瑚属(*Acopora*)

6 (5) 无轴珊瑚体。

7 (8) 共骨多孔 ⋯⋯⋯⋯⋯⋯⋯⋯⋯⋯⋯⋯⋯⋯⋯⋯⋯⋯ 蔷薇珊瑚属(*Montipora*)

9 (2) 无围鞘。

10(11) 珊瑚杯由大小不等的隔片珊瑚肋组成;杯间的脊塍圆或高而尖 ⋯⋯⋯⋯⋯⋯⋯
⋯⋯⋯⋯⋯⋯⋯⋯⋯⋯⋯⋯⋯⋯⋯⋯⋯⋯⋯⋯⋯⋯⋯⋯ 沙珊瑚属(*Psammocora*)

11(10) 有完整的珊瑚杯,无脊塍

12(13) 群体皮壳块状,共骨表面有罩结构 ⋯⋯⋯⋯⋯⋯⋯⋯ 柱群珊瑚属(*Stylocoeniella*)

13(12) 群体分枝状。

14(15) 隔片和轴柱几乎没有或稍微有一点痕迹 ⋯⋯⋯⋯⋯⋯⋯ 杯形珊瑚属(*Pocillopora*)

15(14) 隔片和轴柱发育

16(17) 珊瑚杯在分枝上呈纵排列 ⋯⋯⋯⋯⋯⋯⋯⋯⋯⋯⋯⋯ 排孔珊瑚属(*Seriatopora*)

17(16) 珊瑚杯在分枝上呈螺旋形或不规则排列

18(19) 珊瑚杯在分枝上呈螺旋形排列,杯边缘突起形成罩,第一轮隔片与柱状轴相边 ⋯⋯⋯
⋯⋯⋯⋯⋯⋯⋯⋯⋯⋯⋯⋯⋯⋯⋯⋯⋯⋯⋯⋯⋯⋯⋯ 柱状珊瑚属(*Stylophora*)

19(18) 珊瑚杯呈不规则排列,杯上不形成罩

20(21) 第一轮隔片稍突出,隔片上有颗粒 ⋯⋯⋯⋯⋯⋯⋯⋯⋯ 帛星珊瑚属(*Palauastrea*)

21(20) 第一、第二轮隔片突出,(隔片 8~10 个),与柱状轴柱相连,隔片边缘光滑 ⋯⋯⋯⋯⋯
⋯⋯⋯⋯⋯⋯⋯⋯⋯⋯⋯⋯⋯⋯⋯⋯⋯⋯⋯⋯⋯⋯⋯⋯⋯ 非六珊瑚属(*Madracis*)

22(1) 隔片由众多小梁组成;珊瑚体大(一般在 2 mm 以上);水螅体触手二轮以上;有口道脊

23(82) 有合隔桁

24(73) 隔片基本透明、有孔

25(50) 珊瑚骼为固着群体

26(41) 由内触手芽形成群体

27(32) 合隔桁形成珊瑚杯壁

28(29) 珊瑚杯壁由单合隔桁形成;单口道 ⋯⋯⋯⋯⋯⋯⋯⋯⋯ 乱星珊瑚属(*Anomastrea*)

29(28) 珊瑚杯壁由多合隔桁形成;单至多口道

30(31) 隔片大小一致,形成脊塍 ⋯⋯⋯⋯⋯⋯⋯⋯⋯⋯⋯⋯⋯ 筛珊瑚属(*Coscinaraea*)

31(30) 杯边隔片肿大,并与乳突状轴柱相连,不形成脊塍 ⋯⋯⋯⋯ 钟星珊瑚属(*Horastrea*)

32(27) 合隔桁环不形成珊瑚杯壁

33(34) 块状群体由单口道形成,无轴柱 ⋯⋯⋯⋯⋯⋯⋯⋯⋯⋯ 西沙珊瑚属(*Coeloseris*)

34(33) 群体由单至多口道形成

35(36) 柱状群体,表面凹凸不平,形成高的脊塍 ⋯⋯⋯⋯⋯ 加氏珊瑚属(*Gardineroseris*)

36(35) 非柱状群体

37(38) 珊瑚杯在珊瑚骼表面呈圆凹陷,边缘薄,脊膜不发育 ⋯⋯ 薄层珊瑚属(*Leptoseris*)

38(37) 群体由块状至叶状

39(40) 叶状珊瑚骨骼两面都有珊瑚杯,脊膜不连续,呈辐射状 ⋯⋯ 牡丹珊瑚属(*pavona*)

40(39) 珊瑚骼仅单面有珊瑚杯,脊膜连续,平行于边缘 ⋯⋯⋯⋯⋯⋯⋯⋯⋯⋯

厚丝珊瑚属(*Pachyseris*)

41(26) 由外触手芽形成群体。

42(45) 珊瑚体之间有共骨相连。

43(44) 珊瑚杯壁由单合隔桁环形成 ⋯⋯⋯⋯⋯ 假铁星珊瑚属(*Pseudosiderastrea*)

45(42) 珊瑚体紧密相连,无共骨相连。

46(47) 生活时细管形触手特长,形成触手冠,隔片三轮 ⋯⋯ 角孔珊瑚属(*Goniopora*)

47(46) 生活时无长触手冠。

48(49) 隔片二轮,有腹背隔片排列 ⋯⋯⋯⋯⋯⋯⋯⋯ 滨珊瑚属(*Porites*)

49(48) 隔片 1~3 轮,刺状,呈水平排列 ⋯⋯⋯⋯⋯⋯ 穴孔珊瑚属(*Alveopora*)

50(25) 珊瑚骼为自由单体或群体

51(59) 珊瑚体为自由单体

52(60) 单口道

53(56) 珊瑚骼无孔

54(55) 珊瑚骼圆而较小,隔片齿细小而多 ⋯⋯⋯⋯⋯ 圆饼珊瑚属(*Cycloseris*)

55(54) 珊瑚骼扁盘形,由几片翅状片组成,隔片齿三角形,有颗粒 ⋯⋯⋯⋯⋯⋯⋯

双列珊瑚属(*Diaseris*)

56(53) 珊瑚骼有孔

57(58) 生活时触手为短三角形;隔片齿大,刺光滑尖形 ⋯⋯⋯ 石芝珊瑚属(*Fungia*)

58(57) 生活时触手长管形,隔片齿粗糙,三角形 ⋯⋯⋯ 辐石芝珊瑚属(*Heliofungia*)

59(51) 珊瑚骼为群体

60(52) 多口道

61(64) 多口道排列有规律

62(63) 次级口道几乎平行中央口道 ⋯⋯⋯⋯⋯⋯⋯⋯ 绕石珊瑚属(*Herpolitha*)

63(62) 次级口道呈不规则排列 ⋯⋯⋯⋯⋯⋯⋯⋯ 多叶珊瑚属(*Polyphylia*)

64(61) 多口道无规律排列

65(68) 珊瑚骼圆或盘形,中心珊瑚杯清楚

66(67) 次级珊瑚杯多 ⋯⋯⋯⋯⋯⋯⋯⋯⋯⋯ 帽状珊瑚属(*Halomitra*)

67(66) 次级珊瑚杯少 ⋯⋯⋯⋯⋯⋯⋯⋯⋯⋯ 小饼珊瑚属(*Zoophilus*)

68(65) 无中心珊瑚杯

69(70) 珊瑚骼长履形 ⋯⋯⋯⋯⋯⋯⋯⋯ 履行珊瑚属(*Sandalolitha*)

70(69) 珊瑚骼非履行,叶状,扁平展开。

71（72）边缘芽形成群体时,边缘与中心无规律,隔片齿为 Cycloseris 型 ……………………
……………………………………………………………………… 石叶珊瑚属（*Lithophyllon*）

72（71）形成群体时,边缘与中心有规律,隔片齿为 Verrilofungia 型 …………………………
…………………………………………………………………………… 足柄珊瑚属（*Podabacia*）

73（24）隔片基本板状,不规则多孔

74（79）外触手芽形成群体

75（78）树枝状群体

76（77）群体直接固着在附着基上,无柄,珊瑚肋发育好 ………… 木珊瑚属（*Dendrophyllia*）

77（76）群体固着时有柄,隔片按 Pourtales 方式排列 ……… 杜沙珊瑚属（*Duncanospsammia*）

78（75）融合丛状群体,隔片不按 Pourtales 方式排列……………… 简星珊瑚属（*Tubastrea*）

79（74）内触手芽形成群体

80（81）平板、漏斗、扭曲状群体,成体的隔片不按 Pourtales 方式排列（幼体是 Pourtalca 方
式排列）………………………………………………………… 陀螺珊瑚属（*Turbinaria*）

82（23）合隔桁稀少,或无。

83（148）隔片有齿。

87（84）群体珊瑚骼。

88（95）珊瑚骼为笙状或山丘形。

89（94）珊瑚骼为笙状。

91（90）由内触手芽形成群体。

92（93）单至三口道,珊瑚骼枝小;珊瑚肋为不规则细齿状 ……… 干星珊瑚属（*Caulastrea*）

93（92）单至多口道,珊瑚骼枝粗壮而大,珊瑚肋尖刺状 ……… 叶状珊瑚属（*Lobophyllia*）

94（89）珊瑚骼为山丘形 ……………………………………………… 刺柄珊瑚属（*Hydnophora*）

95（88）珊瑚骼为沟回形或融合状至多角形。

96（121）珊瑚骼为融合状至多角形。

97（114）珊瑚骼为融合状。

98（113）外触手芽形成群体。

99（112）有珊瑚肋。

100（103）隔片高出珊瑚杯。

101（102）块状;珊瑚杯棱角形至圆柱形 …………………………………… 盔形珊瑚属（*Galaxea*）

103（100）隔片不高出珊瑚杯。

104（105）珊瑚骼板状、叶片状或卷曲状;有孔 …………………… 刺孔珊瑚属（*Echinopora*）

105（104）珊瑚骼块状;无孔。

106（109）珊瑚体大。

107（108）近珊瑚杯处隔片加厚,杯中的隔片薄 ………………… 双星珊瑚属（*Diploastrea*）

109（106）珊瑚体小。

110（111）围栏瓣完整,形成一环圈 ………………………………… 同星珊瑚属（*Plesiastrea*）

112 (99) 无珊瑚肋,珊瑚体不规则形状 ⋯⋯⋯⋯⋯⋯⋯⋯⋯⋯⋯⋯ 小星珊瑚属(*Leptastrea*)

113 (98) 内触手芽形成群体 ⋯⋯⋯⋯⋯⋯⋯⋯⋯⋯⋯⋯⋯⋯⋯ 蜂巢珊瑚属(*Favia*)

114 (97) 珊瑚骼为多角形。

116 (115) 无大珊瑚体中心,珊瑚体基本一致。

117 (120) 无围栏瓣。

118 (119) 隔片上缘有二枚尖齿 ⋯⋯⋯⋯⋯⋯⋯⋯⋯⋯⋯⋯ 棘星珊瑚属(*Acanthastrea*)

119 (118) 隔片齿均匀,无二枚尖齿 ⋯⋯⋯⋯⋯⋯⋯⋯⋯⋯ 角蜂巢珊瑚属(*Favites*)

120 (117) 有围栏瓣。 ⋯⋯⋯⋯⋯⋯⋯⋯⋯⋯⋯⋯⋯⋯ 菊花珊瑚属(*Goniastrea*)

121 (96) 珊瑚骼为沟回状。

122 (135) 珊瑚骼块状。

123 (126) 游离

124 (125) 谷短其侧面分开 ⋯⋯⋯⋯⋯⋯⋯⋯⋯⋯⋯⋯ 粗叶珊瑚属(*Trachyphyllia*)

125 (124) 谷短但顶与顶都融合,不分开 ⋯⋯⋯⋯⋯⋯ 韦叶珊瑚属(*Wellsophyllia*)

126 (123) 固着

127 (128) 谷短而浅,隔片齿矮而钝 ⋯⋯⋯⋯⋯⋯⋯⋯ 澳鼠珊瑚属(*Australomussa*)

128 (127) 谷长而深。

130 (129) 谷连续。

132 (131) 隔片齿钝而小。

133 (134) 轴柱连续,由松散小梁组成,有围栏瓣 ⋯⋯⋯⋯⋯ 扁脑珊瑚属(*Platygyra*)

134 (133) 轴柱不连续,有薄片小玲组成,无围栏瓣 ⋯⋯⋯⋯ 肠珊瑚属(*Leptoria*)

135 (122) 珊瑚骼非块状。

136 (139) 珊瑚骼分枝或柱状。

138 (137) 珊瑚骼柱状,谷弯曲,连续 ⋯⋯⋯⋯⋯⋯⋯⋯ 葶叶珊瑚属(*Scapophyllia*)

139 (136) 珊瑚骼薄叶片状。

140 (141) 珊瑚骼叶片扭曲,两面都是珊瑚体,分枝突起成花小丘状,谷直,小梁组成轴柱
⋯⋯⋯⋯⋯⋯⋯⋯⋯⋯⋯⋯⋯⋯⋯⋯⋯⋯⋯⋯⋯⋯ 裸肋珊瑚属(*Merulina*)

141 (140) 由内触手多口道芽形成群体,单面发育珊瑚体。

142 (143) 形成高、薄的脊膦,叶片脆 ⋯⋯⋯⋯⋯⋯⋯⋯⋯ 梳状珊瑚属(*Pectinia*)

143 (142) 无薄、高的脊膦。

144 (145) 倾斜的珊瑚杯散布在叶片珊瑚骼上 ⋯⋯⋯⋯⋯⋯ 斜杯珊瑚属(*Mycedium*)

145 (144) 珊瑚杯不倾斜

146 (147) 珊瑚骼厚叶片状,珊瑚杯密,轴柱发达,海绵状 ⋯⋯ 刺叶珊瑚属(*Echinophyllia*)

148 (83) 隔片无齿、光滑。

149 (152) 隔片不突出。

150 (151) 谷短;生活时伸展的长触手其末端膨大为灯泡形成髻形 ⋯⋯⋯⋯⋯⋯⋯
⋯⋯⋯⋯⋯⋯⋯⋯⋯⋯⋯⋯⋯⋯⋯⋯⋯⋯⋯⋯⋯⋯ 真叶珊瑚属(*Euphyllia*)

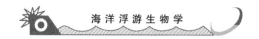

18.3 海南地区珊瑚种类分布

海南地区珊瑚种类分布见表18.1。

表 18.1 海南地区珊瑚种类分布

名　　称	数量(或出现次数)	采集地
珊瑚虫纲 Anthozoa Ehrenberg,1834		
六放珊瑚亚纲 Hexacorallia Haeckel,1896		
石珊瑚目 Scleractinia Bourne,1900		
1 星群珊瑚科 Astrocoeniidae Koby,1890		
杯形珊瑚属 *Pocillopora* Lamarck		
鹿角杯形珊瑚 *Pocillopora damicornis*(Linnaeus)	4	文昌、琼海、万宁、三亚
疣状杯形珊瑚 *Pocillopora verrucosa*(Ellis & Solander)	3	文昌、万宁、三亚
2 鹿角珊瑚科 Acroporidae Verrill,1902		
蔷薇珊瑚属 *Montipora de Blainville*		
膨胀蔷薇珊瑚 *Montipora turgescens* Bernard	2	文昌、昌江
浅窝蔷薇珊瑚 *Montipora foveolata*(Dana)	2	文昌、三亚
圆突蔷薇珊瑚 *Montipora danae Milne* − Edwards & Haime	4	文昌、琼海、万宁、三亚
平展蔷薇珊瑚 *Montipora solanderi* Bernard	1	文昌
叶状蔷薇珊瑚 *Montipora foliosa*(Pallas)	1	三亚
繁锦蔷薇珊瑚 *Montipora efflorescens* Bernard	4	文昌、琼海、万宁、三亚
鬓刺蔷薇珊瑚 *Montiopora hispida*(Dana)	1	三亚
斑星蔷薇珊瑚 *Montipora stellata* Bernard	2	琼海、三亚
星孔珊瑚属 *Astreopora de Blainville*		
多星孔珊瑚 *Astreopora myriophthalma*(Lamarck)	1	昌江
鹿角珊瑚属 *Acropora* Oken		
松枝鹿角珊瑚 *Acropora brueggemanni*(Brook)	2	文昌、万宁
粗野鹿角珊瑚 *Acropora hunilis*(Dana)	4	文昌(2)、万宁(2)
壮实鹿角珊瑚 *Acropora robusta*(Dana)	3	文昌、万宁、三亚
花鹿角珊瑚 *Acropora florida*(Dana)	2	万宁、三亚
伞房鹿角珊瑚 *Acropora corymbosa*(Lamarck)	1	三亚

续表

名　　称	数量（或出现次数）	采集地
多孔鹿角珊瑚 *Acropora millepora*（Ehrenberg）	**1**	三亚
风信子鹿角珊瑚 *Acropora hyacinthus*（Dana）	**3**	文昌、万宁，三亚
鼻形鹿角珊瑚 *Acropora nasuta*（Dana）	**1**	万宁
谷鹿角珊瑚 *Acropora cerealis*（Dana）	**2**	文昌、三亚
强壮鹿角珊瑚 *Acropora valida*（Dana）	**5**	文昌(2)、万宁、三亚、昌江
石松鹿角珊瑚 *Acropora selago*（Studer）	**2**	文昌、万宁
浪花鹿角珊瑚 *Acropora cytherea*（Dana）	**2**	文昌、三亚
美丽鹿角珊瑚 *Acropora formosa*（Dana）	**2**	文昌、三亚
佳丽鹿角珊瑚 *Acropora pulchra*（Brook）	**5**	文昌、万宁、三亚（2）、昌江
3 石芝珊瑚科 Fungiidae Dana,1846		
石叶珊瑚属 *Lithophyllon* Rehberg	**1**	三亚
4 铁星珊瑚科 Siderastreidae Vaughan & Wells,1943		
假铁星珊瑚属 *Pseudosiderastrea* Yabe & Sugiyama		
假铁星珊瑚 Pseudosiderastrea tayamai Yabe & Sugiyama	**1**	昌江
沙珊瑚属 *Psammocora Dana*		
毗邻沙珊瑚 Psammocora contigua（Esper）	**5**	文昌(2)、三亚(2)、昌江
5 菌珊瑚科 Agariciidae Gary,1847		
牡丹珊瑚属 *Pavona Lamarck*		
叶形牡丹珊瑚 *Pavona fromdifera* Lamarck	**1**	三亚
球牡丹珊瑚 *Pavona cactus*（Forskal）	**1**	三亚
十字牡丹珊瑚 *Pavona decussata*（Dana）	**4**	琼海、三亚(2)、昌江
小牡丹珊瑚 *Pavona minuta* Wells	**3**	三亚、儋州、临高
厚丝珊瑚属 *Pachyseris Milne－Edwards & Haime*		
标准厚丝珊瑚 *Pachyseris speciosa*（Dana）	**3**	三亚(2)、昌江
6 滨珊瑚科 Poritidae Gray,1842		
滨珊瑚属 *Porites Link*		
澄黄滨珊瑚 *Porites lutea* Milne－Edwards & Haime	**10**	文昌、琼海、万宁、三亚(2)、儋州(4)、临高
融板滨珊瑚 *Porites matthaii* Wells	**1**	万宁
扁缩滨珊瑚 *Porites compressa* Dana	**3**	三亚(2)、昌江
普哥滨珊瑚 *Porites pukoensis* Vaughan	**3**	三亚、东方、昌江
火焰滨珊瑚 *Porites*（*Synaraea*）*rus*（Forskal）	**1**	三亚
角孔珊瑚属 *Gonioporade Blainville*		

续表

名　称	数量（或出现次数）	采集地
二异角孔珊瑚 *Goniopora duofasciata* Thiel	5	文昌、昌江、万宁、三亚（2）
7 枇杷珊瑚科 Oculinidae Gray,1847		
盔形珊瑚属 *Galaxea* Oken		
稀杯盔形珊瑚 *Galaxea astreata*（Lamarck）	4	文昌、东方、儋州、临高
丛生盔形珊瑚 *Galaxea fascicularis*（Linnaeus）	8	文昌（2）、琼海、三亚（2）、东方、昌江、临高
8 裸肋珊瑚科 Merulinidae Verrrill,1866		
刺柄珊瑚属 *Hydnophora* Fisher de Waldheim		
硬刺柄珊瑚 *Hydnophora rigida*（Dana）	1	三亚
腐蚀刺柄珊瑚 *Hydnophora exesa*（Pallas）	3	万宁（2）、三亚
邻基刺柄珊瑚 *Hydnophora contignatio*（Forskal）	7	文昌、万宁、三亚、昌江（2）、儋州、临高
小角刺柄珊瑚 *Hydnophora microconos*（Lamarck）	2	文昌、琼海
裸肋珊瑚属 *Merulina* Ehrenberg		
阔裸肋珊瑚 *Merulina ampliata*（Ellis & Solander）	3	文昌（2）、三亚
粗裸肋珊瑚 *Merulina scabricula* Dana	1	三亚
葶叶珊瑚属 *Scapophyllia* Milne-Edwards & Haime		
葶叶珊瑚 *Scapophyllia cylindrica*（Milne－Edwards & Haime）	1	三亚
9 蜂巢珊瑚科 Faviidae Gregory,1900		
干星珊瑚属 Caulastrea Dana		
叉干星珊瑚 *Caulastrea furcata* Dana	3	文昌、琼海、三亚
蜂巢珊瑚属 *Favia* Oken		
帛琉蜂巢珊瑚 *Favia palauensis*（Yabe & Sugiyama）	4	文昌、琼海、三亚、昌江
标准蜂巢珊瑚 *Favia speciosa*（Dana）	6	文昌、琼海、东方、昌江、儋州、临高
罗图马蜂巢珊瑚 *Favia rotumarta*（Gardiner）	2	文昌、三亚
角蜂巢珊瑚属 *Favites* Link		
秘密角蜂巢珊瑚 *Favites abdita*（Ellis & Solander）	6	文昌、琼海、三亚、昌江（2）、临高
五边角蜂巢珊瑚 *Favites pentagona*（Esper）	6	文昌、琼海、三亚、昌江、儋州
菊花珊瑚属 *Goniastrea* Milne-Edwards & Haime		
梳状菊花珊瑚 *Goniastrea pectinata*（Ehrenberg）	4	三亚（2）、琼海、临高

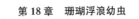

续表

名　　称	数量(或出现次数)	采集地
粗糙菊花珊瑚 *Goniastrea aspera*（Verrill）	1	三亚
网状菊花珊瑚 *Goniastrea retiformis*（Lamarck）	4	文昌、琼海、三亚(2)
少片菊花珊瑚 *Goniastrea yamanarii*（Yabe & Sugiyama）	2	文昌、临高
刺星珊瑚属 *Cyphast；rea* Milne－Edwards & Haime		
锯齿刺星珊瑚 *Cyphastrea serailia*（Forskal）	3	文昌、琼海、三亚
同星珊瑚属 *Plesiastrea* Milne-Edwards & Haime		
多孔同星珊瑚 *Plesiastrea versipora*（Lamarck）	5	文昌、三亚(2)、东方、儋州
刺孔珊瑚属 *Echinopora* Lamarck		
宝石刺孔珊瑚 *Echinopora gemmacea*（Lamarck）	5	文昌、琼海、三亚、昌江、儋州
双星珊瑚属 *Diplostrea* Matthai		
同双星珊瑚 *Diploastrea heliopora*（Lamarck）	1	文昌
扁脑珊瑚属 *Platygyra* Ehrenberg		
交替扁脑珊瑚 *Platygyra Crosslandi*（Matthai）	4	东方、昌江、儋州、临高
中华扁脑珊瑚 *Platygyra sinensis*（Milne－Edwards & Haime）	1	三亚
精巧扁脑珊瑚 *Platygyra daedalea*（Ellis & Solander）	5	文昌(2)、琼海、万宁、三亚
肠珊瑚属 *Leptoria* Milne-Edwards & Haime		
弗里吉亚肠珊瑚 *Leptoria phrygia*（Ellis & Solander）	1	三亚
小星珊瑚属 *Leptastrea* Milne－Edwards & Haime		
10 褶叶珊瑚科 Mussidae Ortmann，1890		
棘星珊瑚属 *Acanthastrea* Milne－Edwards & Haime		
棘星珊瑚 *Acanthastrea echinata*（Dana）	5	琼海、万宁、三亚、昌江、儋州
叶状珊瑚属 *Lobophyllia* de Blainville		
赫氏叶状珊瑚 *Lobophyllia hemprichii*（Ehrenberg）	1	昌江
伞房叶状珊瑚 *Lobophyllia corymbosa*（Forskal）	5	文昌、琼海、万宁、三亚、昌江
合叶珊瑚属 *Symphyllia* Milne-Edwards & Haime		
菌状合叶珊瑚 *Symphyllia agaricia*（Milne－Edwards & Haime）	6	文昌、琼海、万宁、三亚(2)、昌江
巨大合叶珊瑚 *Symphllia gigantea*（Yabe & Sugiyama）	2	文昌(2)

续表

名　称	数量（或出现次数）	采集地
11 梳状珊瑚科 Pectiniidae Vaughan & Wells, 1943		
刺叶珊瑚属 *Echinophyllia* Klunzinger		
粗糙刺叶珊瑚 *Echinophyllia aspera*（Ellis & Solander）	3	文昌、琼海、昌江
梳状珊瑚属 *Pectinia* Oken	1	三亚
莴苣梳状珊瑚 *Pectinia lactuca*（Pallas）	1	三亚
真叶珊瑚属 *Euphllia* Dana		
缨真叶珊瑚 *Euphyllia fimbriata*（Spengler）	3	文昌、万宁、三亚
12 木珊瑚科 Dendrophylliidae Gray, 1847		
陀螺珊瑚属 *Turbinaria* Oken		
盾形陀螺珊瑚 *Turbinaria peltata*（Esper）	3	文昌、三亚、临高
皱折陀螺珊瑚 *Turbinaria mesenterina*（Lamarck）	1	万宁
漏斗陀螺珊瑚 *Turbinaria crater*（Pallas）	1	三亚

18.4　海南代表性珊瑚图谱

海南代表性珊瑚见彩图 18.3 和彩图 18.4。

复习思考题

1. 简述珊瑚胚胎发育的过程。
2. 简述海南常见的珊瑚种类。

第3篇　海洋浮游生物的室内培养

　　海洋浮游植物,特别是单细胞藻类的营养丰富,含有动物和人类生长发育所必需的营养物质。自20世纪40年代以来,各国学者都试图用藻类这一资源解决人类食物和动物开口饵料的缺乏问题。另一方面,海洋浮游植物,尤其是藻类可直接或间接的作为鱼类及其他水生动物的饵料,因此,海洋浮游生物的培养对水产养殖的各个方面都具有很大意义。

　　除了浮游植物以外,浮游动物也是不可缺少的一部分。浮游动物主要包括原生动物、轮虫、鳃足类、桡足类等。它们是鱼类的天然饵料,尤其是水产重要经济动物的重要饵料。浮游动物的培养与藻类培养一样,具有重要的意义。

第 19 章　单胞藻的室内培养

19.1　藻类的生长模式

单细胞藻类在培养的过程中,生长繁殖的速度出现一定的起伏,这种生长模式可划分为五个时期,即延缓期、指数增长期、相对生长下降期、平衡期和消落期。见图 19.1。

① 延缓期:这是接种后不久的时期,藻类生长不明显,近乎静止状态。

② 指数增长期:细胞迅速增长,以指数方式生长。

③ 相对生长下降期:细胞继续增加,但是相对增加量减少。

④ 平衡期:数量达到顶峰,维持相对稳定。

⑤ 消落期:藻类细胞大量死亡,细胞数目迅速减少。

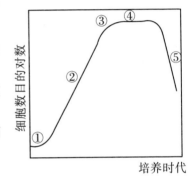

图 19.1　藻类的生长模式

19.2　藻类的培养方式

藻类的培养方式因藻类培养的目的和要求不同而不同,主要可分为密闭式培养和开放式培养两大类。

1. 密闭式培养

密闭式培养的目的是不使外界杂藻、菌类及其他有机体混入培养物中。将培养液密封在与外界完全隔离的透明容器中,由此通气、搅拌、输送培养液及调节水温和取样等设备,也都要与外界隔离。培养容器多为管状,也有池状,用有机玻璃或透明的聚乙烯所料做成水平管道,直立或斜立在地上,暴露阳光或人工光照下。这种培养方式好控制,产量亦稳定,但是成本比较高。

2．开放式培养

将藻类培养于敞开的容器（如水泥池、管道、木盆等）中。方法设备较简便，可进行小量或大面积的培养。该法培养物中易发生敌害生物污染，但成本低，使用较普遍，也是今后藻类培养所应采取的方式。开放式可分为如下几种类型。

（1）开放循环培养：其特点是培养液借助循环水泵而不断循环流动，培养物自己能循环，可省去搅拌工作。

（2）开放非循环培养：其特点是培养液不循环流动，而定时由小管通入 CO_2 和空气到培养液中，这同时也起到了搅拌作用。此法在大面积培养中使用较普遍。优点是设备简单，无需动力，只需水泵及大量的 CO_2 和通气设备。

（3）半开放循环培养：半开放培养是指培养容器或池、槽等场所虽仍敞开，但有些部分密闭，或用塑料布覆盖。这种培养方式利用管道、依靠动力使培养液流动和通入含 CO_2 的空气。该方式设备复杂，但效果较好。

19.3　培养液的配制及举例

在实验条件下培养微型藻类有多种培养基配方。这些配方大多数是早先发表过的配方的修改方，有些是从分析天然环境的水而得到，有些则是从生态角度考虑的。设计藻类培养的营养配方时主要考虑的问题是：

（1）盐的总浓度：主要是取决于有机体的生态来源。

（2）主要离子：主要是由钾、镁、钠、钙、硫酸盐和磷酸盐组成。

（3）氮源：硝酸盐、氨和尿素常用作配方中的氮源，根据藻种的需要和 pH 的最适点而定。藻类的生长主要依赖氮的可利用性。大多数微型藻干物中含有 7%～9% 的氮。因此在 1 L 培养液中生产 10 g 藻类单细胞就至少需要 KNO_3 500～600 mg/L。

（4）碳源：无机碳通常是用含 1%～5% CO_2 的空气来供应的。碳的另一种供应办法是用碳酸氢盐。选用何种办法主要是根据藻类生长的 pH 最适点而定。

（5）pH 值：通常用偏酸的 pH 值来避免钙镁和其他微量元素发生沉淀。

（6）微量元素：培养基中的微量元素通常是由早已证明有效浓度的混合溶液来提供的（浓度在 $\mu g/L$ 级范围）。然而，这些微量元素的组分对藻类生长的必须性却不总能显示出来。为增加微量元素的稳定性，常用柠檬酸盐和 EDTA 作为螯合剂。

（7）维生素：许多藻类要求有硫胺素和维生素 B12 的供应。

以下是几种很有用的培养液配方：

（1）单细胞绿藻（栅列藻）培养液

水生 4 号

$(NH_4)_2SO_4$	0.200 g
$Ca(H_2PO_4)_2 \cdot H_2O + 2(CaSO_4 \cdot H_2O)$	0.030 g
$MgSO_4 \cdot 7H_2O$	0.080 g
$NaHCO_3$	0.100 g
KCL	0.025 g
$FeCL_3$（1%）	0.150 mL
土壤浸出液	0.500 mL
水	1 000 mL

水生 6 号

NH_2CONH_2	0.133 g
H_2PO_4	0.033 mL
$MgSO_4 \cdot 7H_2O$	0.100 g
$NaHCO_3$	0.100 g
KCL	0.033 g
$FeSO_4$（1%水溶液）	0.200 mL
$CaCl_2$	0.050 mL
土壤浸出液	0.500 mL
水	1 000 mL

水生四号培养液中,藻类呈深绿色,生长繁殖速率较低;水生 6 号培养液中,藻类呈草绿色,色素不够正常,但生长繁殖迅速。

土壤浸出液是用田园土壤按水与土 2∶1 的比例,搅匀浸泡后的上层清液,用前煮 1 小时后镜检,若发现污染生物,应再加温消毒后使用。

（2）浮游硅藻培养液

水生硅 1（mg/L）

NH_4NO_3	120	$MgSO_4$	70
K_2HPO_4	40	KH_2PO_4	80
$CaCl_2$	20	NaCl	10

Na_2SiO_3	100	$FeC_6H_5O_7$	5
土壤浸出液	20	$MnSO_4$	2
水	1 000 mL	pH	7.0

水生硅 2（mg/L）

NH_2CONH_2	150	KCl	30
$Ca(H_2PO_4)_2$	50	$CaSiO_3$	100
$MgSO_4$	50	$NaHCO_3$	3
$MnSO_4$	3	土壤浸出液	4 mL
EDTA－Fe	1 mL	水	1 000 mL

水生硅 2 号是用化肥尿素过磷酸钙作为氮磷来源，适于大量培养硅藻时选用，生长适温为 20～30 ℃；光强为 2 000～5 000 m 烛光。

（3）朱氏 10 号培养液（适用于培养硅藻、蓝绿藻等）

H_2O	1 000 mL
$Ca(NO_3)_2$	0.04 g
K_2HPO_4	0.01 g
$MgSO_4 \cdot 7H_2O$	0.025 g
Na_2CO_3	0.02 g
Na_2SiO_3	0.025 g
$FeCL_3$	0.008 g

使用时按 1/2、1/4、1/10 稀释使用。

（4）f/2 培养液

$NaNO_3$	75 mg
NaH_2PO_4	4.4 mg
f/2 微量元素溶液	1 mL
f/2 维生素溶液	1 mL
海水	1 000 mL

本配方时应与目前生产上可用于对各种微藻的培养，但用于硅藻培养时，应再加 50 mg Na_2SiO_3。

附Ⅰ:f/2 微量元素溶液配方

$ZnSO_4 \cdot 4H_2O$	23 mg
$CuSO_4 \cdot 5H_2O$	10 mg
$MnCl_2 \cdot 4H_2O$	178 mg
$FeC_6H_5O_7 \cdot 5H_2O$	3.9 g
$NaMoO_4 \cdot 5H_2O$	7.3 mg
Na_2EDTA	4.35 g
$CoCl_2 \cdot 6H_2O$	12 mg
纯水	1 000 mL

附Ⅱ:f/2 微量元素溶液配方

维生素 B12	0.5 mg
维生素 H(生物素)	0.5 mg
维生素 B1	100 mg
纯水	1 000 mL

19.4　藻种的分离培养

为了要进行某种藻类的科学研究和大量培养,就有必要把某种藻类与其他生物分离。分离培养藻种可分为两大类,一种为单种培养,即藻类虽只有一种,但还混杂细菌;另一种为纯培养,即不仅藻类只有一种,亦无其他任何生物。纯培养比较困难,一般的分离培养往往只能做到单种培养。

决定培养哪一种藻类,主要根据培养的目的和要求,及某一种类的生物学特征。藻类的分离主要有以下几种常用方法。

1.离心法

将混合液用离心机离心,水中不同藻体及细菌就以不同的速度下沉,因此得以分开。这样首先根据不同的时间从导管底将藻体取出,然后依据镜检选定某种藻类最多的沉积物,再加清水,继续离心,如此反复就可得到比较单纯的藻体,再接种到相应培养液中培养。该法可消除细菌,并增加纯粹分离的可能性,至少可为藻种平板培养做准备工作。另外,在水液中藻体含量较少时,可用此法集中藻体。但此法不能做到使不同藻类完全分离。

2. 稀释法

该法源于中野治房(1933)的方法。用已消毒试管5只,在第一管盛蒸馏水10 mL,第二、三、四、五管都装5 mL,用高压蒸汽消毒,待冷却后,向第一管用滴管滴入混合藻液1~2滴,充分振荡,使均匀稀释。然后用消毒吸管,从第一管中吸取5 mL滴入第二管中如前振荡,使均匀稀释。以后依次同样滴入第三、四、五管,并都充分均匀稀释。然后把5个已盛有消毒的琼胶培养基培养皿加热,使之溶解,待冷却而尚未凝固时,分别滴入5个试管的藻液各一滴,用力振荡,使藻液充分混入培养基中。待冷凝后,把5个培养皿放在受着漫射光的窗口,一直到出现藻群时为止。在20 ℃左右时,约10天即出现藻群。用消过毒的白金丝取些藻群,进行琼胶固体培养基的不通气培养。此过程可反复多次,直至得到完全分离的纯藻种群为止。此法稀释要使用较多容器分组培养,比较麻烦,但较易成功。

3. 微吸管法

将水样在载玻片上滴成绿豆粒大小的一些水滴,这样可使每个水滴中有很少生物而便于分离;在解剖镜下用微吸管(口径小至0.008~0.16 mm,圆口,可自行拉制)将要分离的藻体吸出,用蒸馏水或平衡矿物质溶液冲洗数次,然后导入盛有培养基的小培养皿中培养,待生长旺盛后,再扩大培养。此法较适用于能运动的藻类。

4. 趋向反应法

利用藻类的特殊趋向性(如向光、向地等)不同而分离藻体。此过程反复几次就可得到一定纯度的藻体,分离效果较好,只是不能应用于不运动的藻体。

5. 平板分离法

在培养液中加入占培养液1.5%的琼胶,加热溶解后注入培养皿中,加盖后用15磅压力121 ℃灭菌20分钟,即制成胶质培养基(也可用硅酸胶和明胶制备)。将琼胶培养基放在40 ℃以下的水浴锅内,然后改用吸管注入混合藻液,摇匀,使之分散在培养基平面上。之后,可放在恒温箱内,用荧光灯照射,使藻群生长。再经镜检,反复此法不断提纯,即可分离出较纯的藻种。

6. 固氮蓝藻分离培养法

将一小片藻丝群接种到培养基上,几天后再用灭菌白金丝挑取生出的新藻丝接种到平板培养基上。这样经几次分离接种就得到较纯的藻种。

19.5　藻种的选择、接种和保存

1. 藻种的选择

虽然藻类种类较多,但其中仅少数经过人工培养。应该研究在室外培养其他藻种的可能性和他们生产的潜力,所选择的生物种应具有下列特征:

(1) 生长迅速;

(2) 对极端温度和辐射条件的耐性范围大;

(3) 蛋白质、脂类和糖类含量高,或有选择地积累一种特殊的代谢产物(如甘油);

(4) 无毒性,且易于收获。

根据系统的要求和特殊的方法,还可有其他要求。

2. 接种

在分离到单纯藻群后,就可接种到培养液中进行培养,进而移养扩大培养。接种方法有液体接种和干藻接种。前者是将藻液直接加入培养液中进行搅拌,加入的藻种分量视水温而定,水温较低(10 ℃以内)时多加,约占培养液总量的 30%～40%;水温适宜时(25～30 ℃),可加 5%～8%;后者是用干藻的藻体接种,接种量为 0.1%～0.2%。

3. 藻种的保存

一旦分离得到藻种,就要保存好以便在一定的时间内供接种用。为此,要将藻种消毒,避免其他来源的污染,并给以适当的光照和温度。在液体培养中,为了快速增殖,可用 5 400 lx。在得到良好生长后(1～2 周),培养液移到更低的光照条件(540～1 100 lx),以求缓慢生长及储藏。在琼脂培养基上接种后的藻种,先给予 2 700 lx光照 6～7 天,直到得到良好生长,然后移到 540～800 lx 光强的地方。大多数藻类保存在室温下(15～20 ℃)即可,少数藻种存活需较高温度。

藻种接代的频率视物种及贮存条件而不同,单胞藻及丝状不运动的物种可以每 6 个月到 12 个月移种一次,有鞭毛的物种移种次数则要更频繁些。某些藻种曾成功地做到了在液氮下长期保存。

19.6　管理及采收方法

　　藻类培养的管理包括培养基养料的补给、光照及温度调节、CO_2 的补给、搅拌、防污等。在培养过程中,补给的养料要选择肥效快速,并具有强持久性、来源较广、价格低廉的种类。一般都以有机肥料为补肥。

　　光照、温度的调节视种类及季节而定。室内照光一般都采用白炽电灯和荧光管。温度调节一般室内采用白炽灯照射培养物或用温室、安装电热管等升温,室外冬季升温较困难,主要采用玻璃棚;降温方面一般用冷水管道降温,或经通风遮阳降温。

　　CO_2 的补给一般通过空气压缩机或橡皮管将含 5% CO_2 的空气通入培养物中。

　　搅拌是藻类培养中不可少的一道工序。搅拌可使培养物均匀分布、水温均匀,利于藻类生长。搅拌的方法一般为人力搅拌、风力搅拌、空气搅拌和磁力搅拌。此外还有循环流动法。

　　防污在藻类培养中很重要,对杂藻及细菌的防治主要采用石灰、漂白粉、硫酸铜等试剂。用 0.5~1 ppm 硫酸铜防止杂藻的效果较好。当有浮游动物污染时,可使用化学试剂、杀虫剂等杀灭,如硫酸铜 1~2 ppm 可杀灭轮虫、纤毛虫;漂白粉 4 ppm 对各种虫类均有效;食盐 9‰ 可杀灭轮虫;碘液 5‰,再稀释到十万分之一,可杀灭纤毛虫。

　　培养物的采收时间要适当,主要由其密度大小决定,采收的方法如下。

1. 物理浓缩

　　(1) 离心法:在国外使用最普遍。它利用离心力来把藻体与水液分离,使藻体下沉达到浓缩目的。其使用的工具主要是离心机。

　　(2) 重力沉降法:利用重力使培养物下沉而得到浓缩物。使用的工具是沉淀器。

　　(3) 遮光法和降温法:对趋光性强的藻类,如衣藻等进行遮蔽光线,使培养物下沉而得到浓缩物。低温时藻类也会有下沉现象。

2. 化学浓缩法

　　使用沉淀剂如明矾、石灰等,使培养物下沉而得到浓缩物。明矾 0.3‰~0.4‰,将之研碎,加入培养物中搅拌,半小时培养物大部分下沉,在 6~12 小时后,全部下沉。石灰一般是将其 500 g 溶在 50~100 kg 水中,制得饱和石灰水,其用量是 6%。但使用上述两法沉淀得到的藻浓缩物的石灰成分较多。

此外,较大体积的种类,如丝状体或非浮游性的藻类等可用过滤法采收。采收后的藻浓缩物即可经干燥加工成饲料或其他原料。

19.7 分析技术

1. 细胞计数——显微镜法

培养物中的个体数测定,是按照个体计数方法,测定和估计培养物单位容积中的个体数。计数方法同浮游植物定量的方法(见前章)。此外,也可以采用血球计数法。

2. 分光光度计法

培养物的藻类密度也可用分光光度计测定。当藻类密度较低时,光径中的细胞数与测量到的光密度有一简单的几何关系。在藻类密度不大时,光密度大,细胞数目就多,即可用测得的光密度值表示细胞数目。

3. 干重测定

测定干重的增加量是生产估测方法中的一个最直接的方法,其步骤如下:

(1)取样:从藻体培养液中取出有代表性的一小部分体积的藻液。取样时在以下三点上要特别注意:① 将培养物搅拌均匀;② 快速吸取样品以免沉积;③ 足够多的样品。

(2)分离:取出样品后,用过滤膜过滤或用离心法把藻体与介质分开。细胞必须洗过以除去盐分和其他污物,通常是用稀释的培养液或缓冲液。海洋藻类不能用蒸馏水洗,以免质壁分离和细胞胀破。

(3)干燥:选择对特定有机体最适的烘干温度。① 避免过热;② 有好的重复性;③ 对同一样品增烘 1 h 后,称得同一重量。

(4)测定结果的表示法:所得干重测定值要以单位培养液体积的干重表示。室外的培养池则用单位照光面积的干重来表示。

 复习思考题

1. 藻类生长分为哪几个时期? 每个时期的特点是什么?
2. 藻类的分离有哪几种方法?

第 20 章　浮游动物的室内培养

20.1　浮游动物培养所需的一般条件

对培养浮游动物影响较大的因素,有饲养用水的水质、水温、盐度、pH、含氧量、光照条件、饵料的种类和数量、容器的大小等,分述如下:

(1) 培养用水:培养用水可用海水、湖泊或池沼里的水,或者保存 2~3 周的住家井水或自来水。在用自来水时,每升水中要加入 5~8 mg 的硫代硫酸钠以除去水中的氯。饲养时,为防止由于细菌繁殖而造成的水质恶变,最好是添加青霉素或链霉素之类的抗生素。但抗生素的药效只有 36 h。因此,如果在 10~12 ℃ 以下培养,并且注意水的交换,可不添加抗生素。

(2) 水温和盐度:在一定范围内,温度越高其摄食速度、生长速度也越高。饲养水温应与该种动物栖息场所的水温相适应。为了提高生长速度或繁殖速度,应考虑栖息现场的水温变动幅度,应接近其上限。对饲养用水的盐度问题研究较少,怎样影响浮游动物尚无充分了解。

(3) pH 和含氧量:培养用水的 pH 值一般都保持 7.0~8.5,含氧量都希长期望达到接近饱和的条件。如桡足类克氏纺锤镖水蚤(*Acartia clausi*)在高密度(380 个/L)下饲养时,如果含氧量低于 3.2 mg/L,就将全部死亡。

(4) 光照:改变饲养浮游动物的光照条件,其效果无明显差异,但必须避免直射日光。

(5) 饵料:现在常用的饵料有五大类:

① 培养的硅藻类和植物性鞭毛虫类;

② 培养的轮虫类、枝角类和桡足类等;

③ 卤虫无节幼体;

④ 酵母、小麦粉、大豆粉、酱油粕、海藻粉末以及相应配方的配合饵料等人工饵料;

⑤ 用网采集的天然浮游动物。

(6) 饲养容器:一般用水槽、指管或土池以静水方式培养浮游动物。

20.2 淡水枝角类及蒙古裸腹蚤的培养方法

淡水枝角类的培养易于掌握,但大量培养时需注意如下几点:

(1) 班塔法(Banta):培养液为肥泥 1 kg、马粪(一周之久)170 g、过滤池水 10 L。将上述培养液放在 15～18 ℃处,过 3～4 天,用细筛绢过滤;然后用过滤池水适当冲稀(1:2～4)便可使用。培养液要常更换,以确保饵料充分供给。这种培养液培养的枝角类常呈红色,并且产卵较多,是一种良好的培养液。

(2) 用绿藻培养枝角类法:单细胞绿藻、小球藻和栅藻等是枝角类的天然饵料,可直接用于培养枝角类,省去投饵的麻烦。这种单细胞培养液配制为:每立方米水中放硝酸铵 3.5～35 g,过磷酸盐 6.6～26.4 g。为确保藻类的不断繁殖,需经常追加这两种无机盐类。

(3) 土池培养法:土池 1 m 深,注入 50 cm 深的水,加入混合堆肥液汁,促使单细胞藻类和细菌大量繁殖,然后移入蚤、裸腹蚤等,在温度 20～25 ℃时,3～4 天后即可大量繁殖。一般在良好环境下,产量可达 800 g/m³。

培养期间要注意观察水温、水质、浮游植物等,此外还应观察水蚤是否怀卵、卵形、卵数、有无冬卵、体色及消化道情况等。蚤的颜色应为淡黄色、略带红色或淡绿色;肠道应为绿色或深褐色;卵应为圆形、暗色,数量在 10～20 个以上。如果水藻体色很淡,肠呈蓝绿或黑色,卵数少,椭圆且浅绿,并出现大批雄蚤或冬卵,同时种群中幼体数小于成体数时,这都是培养情况恶化的象征,应抓紧采取措施或重新培养。

蒙古裸腹蚤是从内陆盐水中采得,现已成功驯化,可于海水中正常生长繁殖。其大量培养方法与淡水枝角类的相似,但用水是海水,盐度 30‰～32‰,温度 25 ℃左右,适当光照。用小球藻或微绿球藻加酵母投喂。小球藻要适当扩种培养,以便满足大量培养蒙古裸腹蚤的需要。可用水泥池大量培养小球藻,培养用水要消毒、施肥等,要给以一定的光照。最大培养密度可达 7 000～10 000 个/L,生产量可达 70 g/(m³·d)。

20.3 轮虫的培养方法

目前,用于水产动物育苗生产上室内工厂化培养的轮虫主要是褶皱臂尾轮虫,可以用培养的小球藻、扁藻、衣藻等作为饵料培养。特别是臂尾轮虫培养简单,水温保持 20～25 ℃,适宜 pH 值为 7～8,投喂小球藻时,投喂量为 10^5～10^6 个/mL。也可投喂酵母培养轮虫。将 800 mL 马粪和 1 000 mL 水很合在一起,煮沸约 1 h,

待冷却后过滤,并以 2 倍冷沸水冲稀,也可用于培养轮虫。

20.3.1 轮虫种的分离与保种

目前使用的种轮虫最初都是从天然水体中分离出来的,这些轮虫品系一般都经过长期研究和实际使用证明具有优良的品质,因而生产所用的种轮虫一般不需自己分离,可从有关科研、教学单位获得。轮虫种的分离并不困难,需要时可以自己进行分离。在温暖的季节(水温 15 ℃以上),海边的小水体、小水塘,特别是盐度较低的水体,如盐碱滩上暂时性的小水洼中常有轮虫生活,用浮游生物网捞取浮游生物样,在解剖镜下用吸管可比较容易地将轮虫吸出。

轮虫一般采用保存冬卵的方式进行保种。在秋冬季,冬卵往往大量出现于轮虫培养池,从池底的沉淀物中可收集到大量的轮虫卵。由于将轮虫卵与池底污泥分离开来比较困难,可直接将含有轮虫卵的底泥放入冰柜保存。当需要时,将这种底泥从冰柜中取出,加入盐度为 15‰~25‰的海水,待轮虫冬卵孵化后,用筛绢滤出轮虫,再转移到培养水体中培养。

20.3.2 轮虫的集约化培养

所谓轮虫的集约化培养,是指在室内进行轮虫的高密度培养。在这种培养方式下,培养条件一般能得到较好的控制,轮虫的生产比较稳定。其生产流程与微藻的培养相似,也可按规模的大小分为种级培养、扩大培养和大量培养等。

1. 培养容器

室内培养轮虫对容器并没有严格的要求,因培养规模不同可选不同大小的容器。种级培养一般使用各种规格的三角烧瓶、细口瓶、玻璃缸等,扩大培养通常使用玻璃钢桶,大量培养则以水泥池最为常用。这些容器在未用前都需要用有效氯或高锰酸钾进行化学消毒,小型培养容器也可进行高温消毒。

2. 培养用水

育苗厂进行轮虫的大量培养时,一般采用砂滤水;种级培养可采用消毒水,以减少原生动物的污染。

3. 培养条件和管理

(1) 盐度:褶皱臂尾轮虫的适应盐度范围很广,在盐度为 1‰~250‰的水中均能生活,比较喜好盐度较低的海水,最适盐度范围因品系不同而不同。生产上最好控制盐度在 15‰~25‰。

（2）温度：有报道说褶皱臂尾轮虫在水温 5～40 ℃均能繁殖，但绝大多数的研究和实践都证明培养褶皱臂尾轮虫的最适水温为 25～28 ℃。

（3）饵料：轮虫培养常用的饵料主要是微藻和酵母。

微藻是培养轮虫的首选饵料，常用微藻主要包括小球藻、新月菱形藻、三角褐指藻、微绿球藻、球等鞭金藻、纤细角毛藻、扁藻等。投喂次数和投喂密度并没有严格的要求，既可一日投喂多次，保持培养水体具有相对较低的饵料密度，又可一次性投喂高密度的微藻饵料，然后较长时间不再投喂。在实际操作中，可以先将微藻培养起来，然后直接将轮虫接种到微藻培养物中。一般直接向密度为 500～700 万个/mL 的微绿球藻、200～250 万个/mL 的纤细角刺藻、200～250 万个/mL 的球等鞭金藻中接种轮虫是没有问题的。用微藻喂养轮虫时应注意以下几点：①应选用处于指数生长期的微藻，老化的藻种不利于轮虫的生长甚至致毒；②直接向高密度微藻中接种轮虫时要保证轮虫种内没有原生动物.因为在微藻饵料丰富的条件下，原生动物繁殖迅速，不仅浪费饵料，而且抑制轮虫的生长；③对轮虫培养水体给予一定的光照，微藻的生长可利用培养液中的代谢废物，改善水质。

虽然微藻是轮虫最理想的饵料，但由于轮虫的大量培养需要的饵料很多，通过培养微藻来繁殖轮虫往往不能满足生产的需要，必须寻找低成本的替代饵料。酵母是迄今较好的替代饵料，主要包括面包酵母、啤酒酵母、海洋酵母等，其中以面包酵母最易获得，因而应用最广。所用的面包酵母一般是从酵母厂或食品厂购得，一般用鲜酵母，也可用干酵母。鲜酵母通常放在冰柜保存。投喂前先在少量水中将冰冻的酵母块融化，充分搅拌制成酵母悬液，然后投入培养轮虫的水体。酵母的投喂量一般按照 1 g/(100 万个轮虫·天)，分 2～4 次投喂。

4. 充气

除在小型玻璃瓶内进行轮虫种级培养外，轮虫的培养一般需要充气，特别是用面包酵母培养轮虫时一定量的充气是必不可少的。充气的作用一是补充氧气，二是防止饵料下沉。但是轮虫不是一种喜欢剧烈震荡的生物，培养过程中应把气量调小，只要轮虫不出现因缺氧而漂浮在水面的情况就可以了。在日常管理中，要经常检查充气系统，及时纠正过大或过小的充气。

5. 水质管理

由于轮虫的耐污能力很强，很多培养轮虫自接种至收获不换水，这使得在用微藻作饵料时并不会产生严重的问题。但由于投喂藻液的稀释作用，很难做到高密度培养。只有通过换水、不断补充新藻液，才能培养出高密度的轮虫，减少水体的占用。当用面包酵母培养轮虫时，残饵会败坏水质，所以必须进行换水。可用网箱滤出要换的培养用水,然后补充预先调温的过滤海水。一般每日换水一次,换水量为50%。除换水外,如果池底很脏,还需要进行清底,用虹吸管将池底沉淀的污物吸出即可。为减少轮虫的损失,吸底时可将吸出的水和污物接入一容器,沉淀后再将上层的轮虫滤出,放回原来的培养池。换水和清底都只能部分地改善水质,如果发现大量的原生动物繁殖起来,需要对轮虫的培养水体进行彻底的改变,此时要对轮虫倒池。方法是用筛绢将池内的轮虫全部收集起来,并以过滤海水冲洗数遍,然后转移到另一备好海水的培养池内。

6. 轮虫生长的检查

轮虫的培养需要经常用解剖镜检查,生长良好的个体肥大,肠胃饱满,游动活泼。轮虫成体带夏卵的比例和数目是判断其生长好坏的重要标准,如果多数成体带有夏卵(一般3~4个,少的1~2个,多的10~15个),则说明生长较好。如果轮虫死壳多、身体上附着污物、沉底、不活泼、不带卵或带冬卵、雄体出现等,都是生长不良的表现。

轮虫密度的检查可用肉眼估计,但用镜检精确计数较为科学。于培养池各部位分别取一定体积的水样(1 mL 即可),加碘液杀死轮虫,然后在解剖镜下计数水样中轮虫的个数,并由此计算出培养池中轮虫的密度。

20.3.3 轮虫的营养强化

轮虫是目前海水鱼类育苗中最重要的开口饵料,其所含的营养成分对鱼类的生长速度、抗病力及成活率等均有重要影响。在各种营养成分中,以 ω3 系列不饱和脂肪酸,特别是二十碳五烯酸(EPA)和二十二碳六烯酸(DHA)的缺乏造成的危害最为严重。因轮虫体内的 EPA/DHA 主要是从其摄食的饵料中获取的,而海洋微藻中 EPA/DHA 的含量通常都比较高,完全用海洋微藻培养的轮虫一般并不缺乏这些营养成分。然而,现在生产上进行大规模轮虫培养时,微藻供应量往往不能满足需要,轮虫的饵料主要是面包酵母,而用面包酵母生产的轮虫严重缺乏 EPA/DHA,在使用前必须进行营养强化。强化轮虫 EPA/DHA 的方式主要有以下两种方法。

1. 用富含EPA/DHA的海洋微藻强化轮虫

将酵母轮虫用海洋微藻进行再次培养,但应选用 ω-3 系列不饱和脂肪酸(特别是 EPA 和 DHA)含量丰富的藻种如三角褐指藻、新月菱形藻、纤细角毛藻、球等鞭金藻、小球藻、微绿球藻等。综合考虑季节、培养的难易程度等因素,以小球藻和微绿球藻较好。

（1）强化培养一般在玻璃钢桶内进行，也可在小型的水泥池内进行。用高锰酸钾或有效氯对强化容器消毒后，加入高含量的藻液（小球藻、微绿球藻的密度应在 700 万/mL 以上）。

（2）用筛绢将要强化的酵母轮虫收集起来，用干净海水冲洗数遍，除去其中可能混有的原生动物，以免与轮虫争夺微藻饵料。

（3）将要强化培养的轮虫转移到强化容器进行强化培养。轮虫的密度以 400～500 个/mL 效果较好，强化过程中需不间断充气，控温在 25～28 ℃。最佳的强化时间为 24～48 h，时间太短效果较差。在强化过程中，如发现微藻被轮虫食尽，应把轮虫滤出，并换藻液继续进行强化培养。

2．用强化剂强化轮虫

以强化轮虫 EPA/DHA 为目的的强化剂种类很多，一般是从鱼油、乌贼油等海洋动物中提取的。这类强化剂含有多种不饱和脂肪酸和维生素，是经乳化制成的乳浊液，使用时比较容易与水混合。强化剂的品牌很多，不同型号的强化剂所含的成分不完全相同，使用时应根据其使用说明操作，这里以比利时 INVE 公司的 Super selco 为例将强化步骤简介如下：

（1）准备强化缸，通常采用玻璃钢桶，最好是具锥形底的琉璃钢桶。用高锰酸钾或有效氯消毒后，加入 25 ℃的过滤海水。布入充气管，采用大气泡充气，不要使用气石。

（2）用筛绢网将要强化的轮虫收集起来，冲洗后转移到强化缸中，轮虫密度为 300～500 个/mL。

（3）按 50 g/L 强化水体的量称取强化剂，加少量水用组织捣碎机、搅拌机等混匀后倒入强化缸，强化 3～4 h 后，依法再加等量的强化剂继续强化 3～4 h。

（4）强化完备后，用筛绢网滤出轮虫，用海水充分洗涤，除去多余的强化剂，以减少对育苗水体的污染。

20.4　原生动物的培养

原生动物的培养方法较多，如用植物液溶解在水中供细菌繁殖生长过程中利用，这时溶液混浊，纤毛虫就可繁殖起来。具体方法为：

杂草 50 g、自来水 1 000 mL，煮沸 2 h，放置 1 昼夜后过滤，以滤液为培养液，用显微镜从野外污水中吸选纤毛虫，接种于培养液，在 20 ℃下培养一周，能繁生大量纤毛虫。

淡水鞭毛虫类 Polytoma 的培养液配方为：在 1 L 蒸馏水中加胨 2 g、动物胶

150 g、醋酸钠 2 g、磷酸二氢钾 0.25 g、硫酸镁 0.25 g。

20.5 卤虫的培养

20.5.1 卤虫卵的收获与简单加工

目前,卤虫养殖尚没有大规模开展起来,水产养殖中所用的卤虫卵绝大多数是从天然水域中捞取的。收获卤虫卵的方法非常简单,一般采用 150 μm 孔径的筛绢缝制而成的小网,在盐田、盐湖的岸边捞取。因卤虫卵浮力大,浮于水面,易随风在水面漂移,因而水体的下风处卤虫卵比较集中,是捕捞卤虫卵的理想去处。另外,卤虫产地往往是大风天气较多的地区,常有很多虫卵被风浪吹到岸上,这些虫卵与尘土混合在一起,除非用卤水浮选,平时很难对其进行分离。在出现较大的降雨时,雨水能将这些虫卵从岸上冲到邻近的高盐水体中,因此雨后是捕捞卤虫卵的良好时机。由于降水引起盐度下降,容易使卤虫卵吸水甚至孵化,雨后不仅要抓紧时间捕捞,而且要及时对所捕获的卤虫卵进行脱水等加工处理。

卤虫卵用筛绢网从天然水域捞取后,往往含有很多的水分、泥沙、腐烂有机质等杂质,贮存之前需要进行加工,卤虫卵的加工程序一般包括下列步骤:

(1)用饱和盐水进行分离:这一步操作是利用卤虫卵能浮于饱和盐水的特性,沉淀除去虫卵中较重的杂质。为增加分离效果,可充入少量气体以辅助。

(2)用饱和卤水冲淋筛分:此步操作旨在除去较大和较小的杂质。先用 1 mm和 0.5 mm 孔径的筛绢除去较大的杂质,再用 150 μm 孔径的筛绢除去比虫卵小的杂质。

(3)用淡水洗去盐分:在 150 μm 孔径筛绢中冲洗除盐,时间不得超过 5~10 min。

(4)用淡水进行比重分离:这一步骤是为了除去空壳和比虫卵轻的杂质,时间不超过 15 min。漂浮后用 150 μm 孔径的筛绢将沉底的虫卵挤干,也可再离心除水。控制时间是为了防止虫卵过多吸收水分而启动孵化生理活动,以免下一步的干燥处理破坏虫卵。

(5)干燥:用淡水分离后的虫卵应尽快将含水量降到 10% 以下,只有在此含水量以下,虫卵的生理活动才能停止。干燥时的温度应控制在 40 ℃ 以下,可在空气中铺成薄层遮阴风干,也可在 35~38 ℃ 烘箱烘干或在其他干燥装置中干燥。最好采用真空干燥或气流干燥。

(6)包装:此步骤是将干燥好的虫卵装入一定大小的听、袋等容器,以便出售和贮存。

除以上步骤外,为了终止滞育和提高孵化率,卤虫卵的加工通常还包括以下内容:

1)冰冻处理:将除去杂质的虫卵放入饱和卤水中,于25 ℃冷冻1～2个月。冷冻后需将虫卵在室温下至少放置一周后再干燥或使用。

2)饱和卤水浸泡:这一过程通常与饱和卤水比重分离相结合。

3)双氧水处理:用2%的H_2O_2每升加10～20 g虫卵,充气浸泡30 min后,用清水洗净。此法加工的虫卵适于直接孵化。

4)重复吸水和脱水处理:将干燥虫卵按50 g/L于25～30 ℃淡水中浸泡2 h,再于饱和卤水中浸泡至少24 h,脱水。洗净后再按上述吸水——脱水过程至少重复3次。最后一次吸水后立即烘干或直接孵化。

20.5.2　卤虫卵的贮存

卤虫卵贮存原理是使其生命活动处于停滞状态,在贮存过程中不能启动虫卵的孵化生理。常用的方法有:

(1)干燥贮存:使虫卵含水量保持在9%以下。

(2)真空贮存:真空是为了减少氧气的存在,长期保存常与干燥法结合使用。

(3)饱和卤水贮存:贮存的同时有终止虫卵滞育的作用。

这是一种简单实用的储存卤虫卵的方法,在没有卤水的地区可用粗盐代替。

(4)低温:干燥和浸泡在卤水中的虫卵都可用低温贮存。完全吸水的虫卵也可在－18℃的冷库中贮存。

20.5.3　卤虫卵的孵化

1. 孵化条件

卤虫卵的孵化一般在孵化桶、罐、槽中充气进行。孵化率是衡量虫卵的孵化效果和虫卵质量的尺度。孵化率是指孵化卵数占虫卵总数的百分数。除虫卵质量外,影响孵化率的因子主要有下列几个。要得到好的孵化效果,这些因子需要保持在合适的水平。

(1)温度:孵化水温要维持在25～30 ℃,最好28 ℃。25 ℃以下孵化时间延长。33 ℃以上时,过高的温度会使胚胎发育停止。孵化过程最好保持恒温,以保持孵化的同步进行。

(2)盐度:卤虫卵在天然海水甚至在盐度为100的卤水中都能孵化。但一般在较淡的海水中孵化率较高。常用盐度为20‰～30‰的海水。如埠口盐场、窍歌盐场和柯柯盐湖的卤虫卵最适孵化盐度分别为30‰、20‰和35‰。有些品种的卤虫卵推荐使用盐度为15‰的海水。

（3）pH值：以7.5~8.5为佳，过低可用$NaHCO_3$调节。有报道称最有效的孵化用水是在盐度为5的半咸水中加2.0%的$NaHCO_3$，孵化水中加入$NaHCO_3$是为了保持pH值不低于8。

（4）充气和溶解氧：在孵化缸的底部放置足够的气石，孵化过程中需连续充气，使水体翻滚，避免在缸底形成死角。据报道将溶解氧维持在2 mg/L的水平可得到最佳的孵化效果。因而对充气量应作适当控制，不宜过大，使虫卵能均匀分布而又能避免机械性损伤。

（5）虫卵密度：优质虫卵（孵化率85%以上）的密度一般不超过5 g干重/L。密度过大后为了维持溶解氧，要增大充气量，充气过大会使幼虫受伤，产生的泡沫能使虫卵黏附，对孵化不利。一般采用的虫卵密度为1~3 g/L。

（6）光照：虫卵用淡水浸泡充分吸水后的1 h内的光照对提高孵化率是重要的。一般2 000 lx的光照即能取得最佳效果。孵化时常采用人工光照，用日光灯或白炽灯从孵化缸的上方照明。

2. 孵化方法

准备孵化缸，最好使用具锥形底的玻璃钢槽。孵化缸用前需要进行消毒。卤虫卵在孵化前常用淡水浸泡1至数小时，使虫卵充分吸水，以加快孵化速度，减少孵化过程中的能量消耗。为了杀灭虫卵表面黏附的细菌，孵化前要对虫卵消毒，一般用2%~3%的福尔马林浸泡10~15 min，或用$2×10^{-4}$的有效氯浸泡20 min。在前述的孵化条件下，孵化24~36 h。

20.3.4　无节幼体的收集与分离

孵化结束后，要将卤虫无节幼体从孵化容器内收集起来。首先把充气管、气石从孵化器中取出，在孵化器顶上覆盖一块黑布，使缸内呈黑暗状态，10~15 min后自容器底虹吸无节幼体和未孵化卵的混合物于筛绢网内，此过程应尽量避免混入空壳。

无节幼体收集起来后，还需要将混入的空壳和未孵化的虫卵分离开来，否则空壳被鱼苗吞食能引起大批死亡。分离方法有多种，主要有趋光分离和比重分离。

（1）利用趋光性分离卤虫无节幼体：此种分离方法可在各种玻璃容器中进行，一般长方形的玻璃水族箱比较经济实用。将水族箱放置在高度为60 cm左右的桌上或水泥台上，加过滤海水至水深40 cm左右。将从孵化器内收集起来的无节幼体、卵壳和未孵化卵的混合物移到该水族箱内，充气5 min。用黑布罩住水族箱，在水族箱的一角开一小孔，并在距该孔10 cm处放一只100 W灯泡，静置可见无节幼体趋光不断向此处集中。约 5～10 min 后空壳上浮到水面,未孵化卵下沉到箱底。此时开始虹吸集中到光亮处的无节幼体于一充气的桶内。虹吸时每次只能吸出少量的水,片刻后无节幼体又集中过来再吸一次,不断重复这一过程直到分离结束。在分离过程如发现卤虫有缺氧现象,应立即停止分离,待充气增氧后再继续分离。

(2) 淡水比重分离法:此法是利用无节幼体、卵壳、未孵化卵的比重差异来将它们分离开来。将三者的混合物倒入盛有淡水的盆内,将盆倾斜静置 3 min。未孵化卵因比重大而沉降到盆底,无节幼虫因淡水麻醉出现暂时休克也下沉,并靠近底部,空卵壳比重最轻浮在水面。用虹吸法将无节幼体吸入网袋内,滤去淡水。

不论哪种方法都不能一次分离出很纯的无节幼体,往往需要进行二次分离。用去壳卵孵化的无节幼虫不必进行分离便可投喂鱼苗。

20.3.5　卤虫卵的去壳处理

由于卤虫无节幼体与未孵化的卵、卵壳难以分离,投喂时就不可避免地将大量卵壳和未孵化的卵一起投到育苗池中,这些卵壳和未孵化的卵一方面会因腐烂或带有细菌而引起水体污染或导致病害,另一方面某些养殖动物会因吞食卵壳和未孵化的卵而引起肠梗塞,甚至死亡。这个问题可用虫卵去壳来解决,即用化学除去虫卵的咖啡色外壳而不影响胚胎的活力。见图 20.1。

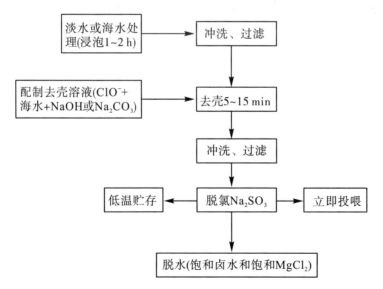

图 20.1　卤虫卵的去壳过程(自李永函等)

（1）吸水：虫卵吸水膨胀后呈圆球形，有利于去壳。一般是在 25 ℃淡水或海水中浸泡 1～2 h。

（2）配制去壳溶液和去壳：卤虫卵壳的主要成分是脂蛋白和正铁血红素，去壳的原理就是利用次氯酸钠或次氯酸钙溶液氧化去除这些物质。

常用的去壳溶液是次氯酸盐[NaClO 或 Ca(ClO)$_2$]、pH 值稳定剂和海水按一定比例配制而成的。由于不同品系卤虫卵壳的厚度不同，因而去壳溶液中要求的有效氯浓度不同，以期达到最佳效果。一船而言，每克干虫卵需使用 0.5 g 的有效氯，而去壳溶液的总体积按每克干卵 14 mL 的比例配制。配制去壳溶液需用 NaOH（需要同时使用 NaClO，用量为每克干卵 0.15 g），或 Na$_2$CO$_3$（需要同时使用 Ca(ClO)$_2$时，用量为每克干卵 0.67 g，也可用 CaO，每克干卵 0.4 g）来调节 pH 值在 10 以下。去壳溶液用海水配成，加上冰块使水温降至 15～20 ℃。在配制 Ca(ClO)$_2$去壳液时，应先将 Ca(ClO)$_2$溶解后再加 Na$_2$CO$_3$ 或 CaO，静置后使用上清液。

当把吸水后的卵放入去壳液中去壳时，要不停地搅拌或充气，此时是一个氧化过程，并产生气泡，要不停地测定其温度，可用冰块防止升温到 40 ℃以上。去壳时间一般为 5～15 min，时间过长会影响孵化率。

（3）清洗和停止去壳液的氧化作用：当在解剖镜下看不见咖啡色的卵壳时，即表示去壳完毕，此时去壳溶液的温度不再上升。有一定的操作经验后，用肉眼目测即可比较好的掌握去壳的进程。用孔径为 120 μm 的筛绢收集上述已除去壳的卤虫卵，用清水及海水冲洗，直到闻不到有氯气味为止。为了进一步除去残留的 NaClO，可放入 0.1 mol/L HCl、0.1 mol/L CH$_3$COOH 或 0.05 mol/L Na$_2$SO$_3$溶液中 1 min 中和残氯，然后用淡水或海水冲洗。

去壳卵可直接使用，也可脱水后贮存备用，但最好是孵化后使用。

（4）脱水和贮存：清洗后的去壳卵如需保存一周以上，需要脱水。具体做法是先用 120 μm 筛绢收集去壳卵，然后滤去水分，用饱和卤水浸泡，饱和卤水用量为每克干卵 10 mL，浸泡 2 h 后更换卤水或加盐一次。脱水后的去壳虫卵可保存于冰箱中。上述保存于卤水中的去壳卵的含水量约为 16%～20%，只能在数周内保持其原有孵化率。更长时期的保存要求含水量在 10% 以下，可用饱和氯化镁溶液进行脱水。

去壳卵在紫外线照射下不能孵化，因而去壳过程和去壳卵保存时都应避免阳光直射。

去壳卵解决了幼虫与卵壳分离困难的问题，此外去壳卵还有以下优点：

（1）去壳时使用的次氯酸溶液同时有对虫卵消毒的作用；

（2）鱼虾幼体可直接摄食去壳卵而在消化上没有问题，可减少孵化工作的麻烦；

（3）去壳卵在孵化时消耗的能虽较少,但每个幼虫的体重都可显著提高。

20.3.6　卤虫无节幼体的营养强化

卤虫无节幼体的强化与轮虫的强化方法相似,但由于卤虫的初孵无节幼体摄食能力很差,一般不用微藻强化。这里仍以比利时 INVE 公司出产的 Super selco 为例说明用强化剂强化卤虫无节幼体的方法:

（1）准备锥形底强化缸、充气管和气石,用高锰酸钾或有效氯消毒,添加 25～30 ℃的过滤海水。

（2）分离收集初孵的卤虫无节幼体,按 300 个/mL 转移到强化缸中。

（3）按 300 mg/L 强化水体的量称取强化剂,加少量水混匀后转移到强化缸中。强化过程中充气量要大,强化时间为 12～24 h。如果强化时间比较长（24 h）,中间需再加一次强化剂。

（4）强化结束后,将卤虫无节幼体收集起来,充分冲洗,除去多余的强化剂和附着在无节幼体身上的细菌等有害物质,然后才能投喂鱼类等养殖动物。

20.3.7　卤虫的集约化养殖

由于卤虫具有以下几个特点,因而是适合于集约化养殖的水产动物:

①卤虫从无节幼体到成体只需两个星期。在此期间体长增加 20 倍,体重增加 500 倍。

②卤虫发育过程中,幼体与成体的环境要求没有区别,因而不必改变养殖的环境及设施。

③卤虫的生殖率高,每四到五天可产 100～300 个后代,生命期长,平均成活期在六个月以上,这是有利于养殖的优点。

现简单介绍大规模的卤虫集约化养殖的一般操作规程,详细了解请参照有关书籍,如《实用卤虫养殖及应用技术》(卡伯仲,1990)。

（1）养殖用水:通常用海水,盐度 35‰～50‰,pH 值 7.8,如 pH 值小于 8,用 1 g/L 的 NaHCO$_3$ 调节。卤虫养殖用的海水须经砂滤池过滤。

（2）温度:控制在 25～30 ℃。

（3）投放:用另外的容器孵化出卤虫,将无节幼体用新鲜海水冲洗后放入培育槽。无节幼体的投放密度在 1 000 个/L 以上。

（4）投饵:所用饵料为米糠、玉米面等农产品,也可用微藻、酵母等投喂。投喂农产品时须磨细并用细筛绢过滤,因为卤虫只能摄食直径在 50 μm 以下的颗粒,投喂时遵循少量多次的原则。并根据肠胃饱满情况保证饵料供应。由于卤虫孵化后 12 h 内不摄食,故第一天可不投饵。

（5）清除污物：一般每三到四天对沉淀的残饵等污物清理一次。

（6）换水：集约化养殖常采用流水，如采用充气养殖则需每天至少换水一次。

（7）充气：卤虫的耐低氧能力很强，不需要很大的充气，保证溶解氧在 2～3 mg/L以上即可，最好不用气石，因气石产生的大量气泡对卤虫不利。

（8）日常观察：经常检查 pH、溶解氧、卤虫的游泳和健康状况等。pH 值低于7.5 时，加 0.3 g/L 的 NaHCO₃提高 pH 值。溶解氧降到 2 mg/L 时，需要增加氧气。

集约化养殖一般在小水泥池和各种槽、缸中进行。国外比较先进的方法是跑道式水槽流水养殖，其养殖密度可达数千只/L，月产量达 20 kg/m²。国内也有单位在对虾育苗池进行卤虫充气养殖。

 复习思考题

1. 培养浮游动物所需的一般条件是什么？
2. 卤虫卵去壳的具体步骤是什么？

第 4 篇　浮游生物的采集、计数与定量方法

　　浮游生物及其生产力是水生态系统的重要成员与重要功能之一,是鱼类天然饵料的重要组成部分。由于浮游生物对环境的变化十分敏感,故在环境监测中也有重要作用。

　　浮游生物(plankton)按个体大小,可分为以下几种类型:

直径>20 mm	巨型浮游生物(megaplankton)
2~20 mm	大型浮游生物(macroplankton)
200 μm~2 mm	中型浮游生物(mesoplankton)
20~200 μm	小型浮游生物(microplankton/netplankton)
2~20 μm	微型浮游生物(nanoplankton)
直径<2 μm	微微型浮游生物(picoplankton)

第 21 章　浮游植物的采集、计数与定量方法

浮游植物对环境的变化十分敏感,故在环境监测中有重要作用。不同类型的水体或不同季节的同一水体中,藻类的组成是不相同的,各种藻类的相对量在不断地变化,这种变化是有一定趋势的。因此,研究水中浮游植物组成和现存量(standing crop),对掌握海域的初级生产力、生物多样性以及为环境生态研究和利用提供有用的资料,具有重要的意义。

浮游植物的现存量,指的是某一瞬间单位水体中所存在的浮游植物的量。这个量有两种表示方法,用数目单位表示成为密度,一般用万个/升为单位,20 世纪五六十年代常用;用重量单位(mg/L)表示的现存量称为生物量(Biomass),70 年代以来被广泛使用。

在以往的调查中,人们往往只注重浮游植物的种类或数量,对其生物量则重视不够。其原因在于:浮游植物生物量测算繁琐;对生物量与数量之间的本质差别认识不足。由于不同水体、不同种类的藻类在个体上有很大差异,仅仅用数量就很难评价不同水体饵料生物的丰歉。这就要求,浮游植物的定量工作必须以测算生物量为目标。

不同的调查方法有时会得出不同的结果。关于浮游生物的采集、计数与定量常采用的方法包括容积法、称量法、叶绿素法和显微镜视野计数法等。以下介绍显微镜视野计数法。

21.1　采样

21.1.1　采水器

各种采水器均可,一般浅水(<10 m)湖泊可用玻璃瓶采水器;深水湖泊或水库必须用颠倒采水器、北原式采水器或有机玻璃采水器,还有生物网;海洋调查可采用浅海 3 型网。生物网均为圆锥形网,用尼龙筛绢缝制而成。见图 20.1,图 20.2。

图20.1　不同规格采水器　　　　　　　图20.2　浮游生物网

21.1.2　采样点的选择及采样层次的确定

选择采样点的原则是采样点在平面上的分布要有代表性。一般要求湖心、库心、江心必须采样,有条件时采样点可适当多设一些,如大的湖湾、库湾、河流的上、中、下游水体的沿岸带、浅水区等,也要设点采集。

凡水深不超过2 m者,可于采样点水下0.5 m处采样;水深2~10 m以内,应距底0.5 m处另采一个样;水深超过10 m时,应于中层增采一个水样。一般来说,池塘、水库、湖泊、河流的样点及采水层次可总结如下:

(1)池塘:样点可设在距岸边1 m处。水深小于2 m时采一中层水样;若水深大于2 m时,最好采上、中、下层水样。

亚表层:水下20 cm左右。

中层:水体中间部分。

下层:离底20 cm左右。

(2)水库及河流:样点可设在上、中、下游。

上游:设10个点(亚表层或中层)。

中游:水在2~3 m深时设1个点,采2个样(上中层和中下层)。

下游:设2~3个样点。中心点3个样(上、中、下层),另两测点各1个样(中层)。

(3)湖泊:中心区设1点,进水口和出水口也应设点。

21.1.3　采样量及采样次数

每一个采样点应采水1 000 mL。若系一般性调查,可将各层采的水等量混合,取1 000 mL混合水样固定;或者分层采水,分别计数后取平均值。分层采水可以了解每一采样点各层水中浮游植物的数量和种类。

采得水样后立即加入10~15 mL鲁哥氏液(Lugol's solution)固定。鲁哥氏液即将 6 g 碘化钾溶于 20 mL 水中,待其完全溶解后,加入 4 g 碘充分摇动,待碘全部溶解后定容到 100 mL,即配成鲁哥氏液。泥沙多时沉淀后再取水样。

采样次数可多可少。有条件时还可逐月采样 1 次,一般情况可下及采样 1 次,最低限度应在春季、夏季末、秋初各采样 1 次。

采水时,每瓶样品必须贴上标签,标签上要标明采集的时间、地点、采水体积等,其他详细内容应另行做好记录,以备查对,避免错误。

21.2　沉淀浓缩

将上述水样摇匀后倒入 1 000 mL 圆柱形沉淀器中沉淀 24 h,沉淀器可用 1 000 mL 的瓶子代替。用虹吸管小心抽出上面不含藻类的"清液"。剩下 30～50 mL 沉淀物转入 50 mL 的定量瓶中;再用上述虹吸出来的"清液"少许冲洗 3 次沉淀器,冲洗液转入定量瓶中。凡以碘液固定的水样,瓶塞要拧紧,还要加入 2%～4% 的甲醛固定液(福尔马林),即每 100 mL 样品需加 4 mL 福尔马林,以利于长期保存。浓缩时切不可搅动底部,万一动了应重新静止沉淀。为了不使漂浮水面的某些微小生物等进入虹吸管内,管口应始终低于水面,虹吸时流速流量不可过大,吸至澄清液 1/3 时,应控制流速,使其成滴缓慢流下为宜。

剩下的 30～50 mL 沉淀物摇动后转入 50 mL 定量瓶中,沉淀 24 h,再用上述虹吸抽出上面不含藻类的上清液,剩下 10～20 mL 沉淀液。瓶塞要拧紧,还要加入 2%～4% 体积分数的甲醛固定液(福尔马林),即每 100 mL 样品需另加 2～4 mL 福尔马林,以利于长期保存。

浓缩时切不可搅动底部,万一被搅动,应重新静止沉淀。为不使漂浮水面的某些微小生物等进入虹吸管内,管口应始终低于水面。浓缩后的水量多寡要视浮游植物浓度大小而定,浓缩的标准是以每个视野里有十几个藻类为宜。

21.3　显微镜计数

将浓缩沉淀后的水样充分摇匀后,立即用 0.1 mL 吸量管吸出 0.1 mL 样品,注入 0.1 mL 计数框内(计数框的表面积最好是 $20 \times 20 \text{ mm}^2$),小心盖上盖玻片($22 \times 22 \text{ mm}^2$),在盖盖玻片时,要求计数框内没有气泡,样品不溢出计数框。然后在 14×40 或 16×40 倍显微镜下计数,即在 400～600 倍显微镜下计数。每瓶标本计数 2 片,取其平均值,每片大约计算 50～100 个视野,但视野数可按浮游植物的多少而酌情增减。如平均每个视野不超过 1～2 个时,要数 200 个视野以上;如果平均每个视野有 5～6 个时,要数 100 个视野;如果平均每个视野有十几个时,数 50

个视野就可以了。同一样品的 2 片计算结果和平均数之差如不大于其均数的
±15%,其均数视为有效结果,否则还必须测第 3 片,直至 3 片平均数与相近两数
之差不超过均数的 15%为止。这两个相近值的平均数,即可视为计数结果。

在计数过程中,常碰到某些个体一部分在视野中,另一部分在视野外,这时可
规定出在视野的上半圈者计数,出现在下半圈者不计数。数量最好用细胞表示,对
不宜用细胞数表示的群体或丝状体,可求出其平均细胞数。

计算时优势种类尽可能鉴别到属,注意不要把浮游植物当作杂质而漏计。

21.4　数量与生物量的计算

(1) 1 L 水中的浮游植物的数量(N)可用下列公式计算:

$$N = \frac{Cs}{Fs \cdot Fn} \times \frac{V}{U} \times Pn$$

式中:Cs 为计数框面积(mm^2),一般为 400 mm^2;

　　　Fs 为每个视野的面积(mm^2)πR^2,视野半径 R 可用台微尺测出(一定倍数
　　　下);

　　　Fn 为计数框的视野数;

　　　V 为一升水样经沉淀浓缩后的体积(mL);

　　　U 为计数框的体积(mL),为 0.1 mL;

　　　Pn 为计数出的浮游植物个数。

如果计数框、显微镜固定不变,Fn、V、U 也固定不变,公式中的
$\left(\dfrac{Cs}{Fs \cdot Fn} \times \dfrac{V}{U}\right)$可视为常数,此常数用 K 表示,则上述公式可简化为:$N = K \times Pn$。

Pn 代表某种藻类的个数,计算结果 N 只表示 1 L 水中这种藻类的数量;Pn
若代表各种藻类的总数,计算结果 N 则表示 1 L 水中浮游植物的总数。前者若求
浮游植物数量,将各计算结果相加即可。

(2) 生物量一般按体积来换算。这是因为浮游植物个体体积小,直接称重较
困难,且其细胞比重多接近于 1。可用形态相近似的几何体积公式计算细胞体积,
细胞体积的毫升数相当于细胞重量的克数。这样体积值(μm^3)可直接换算为重量
值(109 $\mu m^{-3} \approx 1$ mg 鲜藻重)。

下列体积公式,可供计算生物量时参考:

圆锥体:$V = 1/3 \pi R^2 h$

圆柱体:$V = \pi R^2 h$

球体:$V = 4/3 \pi R^3$

椭圆体：$V = 4/3ab^2\pi$　（a 为长轴半径，b 为短轴半径）

长方体与正方体：$V = ab \times h$ 或 $V = a^3$

硅藻细胞的计算通式：V = 壳面面积 × 带面平均高度

不规则性藻类可分为几个部分计算。

每种藻类至少随机测量 20 个以上，求出这种藻类个体重的平均值，一般都制成附表供查找。此平均值乘以一升水中该种藻类的数量，即得到一升水中这种藻类的生物量（mg/L）。

由于同一种类的细胞大小可能有较大的差别，同一属内的差别就更大了，因此必须实测每次水样中主要种类（即优势种）的细胞大小并计算平均重量，其他种类可以参考附表计算。

藻类的生物量可直接作为初级生产力的一种指标，根据几次定期测算的现存量之差亦可估计出生产量。

定量结果应列出总生物量、各门生物量、优势种属，在条件许可时还可以用较简单的测定叶绿素法来对照或代替生物量。但叶绿素法不能反映种类组成情况。

复习思考题

浮游植物的数量和生物量是怎么计算的？

第 22 章　浮游动物生物量的测定方法

22.1　采集

采集水体中的浮游动物有两种方法:一是用采水器采水后沉淀分离;二是用网过滤。前者适用于原生动物、轮虫等小型浮游动物;后者适用于枝角类、桡足类等甲壳动物。

22.1.1　设站

根据浮游动物的分布设站。如果研究目的仅限于了解水体中浮游动物的丰度,为合理放养提供依据,那么可根据水体的形态划分不同的区域,然后根据不同区域所占的份额按比例取混合水样;如果研究目的是要了解水体中各区域浮游动物现存量的分布,以便对渔业生产进行合理布局,则另当别论。

22.1.2　采水层次

采水层次由水体的深度决定,切不可只采一个表层或一个底层水样。一般来说,每隔 0.5 m 或 1 m、甚至 2 m 取等量水样加以混合,然后取出一部分作为浮游动物定量之用。许多水库或深水湖泊水深 20 m 以上,这种水体在夏季及冬季存在温跃层(或称变温层)。由于在温跃层以下缺乏光照,浮游植物数量极少,依赖植物生存的浮游动物数量也相应减少,如果从养殖业角度而言,只取温跃层以上的水层就足够了。

22.1.3　采水量

浮游动物不但种类组成复杂,而且个体大小相差也极悬殊。大的浮游动物,如透明薄皮溞(*Leptodora kindti*)可达 10 mm 以上,肉眼可见;小的如原生动物,只有 20~30 μm,只能在足够倍数的显微镜下方能观察清楚。它们在水体中的数量也极不同。原生动物从几百个到几万个,一般为几千个;轮虫从几十个到上万个,一般为几百个;甲壳动物从几个到几百个,一般为几十个。因此,要根据它们在水体中的不同密度而采不同的水量。

目前,最常用的采水量,计数原生动物、轮虫的水样以 1 L 为宜,枝角类、桡足类水样则以 10～50 L 较好。

采样的时间要尽量保持一致,一般在上午 8:00～10:00 进行为好。至于采集的次数由研究的目的及人力决定。在长江中下游地区,如果一年采集 4 次,则春、夏、秋、冬各一次;如果一年只采 1 次,而且调查的目的主要是为了了解水体中的供饵能力,则应在秋季(9 月、10 月)进行为好。这是因为 9～10 月份正是鱼类摄食旺季,为鱼类生长的最佳时期,如果此时有较高的现存量,则可认为该水体中有较大的供饵能力,可继续增产。

浮游动物样品的固定,原生动物和轮虫可用碘液或福尔马林,加量同浮游植物(一般可与浮游植物合用同一样品),枝角类和桡足类一般用 5% 体积的甲醛固定。原生动物、轮虫的种类鉴定需活体观察,为方便起见,可加适当的麻醉剂,如普鲁卡因、乌来糖(尿烷),也可用苏打水等。

22.2　沉淀和滤缩

把水样中的浮游动物浓缩,一般采用沉淀和滤缩的方法。

(1) 沉淀法:操作方法与浮游植物定量样品的沉淀和浓缩方法相同。即在筒形分液漏斗中沉淀 48 h 后,吸取上层清液,把沉淀浓缩样品放入试剂瓶中,最后定量为 30 或 50 mL。一般原生动物和轮虫的计数可与浮游植物的计数合用一个样品。

(2) 过滤法:甲壳动物一般个体较大,在水体中的密度也较低,通常用过滤法浓缩水样。在此,有两点值得注意:首先,必须用 25 号浮游生物网作过滤网;其次,应当有过滤网和定性网之分,避免用捞定性样品的网当作过滤网。在不得已的情况下,要先采定量样品,后采定性标本。如果再次过滤样品时,一定要反复洗尽后方可应用。同时切记,用 25 号网过滤的水样,不能当作计数原生动物或轮虫的定量样品之用。在野外采集时,必须遵循先采定量样品,后捞定性标本的原则。

22.3　计数

进行浮游动物计数的主要仪器是显微镜和计数框,计数原生动物用 0.1 mL 或者 0.25 mL 的计数框;计数轮虫用 0.25 mL 或者 1 mL 的计数框;计算甲壳动物用 1 mL 的计数框。

22.3.1　原生动物、轮虫的计数

计数时,沉淀样品要充分摇匀,然后用定量吸管吸 0.1 mL 注入 0.1 mL 计数框中,在 10×20 的放大倍数下计数原生动物;吸取 0.25 mL 注入 0.25 mL 计数框内,在

10×10 的放大倍数下计数轮虫。一般计数 2 片,取其平均值(参阅浮游植物章节)。

22.3.2　甲壳动物的计数

甲壳动物指枝角类、桡足类。按上述方法取 10~50 L 水样,用 25 号浮游生物网过滤,把过滤物放入标本瓶中,并洗 3 次,所得的过滤物亦放入上述瓶中。在计数时,根据样品中甲壳动物的多少分若干次全部计数。如果在样品中有过多的藻类,则可加伊红(Eosin-Y)染色。

22.3.3　无节幼体的计数

无节幼体是桡足类的幼体,据初步统计,它们的数量占整个桡足类总数的 40%~90%,平均为 75%。无节幼体一般很小,与轮虫相差无几,甚至有的还小于轮虫和原生动物。在样品中如果桡足类数量不多,可和枝角类、桡足类一样全部计数;如果桡足类数量很多,全部计数花时太多,那么可把过滤样品稀释到若干体积,并充分摇匀后,再取其中部分计数。计数若干片取其平均值,然后再换算成单位体积中个体数。无节幼体亦可在 1 L 沉淀样品中,用与轮虫相同的计数方法进行计数。

22.3.4　换算

换算公式:把计数获得的结果用下列公式换算为单位体积中浮游动物个数:

$$N = \frac{V_s n}{V V_a}$$

式中:N 为 1 L 水中浮游动物个体数(个/L);

$\quad$ V 为采样体积(L);

$\quad$ V_s 为沉淀浓缩后的体积(mL);

$\quad$ V_a 为吸取沉淀浓缩液的体积(mL);

$\quad$ n 为计数所获得的个体数。

例如取 1 L 水样,浓缩至 30 mL,计数之前充分摇匀后吸取 0.1 mL 样品,计数原生动物两片,获得平均值为 50 个,吸取 1 mL 样品,计数轮虫两片,获得平均值为 30 个,则 1 L 水中原生动物为 30×50/(1×0.1) = 15 000(个),1 L 水中轮虫数量为 30×30/(1×1) = 900(个)。

又如取 20 L 水样,经 25 号生物网过滤后,滤缩标本全部计数,得各种枝角类 50 个;桡足类成体、幼体 80 个,无节幼 400 个, 则

1 L 水中枝角类为 50/20 = 2.5(个),桡足类为 480/20 = 24 个。

无节幼体如在 1 L 沉淀样品中计数，则和轮虫一样换算；如在 20 L 过滤样品中分次级样品计数，则按同样的原则进行换算。

22.4　体重的测定方法

由于浮游动物大小相差极为悬殊，因此不分大小、类别而只列出一个浮游动物总数有较大的片面性，不能客观地评价水体的供饵能力。以武汉东湖为例，若以个体数表示，原生动物占 85% 以上，甲壳动物处于微不足道的地位；若以生物量表示，则原生动物仅占 10%～20%，而甲壳动物占 50% 以上。为了正确地评价浮游动物在水生态结构、功能和生物生产力中的作用，生物量的测算显得尤为必要。目前，测定浮游动物生物量时主要有体积法、排水容积法和直接称重法。

1. 体积法

本方法就是把生物体当作一个近似几何图形，按求积公式获得生物体积，并假定比重为 1 而得到体重。这种方法在原生动物、轮虫中广为应用。轮虫的体形有圆形、椭圆形、球形、矩形、锥形等。在活体情况下，在解剖镜下将所需的轮虫种类用毛细管吸出，放在载玻片上，加入适量的麻醉剂（如苏打水），使其呈麻醉状态；或将玻片上的水徐徐吸去，吸到轮虫仅能作微小范围运动为止，然后把载玻片放在显微镜下（不加盖片），用目测微尺测量其长和宽；轮虫的厚度亦可通过显微镜微调进行近似测量。

2. 排水容积法

本方法根据水不可压缩的原理，用一种装置来测定。这种装置是一根改短的滴定管，直径 1.5 cm，长 20 cm。样品容器为一管状物，由黄铜框架和孔径为 112 μm 的网衣组成。先把该容器放入上述改短了的、已知液体体积的滴定管中以获得空容器的体积；然后把采得的浮游动物放入该容器，尽量用力甩出黏附在样品空隙中的液体，量其体积。如此重复 5 次，平均后则获得浮游动物的体积。

3. 沉淀体积法

本方法很简单，把用工具捞取的浮游动物样品放在有刻度的滴定管中，经一定时间沉淀后读出沉淀体积。

排水容积法和沉淀体积法所获得的是浮游物（sesten）的总体积。如果水体中大型浮游动物占优势，则有较大的正确性；应用本法采水量要大，样品量越大就越正确。

4. 直接称重法

几何图形法和容积法获得的只是近似值,有时误差较大,直接称重法就是要把测重的生物体用微量天平直接称其体重。本方法虽然在技术上存在一定困难,但由于它的正确性,日益受到人们的重视,已成为普遍接受的测算方法。浮游动物的湿重由于很难掌握吸水的程度,以及各种动物本身水分含量的不同,所以亦存在误差。近来,随着电子天平的问世,由于它的分度值可达 0.1 μg,人们越来越重视测定浮游动物的干重,并认为它是较为可靠的质量标志。

5. 卵的重量

枝角类的卵一般较大,可直接从孵育囊中取出,称其湿重和干重;桡足类的卵一般较小,但均为球形,用体积法就可获得较佳的结果。用目测微尺量出卵的平均直径(D)后,代入球体积公式($V = 1/6\pi D^3$)便可求出体积 V,再按比重(1.05)求出卵的重量。

桡足类的卵重还可根据怀卵雌体与非怀卵雌体重量之差获得卵囊的重量,然后再除以卵囊的卵数,获得实际卵重。

应该指出,浮游动物干重占湿重的百分比变化较大,从已知的数据来看,桡足类干湿比比值平均变动范围为 9.06%～22.04%,总平均为 13.85%;枝角类为 5.01%～12.40%,一般为 8%～10%。普遍的规律是:个体越大,干湿比值越低;个体越小,干湿比值越高,平均体长为 198～291 μm 的无节幼体干湿比比值为 1.67%～15.09%,平均为 13.56%;体长为 300～500 μm 的长额象鼻溞平均干湿比值 12.04%;体长达 5～12 mm 的透明薄皮溞的干湿比值仅为 5.01%。

甲壳动物的卵所含的水分较少,且为球形,所以干湿比值较高,桡足类卵的干湿重比值为 24.35%;枝角类为 30%。

 复习思考题

浮游动物体重的测定方法有哪几种?

附录 A　关于浮游生物的研究论文

A1　飞机草对有毒蓝藻增殖抑制
的活性物质的提取及分析

A1.1　综述

　　飞机草(*Eupatorium odoratum Linn.*)，又名香泽兰，为菊科泽兰属、多年生草本或亚灌木植物，茎直立，分枝伸展，全部茎枝被稠密的黄色茸毛或短柔毛。叶对生，三角形卵状或菱状卵形，基出三脉，两面粗糙，叶边缘有稀疏、粗大而不规则的圆锯齿，挤碎后有刺激性的气味。头状花序，在茎枝顶端呈伞房花序或复伞房花序，总苞圆柱形，花冠管状，白色、粉红色或淡黄色。瘦果狭线形，黑褐色，5棱，棱上有短硬毛，能借冠毛随风传播，花期4~5月(南半球)及9~12月(北半球)。

　　飞机草原产于中、南美洲，19世纪初曾作为一种观赏植物被引种到印度栽培，20世纪20年代早期曾作为一种香料植物被引种到泰国栽培，后经中缅、中越边境传入云南南部，1934年在云南南部被发现。20世纪中叶，其分布范围已延伸至亚洲的南部与东南部、大洋洲、西太平洋群岛、非洲的西部、中部及南部。目前飞机草已侵入我国台湾、广东、香港、澳门、海南、广西、云南、贵州以及四川等多个省区。

　　由于飞机草具有繁殖力强、生长快、生态适应性广并全株具毒等特性，加之其具有的挥发油成分对植物幼苗增殖有显著的抑制作用，产生的化感作用能够抑制邻近植物生长等入侵特性，与本地物种竞争生态位，影响本地物种生存，降低物种多样性，对生态系统造成不可逆转的破坏，被世界各国列为重要的检疫性杂草。它可入侵草场、橡胶林，以及咖啡、可可、椰子等种植园，严重影响入侵地区的农、林、牧业生产，给入侵地造成巨大的经济损失。2003年，飞机草被列入国家环保局和中国科学院公布的首批入侵种名单，位列第7，是我国外来入侵种中危害最为严重的植物之一。目前飞机草在我国的发生面积近3 000万 hm²，海南省是我国危害最重的省份之一。2002年统计资料显示，飞机草等入侵生物给每年美国造成的经济损失高达1 230亿美元，印度达130亿美元，南非达800亿美元，我国几个主要入侵种所造成的经济损失也高达574亿美元。生物入侵已经成为全球关注的热点问题。

　　对于探讨有害、外来入侵植物飞机草的防治与利用的方法一直在继续。物理防治主要有人工直接拔除、机械进行铲除、放火焚烧与覆盖种植等方法。覆盖种植是指种植一种或多种具有更强生长优势的植物来抑制有害杂草的物理防治方法。目前，国际上已发现种植红花灰叶树(*Tephrosia purpured*)、爪哇葛藤(*Pueraria phaseoloides*(Roxb.)Benth.)与臂形草(*Brachiaria decumbens*)为覆盖物可成功抑制飞机草的蔓延。

化学防治主要是使用 2,4 - D、2,4,5 - T 毒莠定、麦草畏、对草快(百草枯)、绿草定等除草剂来防治飞机草。

生物防治主要分为昆虫防治和病原菌防治两大类。昆虫防治是利用天敌昆虫来抑制或消灭有害杂草的一种防治方法。目前已发现香泽兰灯蛾(*Pareuchaetes pseudoinsulata* Rego Barros)、香泽兰瘿实蝇(*Cecidochares connexa* Macquart)、安娴珍蝶(*Actinote anteas* Doubleday and Hewit son)、褐黑象甲(*Apion brunneonigrum*)、艳娴珍蝶(*Actinotr thalia* Pyrrha)、锦天属(*Dihammus argentatusye*)和泽兰食蝇(*Procecidohares utilis* Stone)等最具潜力。病原微生物防治是利用专一性强的一些致病菌使植物感病,最终使植物受抑制或死亡。目前已发现澳大利亚泳锈菌(*Puccinia chondrillina*)、飞机草尾孢菌(*Cercopora euatorii*)和链格孢菌(*Aliternaia alternata*)最具潜力。

另外,在检疫制度上也加强了管制,采取了一定的禁防措施。

对于飞机草的防治,目前虽然已经形成了物理防治、化学防治、生物防治和检疫制度等综合防治方法,但物理防治费时费力,操作困难,一般只能实现短期防治,极易反复;化学方法则极易对环境造成二次污染,使杂草产生耐药性变异;生物防治虽是一种无污染、成本低、不产生抗性、持续期长的方法,但由于飞机草特有的入侵生长特性,短时间内难以实现抑制,并且生物防治在引入天敌时要考虑引入天敌的选择性,同时特别要求对生态环境的安全性,操作繁复且十分严格,不可轻易使用。由于飞机草的入侵特性,目前防治效果并不明显。

20 世纪 90 年代以来,国内水体富营养状态日益严重,长江、黄河、松花江等主要河流以及鄱阳湖、太湖、巢湖、武汉东湖、昆明滇池、上海淀山湖等集合水湖均有严重的蓝藻水华发生。有资料表明,我国有 66% 以上的湖泊和水库处于富营养化水平,暴发蓝藻水华的趋势日渐明显。

高温、连续阴雨、闷热、弱风的气候是满足蓝藻增殖的最佳条件,较高的水温是蓝藻水华发生的重要条件之一。海南省渔业生产在全省大农业中占有重要的位置。随着渔业的大力发展,以及对产量大幅度提高的追求,导致养殖水环境有机物增多、底泥增厚,水质日趋富营养化,部分养殖场已有蓝藻水华发生,值得关注的是,海南省的气候条件将推动蓝藻水华的大面积爆发。蓝藻适应性强、繁殖速度快,一旦形成水华就比较难治理,届时将严重影响渔业生产,同时也将严重危害人类健康,抑制蓝藻的大量增殖已是刻不容缓。

由于蓝藻不易消化,鱼类不喜摄食,导致对蓝藻的利用率低;当蓝藻大量繁殖、死亡与分解时可大量消耗氧气,极易导致水体缺氧甚至无氧,最终导致泛塘;死亡藻体的分解可产生藻毒素、羟胺及硫化氢等有毒物质,可直接危害养殖生物,间接影响人类健康;蓝藻死亡时会释放大量有机质,刺激化能异养细菌的滋生与繁殖,其中部分为致病菌,可导致养殖对象继发感染细菌性疾病;蓝藻大量繁殖时,散发腥臭味而败坏水质,水体的理化指标一旦超出水生动物的忍受限度,就会引起水生生物的大量死亡;蓝藻暴发后数量的激增致使有益浮游生物的生存空间受到挤占,不但会抑制其生长繁殖,还极易影响水体生物的多样性;另外,大量的蓝藻附在水面,不但大大阻碍了水体的通风及光照,还会妨碍大型水藻的光合作用,影响水体环境等。

另外,微囊藻可产一种具有生物活性的单环七肽毒素,能够影响鱼类的胚胎发育和增殖行为,也可引起肝肾心及胃肠等内部器官的病理变化和鱼体生理生化指标的变化,同时也能影响鱼类的免疫系统。大量研究还表明,哺乳动物比鱼类对微囊藻毒素更加敏感,可诱导哺乳动物细胞凋亡,造成急性和慢性毒效应。日本和澳大利亚等国学者通过动物试验证明,微囊藻毒素是一种强烈的肝脏肿瘤促进剂,人若食用含有微囊藻毒素的水产品或饮用被污染的水体,对人体健康将产生严重的危害。

蓝藻水华的治理一直未曾间断。物理方法主要有换水、凝絮作用、机械捞除等;化学方法主要是利用重金属离子、有机磷、无机磷、抗生素;生物方法则主要是利用化感作用、溶藻菌、有益藻类、抑制菌和竞争菌类。有研究表明,物理和化学方法在适当运用时可迅速消退水体的蓝藻水华现象,但并不稳定,尤其是优势种微囊藻,其数量很快便会反弹;生物方法短期内可抑制微囊藻的繁殖,但在竞争过程中,对已成为优势种的微囊藻的抑制效果也不明显。综合治理效果较好,但操作繁琐,不易实施。

值得注意的是植物提取物的运用。已有报导,植物提取物对微囊藻具有强有力的化感抑制作用。另外,植物提取物的优越性还在于其可在自然条件下降解,不会在生态中长期积累,生态安全性好。如果能够寻求一种对水华蓝藻产生高效抑制作用的植物提取物,那么将进一步开拓综合治理水华蓝藻的有力途径。

本文即依据飞机草叶片及其提取物对仓储谷物害虫具有明显的驱避和毒杀作用,乙醇提取物和蒸馏水提取物对多种植物幼苗的生长发育具有明显的抑制作用,并能对其他多种动物、昆虫及病原菌产生生理与行为等影响,本课题将探索飞机草是否含有能够抑制有毒水华蓝藻增殖的活性物质,为治理目前较为关注的蓝藻水华问题奠定理论基础。

A1.2　实验部分

A1.2.1　实验试材与设备

实验用试剂乙醇、丙酮、正丁醇、冰乙酸、磷酸、单宁酸、MA 培养基均为分析纯。Bicine 购于 Sigma(St. Louis,MO,USA)。铜绿微囊藻(*Microcystis aeruginosa* Kutzing. var. *minor*. H. W. Liang.)和鱼害微囊藻(*Microcystis ichthyoblabe* Kutz.)由日本滋贺县立大学提供。小球藻(*Chlorella pyrenoidosa* Chick.)由海南大学水产养殖学科研究生联合培养基地——中国水产科学研究院东海水产研究所海南琼海研究中心提供。飞机草粉末是由天然飞机草(茎和叶)采摘后自然干燥、粉碎机粉碎而制得。

实验用仪器设备有:pH 仪(Delta-320,Mettler Toledo(上海)仪器有限公司),可见分光光度计(722-s,上海棱光技术有限公司),磁力搅拌器(79-1 磁力加热搅拌器,江苏金坛科达仪器厂),旋转蒸发仪(RE52-CS,上海亚荣生化仪器厂),恒温水浴锅(B-220,上海亚荣生化仪器厂),灭菌锅(YX-280A,上海三申医疗器械有限公司),滤纸(中速定性滤纸 101,杭州新华纸业有限公司),玻璃纤维滤膜 GF/F(1825-025,Whatman International Maidstone England),薄层 Chromatography 展开槽(100-7L,日本矢泽科学),层析纸(3030-909,England WHATMAN),电子天平(BL-220H,Shimadzu Corporation Japan),紫外灯(SLUV-6,

日本 ASONE 株式会社),无菌操作台(SJ-DP,上海浦东物理光学仪器有限公司),恒温培养箱(LSC-92,上海三申医疗器械有限公司),高效液相色谱仪(ProStar-210,美国 VARIAN),纯水仪(Molro-10a,上海摩勒生物技术有限公司),冰箱(BCD-257SL,青岛海尔股份有限公司)。

A1.2.2　实验方法

1. 蓝藻的培养

培养基选用 MA 培养基,pH 8.60 ± 0.02,配方如表 A1.1。恒温培养箱中培养,温度(25±1)℃,光照 5 000 lux。见表 A1.1。

表 A1.1　MA 培养基(Ichimura,1979)

药品名称	含量($g \cdot L^{-1}$)
$NaNO_3$	0.05
KNO_3	0.1
$Ca(NO_3)_2 \cdot H_2O$	0.05
Na_2SO_4	0.04
$MgCl_2 \cdot 6H_2O$	0.05
B-Sodiumglycerophosphate	0.1
Na_2EDTA	0.005
$FeCl_3 \cdot 6H_2O$	0.0005
$MnCl_2 \cdot 4H_2O$	0.005
$ZnCl_2$	0.0005
$CoCl_2 \cdot 6H_2O$	0.005
$Na_2MoO_4 \cdot 2H_2O$	0.0008
H_3BO_3	0.02
Bicine	0.5

2. 细胞个数与叶绿素 a 浓度标准曲线图的制作

分别取对数期铜绿微囊藻、鱼害微囊藻和小球藻 0.5 mL、1 mL、2 mL、3 mL 和 4 mL,三联处理。稀释相应倍数后各取 100 μL 滴于浮游植物计数框后盖好盖玻片,进行显微镜检。根据显微镜检视野法进行细胞计数,计算公式如下:

$$N = \frac{Cs}{Fs\,Fn} \cdot \frac{V}{v} \cdot Pn$$

式中：Cs 为计数框面积，mm；Fs 为一个视野的面积，mm；Fn 为视野数；V 为藻液体积，mL；v 为计数框容积，mL；Pn 为 Fn 个视野中所计数到的细胞数。

分别取对数期的各藻液 0.5 mL、1 mL、2 mL、3 mL 和 4 mL，经 GF/F 滤膜、抽滤器过滤出藻体，取滤膜加入 5 mL 90％丙酮溶液，密封放于 4 ℃ 冰箱抽取叶绿素 a。24 h 后取出，室温下静置 30 min 后，进行吸光度测定，记录 645 nm 与 663 nm 波段下的吸光值。根据叶绿素 a 浓度的计算公式计算出叶绿素 a 的浓度，计算公式如下：

$$Ch_a = 12.7 \times D_{663} - 2.69 \times D_{645}$$

式中：Ch_a 为叶绿素 a 浓度，mg/L；D_{645} 为在 645 nm 波长下，叶绿素 a 提取液的吸光值读数；D_{663} 为在 663 nm 波长下，叶绿素 a 提取液的吸光值读数。

根据数值，绘制出各种藻的细胞个数与叶绿素 a 浓度的曲线图。

3. 飞机草活性物质的浸提

浸提溶液采用蒸馏水，安全环保，但在浸提过程中，由于飞机草粉末本身未经过任何除菌处理，加之海南的天气因素，导致用蒸馏水直接浸提经常发臭发腐。经研究确定，加 CaO 抑制诸上现象，首先确定抑制作用的有无。

准确称取飞机草粉末 20.0 g，CaO 3.0 g，于 500 mL 烧杯中混匀，加蒸馏水 200 mL 浸没搅匀，用锡纸封口于室温下浸提 24 h 后，经 0.45 μm 中速定性滤纸过滤，滤液备用。

4. 飞机草浸提液对蓝藻的增殖抑制

于 24 支 10 mL 培养管中加入 5 mL MA 培养基，121 ℃ 灭菌，冷却后接入对数期藻 1 mL，按梯度 100 μL、200 μL、400 μL 接入飞机草浸提液，对照组不添加。各条件组均做三联处理，于恒温培养箱中培养，每天摇匀一次。对起始时的藻细胞形态进行显微拍照，测定与记录 1 mL 对数期藻的细胞个数与叶绿素 a 浓度。培养 3 天后，取少量各组藻细胞再次进行显微拍照与细胞计数，然后用 GF/F 滤膜、抽滤器过滤藻，取滤膜加入 5 mL 90％丙酮溶液，密封放于 4 ℃ 冰箱抽取叶绿素 a。24 h 后取出，室温下静置 30 min 后，进行吸光度测定，记录 645 nm 与 663 nm 波段下的吸光值，并进行细胞计数。

5. 不同溶剂浸提飞机草活性物质

据文献报道，多种有机溶液中乙醇和丙酮的飞机草浸提液效果最好，应用潜力最大，为此取之与蒸馏水的浸提液做比较。准备 4 个 500 mL 烧杯，洗净、吹干、称重后编号。准确称取 4 份 20.0 g 的飞机草粉末，分别倒入 4 个 500 mL 烧杯中。于一号烧杯中加入 3.0 g 的 CaO 和 200 mL 蒸馏水，二号烧杯中只加 200 mL 蒸馏水，三号与四号烧杯分别加 200 mL 乙醇和丙酮，4 个烧杯的物质均搅匀后以锡纸封口，于室温下浸提 24 h 后，经 0.45 μm 中速定性滤纸过滤，滤液在旋转蒸发仪中于 50 ℃ 温度下挥发干燥，称重。根据挥干物的质量加入蒸馏水（按 1 g 干物 100 mL 水的比例）于室温下溶解 24 h 后，4 ℃ 保存备用。

于 30 支 10 mL 培养管中分别加入 5 mL MA 培养基，121 ℃ 灭菌，冷却后于无菌操作台中接入对数期藻 1 mL，再分别加入 400 μL 的各浸提液，对照组无添加，各条件组均做三联处理。于恒温培养箱中培养,每天摇匀一次。测定并记录起始 1 mL 对数期藻的叶绿素 a 浓度。培养 3 d 后,用 GF/F 滤膜、抽滤器过滤藻,取滤膜加入 5 mL 90 % 丙酮溶液,密封放于 4 ℃ 冰箱抽取叶绿素 a。24 h 后取出,室温下静置 30 min 后,进行吸光度测定,记录 645 nm 与 663 nm 波段下的吸光值。

6. 纸层析法分离活性物质

配制正丁醇∶冰乙酸∶蒸馏水 = 4∶1∶2($V/V/V$)作为层析流动相。首先要预洗层析纸。向预层析缸中注入 30 mL 流动相,将层析纸剪成 20 cm×5 cm 大小后尽量垂直放入预层析缸,待流动相上移至距层析纸上边缘 1~2 cm 处时预洗完毕,以铅笔在此处划一浅线做好标记,用吹风机吹干整张层析纸。距底边 1.5 cm 处再以铅笔划一浅线,距左边缘 1 cm 处开始点样,每点飞机草浸提液 100 μL,共点 4 点,点与点之间间距 1 cm。以毛细吸管吸取点样,每次均以吹风机吹干后再继续,直至点完。于层析缸中加入 30 mL 流动相,垂直加入层析纸进行层析,流动相上移至距预洗线 1~2 cm 处时取出,以铅笔画线做好标记,吹干。波长 365 nm 紫外灯夜间拍照,将层析条带圈出,由下至上依次做好标注。

7. 纸层析分离后确定各部分的实验效果

于 42 支 10 mL 培养管中加入 5 mL MA 培养基,121 ℃ 灭菌,冷却后接入对数期藻 1 mL,将 4 个样点层析后的条带 D1、D2、D3、D4 和 D5 分别剪下,将 4 个 D1、4 个 D2、4 个 D3、4 个 D4 与 4 个 D5 分别为一组加入到培养管中,空白组无添加,对照组加入相应量的空白层析条带。对接入的 1 mL 对数期藻液的叶绿素 a 浓度进行测定、记录。3 天后用 GF/F 滤膜、抽滤器过滤藻液,取滤膜加入 5 mL 90 % 丙酮溶液,密封放于 4 ℃ 冰箱抽取叶绿素 a。24 h 后取出,室温下静置 30 min 后,进行吸光度测定,记录 645 nm 与 663 nm 波段下的吸光值。

8. 计算活性物质的剂量

大量层析飞机草粗提液。准备 1 个 100 mL 烧杯,洗净、吹干、称重并做好记录。剪下 20 个 D3 放于该烧杯,加蒸馏水浸没,室温下溶解 24 h 后过滤,滤液在 50 ℃ 下于旋转蒸发仪中挥发干燥,称重后做好记录。

9. HPLC 分析

飞机草活性物质溶液制备:20 个 D3 溶于 20 mL 蒸馏水中,溶解 24 h 后以 0.2 μm 微孔滤膜过滤备用。

单宁酸溶液制备:根据飞机草活性物质的剂量,配制相当剂量的单宁酸溶液,溶解 24 h 后以 0.2 μm 微孔滤膜过滤备用。

色谱条件:色谱柱 COSMOSIL 5C$_{18}$ - MS - Ⅱ,柱温 25 ℃,流动相 A 液为乙腈,B 液为乙腈∶磷酸缓冲液(20 mM,pH = 2.5) = 3∶7(V/V),流速 1 mL/min,检测波长为 280 nm。

10. HPLC 分析结果的效果验证

对 HPLC 分析后初步认定的飞机草活性物质的具体化学成分进行蓝藻增殖抑制效果验证。同等条件下，于 30 支试管中分别加入 5 mL 培养基与 1 mL 藻液，再分别加入 100 μL、200 μL 的飞机草活性物质与单宁酸溶液，设置对照组，各组均做三联处理。显微拍照并测量与记录起始时所接入藻与培养三天后各组藻的叶绿素 a 浓度。

A1.3　结果与讨论

A1.3.1　藻细胞个数与叶绿素 a 浓度标准曲线图

铜绿微囊藻、鱼害微囊藻和小球藻的细胞个数与叶绿素 a 浓度标准曲线图如图 A1.1，图 A1.2 和图 A1.3 所示。

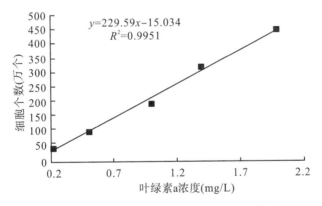

图A1.1　铜绿微囊藻的细胞个数与叶绿素 a 浓度标准曲线图

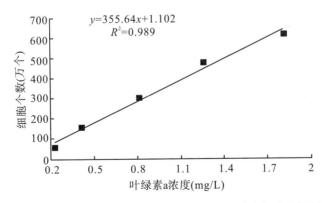

图A1.2　鱼害微囊藻的细胞个数与叶绿素 a 浓度标准曲线图

铜绿微囊藻的细胞个数与叶绿素 a 浓度间的函数关系如下：

$$y = 229.59x - 15.034 \tag{1}$$
$$R^2 = 0.9951$$

式中：y 为细胞个数，万个；x 为叶绿素 a 浓度，mg/L。

鱼害微囊藻的细胞个数与叶绿素 a 浓度间的函数关系如下：

$$y = 355.64x + 1.102 \tag{2}$$
$$R^2 = 0.989$$

式中：y 为细胞个数，万个；x 为叶绿素 a 浓度，mg/L。

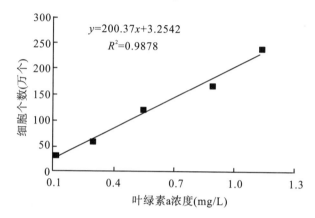

图 A1.3　小球藻的细胞个数与叶绿素 a 浓度标准曲线图

小球藻的细胞个数与叶绿素 a 浓度间的函数关系如下：

$$y = 200.37x + 3.2542 \tag{3}$$
$$R^2 = 0.9878$$

式中：y 为细胞个数，万个；x 为叶绿素浓度，mg/L。

由图 A1.1、图 A1.2 和图 A1.3 可见，铜绿微囊藻、鱼害微囊藻和小球藻三种藻的细胞个数与叶绿素 a 浓度均随剂量的梯度增加而增加，并且细胞个数与叶绿素 a 浓度两个参数间的变化趋势基本一致。另外，两参数间的函数关系分别满足关系式(1)、(2)和(3)。

A1.3.2　飞机草对蓝藻的增殖抑制

1. 细胞个数与叶绿素 a 浓度的变化

培养 3 d 时可见注入飞机草浸提液的培养管中藻色减退，通过细胞计数和叶绿素 a 浓度的测定，发现飞机草含有对两种有毒蓝藻增殖抑制的活性物质，并具有明显的抑制作用。

注入 100 μL 飞机草浸提液的培养管，细胞个数和叶绿素 a 浓度均明显低于对照组，可见飞机草对两种蓝藻的增殖具有明显的抑制作用。随着飞机草浸提液用量的加大，200 μL 时两种蓝藻的细胞个数和叶绿素 a 浓度均开始低于起始组，抑制作用随剂量的增加而增强，如图 A1.4，图 A1.5。

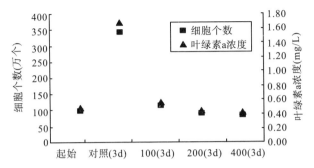

图 A1.4 蒸馏水 + CaO 条件下的飞机草浸提液对铜绿微囊藻的增殖抑制

起始组的数值为起始时加入各试管中的 1 mL 对数期藻液的参数值。100(3d)、200(3d)、400(3d)组的数值分别代表加入 100 μL、200 μL、400 μL 飞机草浸提液的各组培养 3 天时的参数值。

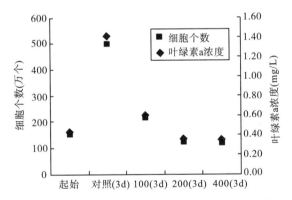

图 A1.5 蒸馏水 + CaO 条件下的飞机草浸提液对鱼害微囊藻的增殖抑制

起始组的数值为起始时加入各试管中的 1 mL 对数期藻液的参数值。100(3d)、200(3d)、400(3d)组的数值分别代表加入 100 μL、200 μL、400 μL 飞机草浸提液的各组培养 3 天时的参数值。

以小球藻(*C. pyrenoidosa*)为例探讨飞机草浸提液对绿藻的增殖影响。通过细胞计数和叶绿素 a 浓度的计算发现,在实验用 100 μL、200 μL 和 400 μL 的飞机草浸提液剂量范围内,飞机草对小球藻的增殖无抑制作用,相反,在飞机草浸提液作用下,小球藻的细胞个数与叶绿素 a 浓度明显高于对照组,如图 A1.6。

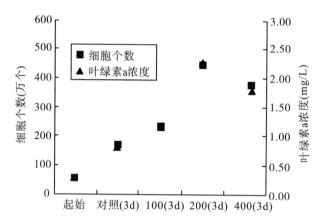

$$y=229.59x-15.034$$
$$R^2=0.9951$$

图 A1.6　蒸馏水＋CaO 条件下的飞机草浸提液对小球藻的增殖影响

起始组的数值为起始时加入各试管中的 1 mL 对数期藻液的参数值。100(3d)、200(3d)、400(3d) 组的数值分别代表加入 100 μL、200 μL、400 μL 飞机草浸提液的各组培养 3 天时的参数值。

小球藻细胞内含有丰富的蛋白质、维生素、矿物质、食物纤维、核酸及叶绿素等,是维持和促进人体健康所不可缺少的营养物质,特别是含有的生物活性物质糖蛋白、多糖以及高达 13% 的核酸等物质。小球藻具有增强人体免疫、防止病毒增殖、抑制癌细胞增殖以及抑制血糖上升、降低血清胆固醇含量、排除毒素、迅速修复机体的损伤等多项功能。小球藻中富含 CGF(小球藻生长因子),能迅速恢复机体造成的损伤,并可作为食品风味改良剂,广泛应用于食品及发酵领域。在飞机草浸提液作用下,小球藻细胞个数与叶绿素 a 浓度明显高于对照组,这一发现对于小球藻的大量、快速生产具有十分重要的意义。

以上三组细胞个数与叶绿素 a 浓度的曲线图表明,铜绿微囊藻、鱼害微囊藻和小球藻的细胞个数与叶绿素 a 浓度两个参数的变化趋势基本一致,并不受所加入的飞机草浸提液的影响,三种藻增殖受到相应的影响后,细胞个数与叶绿素 a 浓度两个参数间的函数关系仍然分别满足关系式(1)、(2)与(3)。因此,后续实验中,涉及飞机草活性物质抑制蓝藻增殖效果的实验,均通过测定叶绿素 a 的浓度计算出藻类细胞的个数,制图后进行实验结果的分析。

2. 细胞大小的变化

培养 3 d 后于显微镜下观察飞机草浸提液作用下的藻细胞状态,发现加入 200 μL 飞机草浸提液开始,各组藻的细胞明显缩小,如图 A1.7 所示。

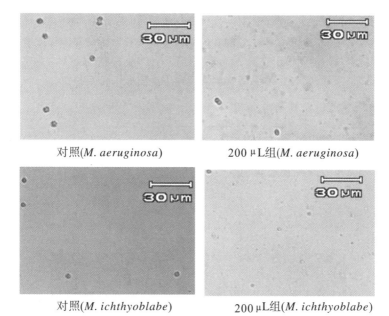

对照(*M. aeruginosa*)　　　　200μL组(*M. aeruginosa*)

对照(*M. ichthyoblabe*)　　　200μL组(*M. ichthyoblabe*)

图 A1.7　飞机草浸提液作用下两种蓝藻细胞大小的变化

200μL 组表示注入 200μL 飞机草浸提液的各组。

A1.3.3　不同溶剂浸提液的抑制效果

不同溶剂下浸提液的用量均选用 400μL,实验结果如图 A1.8 所示。

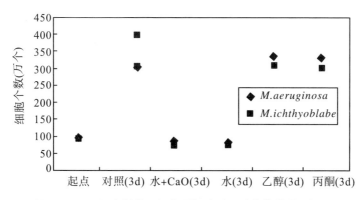

图 A1.8　不同溶剂的飞机草浸提液对两种蓝藻的增殖抑制

起始组的数值为起始时加入各试管中的 1 mL 对数期藻液的参数值。水 + CaO(3d)、水(3d)、乙醇(3d)和丙酮(3d)的数值分别代表以水和 CaO、水、乙醇和丙酮分别为溶剂浸提飞机草活性物质的各组培养 3 天时的参数值。

实验结果表明,蒸馏水和"蒸馏水+CaO"浸提的飞机草物质作用下的两种蓝藻细胞个数明显低于对照组,证实飞机草对两种蓝藻均具有明显的抑制作用,同时也说明在蒸馏水中加入CaO并不明显影响抑制效果。乙醇和丙酮浸提的飞机草物质对铜绿微囊藻没有抑制作用,对鱼害微囊藻的抑制作用并不显著,效果明显不如"蒸馏水+CaO"。为了避免飞机草自身所带细菌对实验造成的干扰,后续实验均选择用蒸馏水和CaO浸提。

A1.3.4 纸层析分离活性物质

UV(紫外光365 nm)下可见飞机草浸提液的成分分离结果,按照图谱反映,分为5个部分:D1、D2、D3、D4和D5,根据 Rf 值的计算公式(4)计算得出各条带的 Rf 值分别为0.088、0.097、0.306、0.429、0.509,如图A1.9。

$$Rf = h/H \tag{4}$$

式中:h 为各分离物移动的距离;H 为移动相移动的距离。

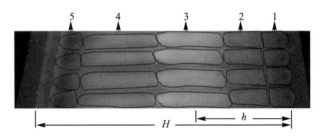

图A1.9　波长365 nm下的光谱照片

1、2、3、4、5分别为D1、D2、D3、D4、D5。h 为 D3 移动的距离;H 为移动相移动的距离。

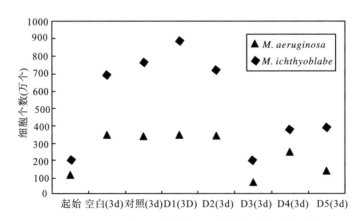

图A1.10　加入各层析条带后两种蓝藻细胞个数的变化

起始组的数值为起始时加入各试管中的1 mL对数期藻液的参数值;空白(3d)表示加入空白层析条带的培养管培养3天时的参数值;对照组无添加;D1(3d)、D2(3d)、D3(3d)、D4(3d)和D5(3d)分别表示加入层析条带D1、D2、D3、D4和D5的培养管培养3 d时的参数值。

A1.3.5 各 *Rf* 值层析物的抑制效果

培养 3 天时,可见加入 D3 的培养管中藻色明显变浅。通过细胞个数的变化发现 D3、D4 及 D5 均具抑制作用,但 D3 的增殖抑制效果最明显。另外,D3 组的细胞个数明显低于起始时的数值,如图 A1.10。

A1.3.6 活性物质的剂量

称重测定实验用 D3 所含的分离物平均质量为 0.45 mg,即每 100 μL 飞机草浸提液中 D3 分离物的质量。根据使用配量:于含 5 mL 培养基中加入 1 mL 藻液,然后向培养管中分别加入 100 μL、200 μL、400 μL 的飞机草浸提液,计算得出 D3 分离物的浓度分别为 74 μg/mL、145 μg/mL 以及 281 μg/mL。由图 A1.4 和图 A1.5 可见,74 μg/mL 时两种蓝藻的细胞个数和叶绿素 a 浓度均已明显低于对照组,对两种蓝藻的增殖抑制作用十分明显。随着实验中飞机草浸提液使用剂量的增加,145 μg/mL 及 281 μg/mL 时,两种蓝藻的细胞个数和叶绿素 a 浓度已低于起始值。

A1.3.7 HPLC 分析

色谱峰图谱如图 A1.11 与图 A1.12 所示,二者特征峰滞留时间(*RT*)的比对情况列于表 A1.2。

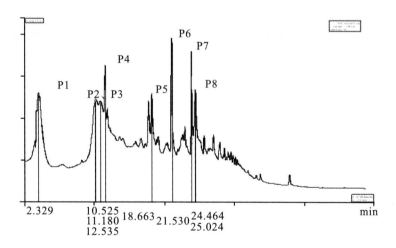

图 A1.11 飞机草活性物质的色谱峰

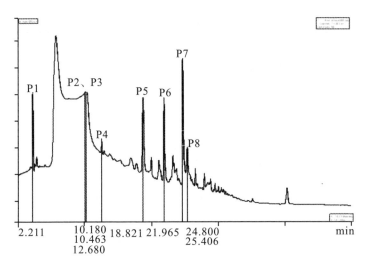

图 A1.12　单宁酸的色谱峰

表 A1.2　飞机草活性物质与单宁酸色谱特征峰的比对

物质 \ RT（min） \ 组别	P1	P2	P3	P4	P5	P6	P7	P8
飞机草	2.329	10.525	11.180	12.535	18.663	21.531	24.464	25.024
单宁酸	2.211	10.180	10.463	12.680	18.821	21.965	24.800	25.406

经过对飞机草活性物质与单宁酸色谱峰 8 个特征峰的滞留时间（RT）的比对，发现二者可基本匹配。初步认定飞机草活性物质的具体化学成分为单宁酸。

A1.3.8　单宁酸的生物活性

单宁酸作为一类水溶性酚类化合物，由于特有的多元酚结构使其存在形式多样，同样使其具备一系列独特的化学性质：能与蛋白质、生物碱、多糖结合，使其物理、化学行为发生变化；能与多种金属离子发生络合或静电作用；具有还原性和捕捉自由基的活性；具有两亲结构和诸多衍生化反应活性等一系列独特的化学性质，同时也的确具有抑制微生物的生物活性。见图 A1.13。

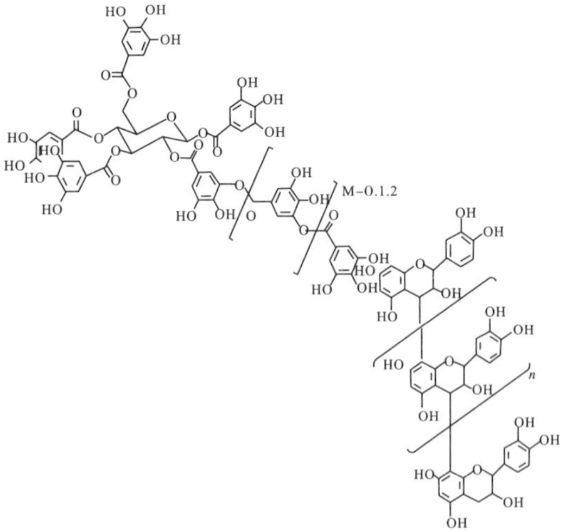

已有研究表明，单宁酸能够不同程度地抑制丝状真菌如黑曲霉、葡萄孢霉、毛

图 A1.13　单宁酸的化学结构式

壳菌、刺盘孢菌和青霉属的活性,并且某些单宁酸对多种病菌如链球菌属、假单孢菌属和霍乱菌、金黄色葡萄球菌、大肠杆菌等致病菌均具有很强的抑制作用。

经多项研究报道,单宁酸抑制微生物的机制主要有:可与微生物细胞壁上的某些物质反应,破坏或降解细胞壁;可与膜蛋白等成分结合,破坏微生物细胞膜组织,抑制电子中继系统或导致细胞内容物泄露;凝固微生物体内的原生质;减弱质子运动力;螯合金属离子,破坏生物体的内环境平衡或使部分微量金属元素流失;与环境中的营养物质结合抑制微生物的吸收。

A1.3.9　单宁酸对蓝藻的增殖抑制

1. 细胞个数的变化

同等条件下,将相当剂量的飞机草活性物质与单宁酸分别应用于两种蓝藻的增殖抑制实验,验证二者抑制作用之间的关系。见图 A1.14。

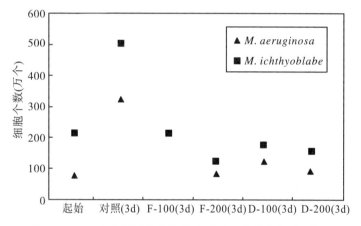

图 A1.14　飞机草活性物质与单宁酸对两种蓝藻的增殖抑制

F-100、F-200 分别表示加入 100 μL、200 μL 飞机草浸提液的条件组;
D-100、D-200 分别表示加入 100 μL、200 μL 单宁酸溶液的条件组

可见,100 μL 剂量下两种蓝藻的细胞个数已经明显低于对照组,表现出明显的增殖抑制作用;随着抑制剂剂量的加大,细胞个数继续减少,可见抑制作用的增强;并且飞机草活性物质与单宁酸这两种抑制剂对两种蓝藻的增殖抑制程度与趋势基本一致。

2. 细胞大小的变化

通过对单宁酸作用下两种蓝藻的显微观察发现:培养 3 天后于显微镜下观察飞机草浸提液作用下藻细胞状态,发现加入 200 μL 单宁酸开始,各组细胞明显缩小,如图 A1.15 所示。这一抑制效果与飞机草活性物质十分接近。见图 A1.15。

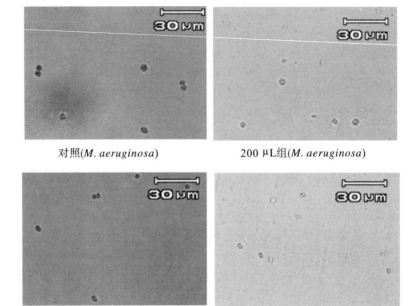

对照(*M. aeruginosa*)   200 μL组(*M. aeruginosa*)

对照(*M. ichthyoblabe*)   200 μL组(*M. ichthyoblabe*)

图 A1.15　单宁酸对两种蓝藻细胞大小的影响

200 μL 组表示注入 200 μL 单宁酸溶液的各组

通过单宁酸对蓝藻增殖抑制作用的验证,再次表明飞机草抑制有毒蓝藻增殖的活性物质极有可能就是单宁酸。

A1.4　总结

飞机草作为一种外来入侵的有毒、有害植物,具有繁殖力强、生长快、生态适应性广等特性,提取物对一些动植物具有趋避、毒杀、抑制等作用,具有散瘀、消肿、解毒和止血等医药功效,据此,本课题将其应用于爆发趋势日渐明显的蓝藻水华治理中,首次对飞机草抑制有毒水华蓝藻的增殖问题进行探讨。

浸提溶液采用蒸馏水,安全环保,但在浸提过程中,由于飞机草粉末本身未经过任何除菌处理,加之海南的天气因素,导致用蒸馏水直接浸提经常发臭发腐。经研究确定加 CaO 抑制诸上现象。将飞机草活性物质的浸提液注入蓝藻培养液进行培养,3 d 后发现注入 100 μL飞机草浸提液的培养管中铜绿微囊藻和鱼害微囊藻的细胞个数已明显低于对照组,可见飞机草含有对抑制两种有毒蓝藻增殖的活性成分,并且抑制作用十分明显(图 A1.4、图 A1.5)。随着注入培养液中的飞机草浸提液剂量的增加,发现 200 μL 和 400 μL 时两种蓝藻的细胞个数已低于起始值(图 A1.4、图 A1.5),并且藻细胞有明显的缩小变化,可见抑制作用随剂量的加大而增强。以小球藻为例探讨飞机草对绿藻的增殖影响,在实验用剂量范围内未发现对其有抑制作用(图 A1.6)。

在寻找飞机草抑制有毒蓝藻增殖的活性物质的最佳浸提溶剂实验中,有机溶剂选用乙醇和丙酮,另外,需验证用于协助浸提而加入的 CaO 是否对抑制效果造成影响。将不同溶剂的浸提液处理后分别作用于铜绿微囊藻和鱼害微囊藻,抑制效果表明:加入 CaO 的浸提液与单纯使用蒸馏水的浸提液效果相当,均表现出明显的抑制作用,并且以蒸馏水为浸提溶剂的浸提液抑制效果明显好于乙醇和丙酮(图 A1.8)。

层析分离飞机草浸提液后,于 UV(紫外光 365 nm)下可见飞机草浸提液成分的分离结果,按照图谱反映,分为 5 部分:D1、D2、D3、D4 和 D5,各 Rf 值分别为 0.088、0.097、0.306、0.429、0.509。将各部分加入藻液中进行培养,发现 D3($Rf = 0.306$)所承载的分离物对两种蓝藻的抑制作用最明显(图 A1.10)。

经过大量层析飞机草浸提液,计算得出 1 mL 飞机草水提液含有 74 μg 可抑制有毒蓝藻增殖的活性物质。也即 74 μg/mL 的飞机草浸提液作用下的两种蓝藻的细胞个数已经明显低于对照组,145 μg/mL 和 281 μg/mL 时,两种蓝藻的细胞个数已低于起始值(图 A1.4)。

通过对飞机草活性物质高效液相色谱(HPLC)(图 A1.11)的分析发现,飞机草活性物质应属于大分子构造的化合物,其存在形式多样,存在的 8 个特征峰无论是峰型还是滞留时间(RT)均与单宁酸色谱图(图 A1.12)基本一致,推测飞机草具备类似于单宁酸的能够与细胞体发生作用的官能结构及活性。另外,蓝藻增殖抑制验证实验发现,单宁酸同飞机草活性物质一样具有降低叶绿素 a 浓度、减少细胞数量与改变细胞大小的作用(图 A1.14、图 A1.15),初步认定飞机草抑制有毒蓝藻增殖的活性物质是单宁酸。

单宁酸作为一类水溶性酚类化合物,由于特有的多元酚结构使其存在形式多样,使其具备能与蛋白质、生物碱、多糖结合,能与多种金属离子发生络合或静电作用;具有还原性和捕捉自由基的活性,以及两亲结构和诸多衍生化反应活性等一系列独特的化学性质。

已证明单宁酸可与微生物细胞壁上的某些物质反应,破坏或降解细胞壁;与膜蛋白等成分结合,破坏微生物细胞膜组织,抑制电子中继系统或导致细胞内容物泄露;凝固微生物体内的原生质;减弱质子运动力;螯合金属离子,破坏生物体的内环境平衡或使部分微量金属元素流失;与环境中的营养物质结合,抑制微生物的吸收等。以上所提出的作用机制并非相互独立作用,往往通过相互作用而共同影响机体功能。

对于单宁酸这一活性物质的使用是否会影响到水产养殖生物的健康以及人类食品安全等问题,已有研究报道,单宁酸虽对多种微生物有明显的抑制作用,但在相同的抑制浓度下并不影响动物体细胞的生长,可见具有生产与食用安全性等保障。

以上研究结果对于开发利用飞机草防治蓝藻水华的爆发奠定了一定的理论基础,旨在为修复蓝藻水华污染的生态环境提供良好的材料。目前,初步认定飞机草抑制有毒蓝藻增殖的活性物质是单宁酸,今后还将继续开展实验,做进一步的分析与研究。

A2　SYBR Green 实时荧光定量 PCR 检测利玛原甲藻的研究

利玛原甲藻(*Prorocentrum lima*)隶属于甲藻门(Pyrrophyta),甲藻纲(Pyrrophyceae),纵裂甲藻亚纲(Desmokontae),原甲藻目(Prorocentrales),原甲藻科(Prorocentraceae Stein),原甲藻属(*Prorocentrum Ehrenberg*),是最常见的腹泻性贝毒(diarrhetic shellfish poison,DSP)产毒藻,被认为是 DSP 标准的可靠来源,早在 1976 年 6 月日本就发生因食用紫贻贝(*Mytilus edulis* Linnaeus)而引起的集体食物中毒事件,其毒素来源就是利玛原甲藻(*P. lima*)。

利玛原甲藻属于海洋底栖甲藻之一,属世界性广布种,从热带水域到亚南极水域均有分布,该藻附着在河口或沿岸浅海底的海草及沙粒上,结合在珊瑚礁上,或黏附在碎石上,也营浮游生活。邱德全等(1996)在海南省三亚市珊瑚礁海域采集褐藻(用 100 μm 孔径和 30 μm 孔径筛绢分离得微藻样品),其中附植甲藻经光镜检查,利玛原甲藻占 80%;李洪武(2008)在国家海洋局 908 专项调查(重点港湾泻湖海洋生物生态调查)中发现,在海南省文昌市的清澜港和新村港均有利玛原甲藻分布,营浮游生活。

2009 年 12 月 13 日,我们按照 GB/T12763 - 2007《海洋调查规范》要求对海南省临高县调楼海区的 9 个站位开展了浮游生物调查工作,结果在对 E3 站位(109°30′42″E,19°56′12″N)的调查中发现了利玛原甲藻,且其细胞数(60 万个/m³)占 E3 站位藻类总细胞数(3 368 万个/m³)的 1.8%,该海区存在的利玛原甲藻密度之大、数量之多可见一斑,随时有可能一时间大量繁衍起来,对海洋生态系统、海洋渔业、海洋环境以及人体健康造成极大毒害。要减少利玛原甲藻的危害,就必须在利玛原甲藻造成危害之前就知道海域自然水体中是否存在利玛原甲藻及它在水体中的数量。然而,传统检测方法(形态分类镜检法)既费时又费力,而且对某些形态相似的物种无法作出准确的鉴定,研究利玛原甲藻快速检测技术的重要性不言而喻。

荧光定量 PCR 是一种新的定量 PCR 检测方法,目前国标中的定量方法为 TaqMan 探针实时荧光定量 PCR,是在定性 PCR 的基础上添加一条标记两个荧光基团的探针。该方法具有灵敏度高、特异性好、简便快速等优点。但 TaqMan 技术的主要不足之处是其通用性不好,每扩增一个基因就要设计一对引物和探针,而标记探针的复杂性以及较高成本均限制了其应用。

SYBR Green 是荧光定量 PCR 的 DNA 结合染料,可以与 DNA 双链结合并发出荧光。在游离状态下,SYBR Green 发出微弱荧光,一旦与双链 DNA 结合后,其荧光增强到 1 000 倍。所以,一个反应发出的全部荧光信号与出现的双链 DNA 量成正比,可以根据荧光信号检测出 PCR 体系存在的双链 DNA 数量而定量。SYBR Green 实时荧光定量 PCR 与 TaqMan 探针实时荧光定量 PCR 相比,具有实验设计简单、不需要探针、成本低、通用性好等优点,研究表明用该技术进行定量检测具有与 TaqMan 探针荧光定量 PCR 同样的灵敏度和准确率。通过结合熔解曲线来分析,可以有效区分特异性扩增和非特异性扩增,提高定量结果的准确性。

综上所述,我们决定采用SYBR Green实时荧光定量PCR法,进行利玛原甲藻快速鉴定和定量检测的研究。

A2.1 材料与方法

A2.1.1 材料

本实验室所培养的利玛原甲藻,藻种由日本滋贺县立大学环境科学部提供。

A2.1.2 DNA提取

取对数生长期的利玛原甲藻培养物置于离心管中,4 000 rpm离心20 min,小心吸弃上清液,取沉淀收集利玛原甲藻后用QIAGEN DNeasy Plant Mini Kit(用于微量提取植物细胞、组织或真菌的总DNA,样品材料≤100 mg湿重或≤20 mg干重),按试剂盒说明书里所述、步骤进行DNA提取工作。

A2.1.3 引物设计与特异性验证

1. 引物设计

用DNA$_{star}$软件对测得的序列与从GenBank上获得的序列进行对比分析,选择利玛原甲藻18S rDNA区域中与其他浮游植物有显著差异的区域,用Primer Designer 5.0设计出适合于利玛原甲藻SYBR Green实时荧光定量PCR的引物(表A2.1),该引物扩增的片段长度为134 bp。

表A2.1 引物的序列和设计区域

	序列(5′-3′)	基因位点
正向引物(*P. lima*18SF)	GGAATTCCTAGTAAATATGAGTC	1550~1572
反向引物(*P. lima*18SR)	ACACTCGCGAGTTGAGAGCT	1664~1683

2. 引物特异性验证

1)PCR验证引物特异性

(1)在不同退火温度下用该引物对利玛原甲藻DNA样品进行PCR扩增(反应体系见表A2.2),PCR程序为:94 ℃变性5 min;接下来进入30个循环,即94 ℃变性30 s,温度T退火30 s,72 ℃延伸1 min;循环结束后72 ℃延伸5 min;最后保存在4 ℃。

取5 μL PCR扩增产物于2.0%琼脂糖凝胶上100 V电泳30 min后,用凝胶成像系统进行观察拍照,确定利玛原甲藻的最佳退火温度。

（2）在利玛原甲藻的最佳退火温度（55 ℃）下用该引物分别对几种浮游植物的 DNA 样品进行 PCR 扩增（反应体系见表 A2.2），PCR 程序为：94 ℃ 变性 5 min；接下来进入 30 个循环，即 94 ℃ 变性 30 s,55 ℃ 退火 30 s,72 ℃ 延伸 1 min；循环结束后 72 ℃ 延伸 5 min；最后保存在 4 ℃ 。

取 5 μL PCR 扩增产物于 2.0% 琼脂糖凝胶上 100 V 电泳 30 min 后用凝胶成像系统进行观察拍照，验证引物的特异性。

表 A2.2　PCR 反应体系

试剂	体积(μL)
$P. lima$ 18SF(10 μM)	1.0
$P. lima$ 18SR(10 μM)	1.0
10×Taq 酶缓冲液	2.5
$MgCl_2$(25 mM)	2.0
超纯 dNTP 混合液(2.5 mM)	2.0
Taq 酶(5 U/μL)	0.5
模板	1.0
双蒸水	15.0
总计：25.0 μL	

2) SYBR Green 实时荧光定量 PCR 验证引物特异性

（1）用该引物对利玛原甲藻的 DNA 样品进行荧光定量 PCR,检测利玛原甲藻的荧光定量 PCR 扩增。反应体系见表 A2.3,荧光定量 PCR 程序为：95 ℃ 变性 2 min；接下来进入 40 个循环，即：95 ℃ 变性 15 s,60 ℃ 退火 15 s,72 ℃ 延伸 20 s；在上述扩增条件后增加熔解曲线分析步骤：95 ℃ 15 s;60 ℃ 15 s；经 20 min 升温到 95 ℃；95 ℃ 15 s；最后保存在 10 ℃ 。

（2）用该引物分别对 2 mL 浮游植物（由塔玛亚历山大藻、栅藻、小球藻、海南省海口市东寨港浮游植物、海南省海口市南渡江浮游植物和海南省海口市西海岸浮游植物充分混匀而成，经镜检,不含利玛原甲藻,浓度为 $9.67×10^6$ cells/mL）的 DNA 样品和 0.5 mL 利玛原甲藻培养液与 1.5 mL 上述浮游植物的混合物的 DNA 样品分别进行荧光定量 PCR（反应体系见表 A2.3,荧光定量 PCR 程序同上），验证引物的特异性。

表 A2.3　SYBR Green 实时荧光定量 PCR 反应体系

试剂	体积(μL)
SYBR Premix Ex Taq™ II (TaKaRa)	12.5
$P. lima$ 18SF(10 μM)	1.0
$P. lima$ 18SR(10 μM)	1.0
模板	2.0
双蒸水	8.5
总计:25.0 μL	

A2.1.4　SYBR Green 实时荧光定量 PCR 检测方法的建立

取利玛原甲藻培养液经显微镜计数后按 A2.1.2 所述方法提取 DNA,然后将 DNA 按 1:10 倍比稀释,设 6 个稀释度(对应细胞数依次为 3.6×10^5 个细胞,3.6×10^4 个细胞,3.6×10^3 个细胞,3.6×10^2 个细胞,3.6×10^1 个细胞,3.6×10^0 个细胞),在 Eppendorf 荧光定量 PCR 仪上进行 SYBR Green 实时荧光定量(反应体系见表 A2.3,荧光定量 PCR 程序见 A2.1.3　2)),每个稀释度重复测定三次。

以显微镜计数所得细胞数的对数值为横坐标(x),相应的平均 Ct 值为纵坐标(y)绘制标准曲线。

A2.1.5　验证 SYBR Green 实时荧光定量 PCR 检测方法的准确性

取利玛原甲藻培养液经显微镜计数后与 1.5 mL A2.1.3　2)中所述的浮游植物样品混匀,按 A2.1.2 所述方法提 DNA 后,进行 SYBR Green 实时荧光定量 PCR(反应体系见表 A1.3,荧光定量 PCR 程序见 A2.1.2　2)),重复测定三次。

根据实测的 Ct 值,用已建立的标准曲线推算出检测样品中的细胞数后,与镜检细胞数相比较,检查误差。

A2.1.6　应用已建立的 SYBR Green 实时荧光定量 PCR 检测法检测临高调楼海区的利玛原甲藻

于 E3 站位采取 1L 水样,先用孔径为 200 μm 的筛绢过滤水样,小心收集过滤液,然后用孔径为 8 μm 的过滤膜(Isopore™ Membrane Filters)抽滤过滤液,收集过滤膜上部的藻样。每片过滤膜约抽滤 200 mL 过滤液。

将过滤膜小心放置于 2 mL 离心管中,按 A2.1.2 所述方法提取样品的总 DNA,然后按 A2.1.4 所述方法进行 SYBR Green 实时荧光定量 PCR 检测样品中的利玛原甲藻细胞数,重复测定三次。

根据实测的 Ct 值,用已建立的标准曲线推算出检测样品中的细胞数后,与镜检细胞数相比较,检查误差。

A2.2　结果

A2.2.1　测序结果

测得的利玛原甲藻 18S rDNA 序列如图 A2.1 表示。

```
BASE COUNT          457 a          352 c          462 g          478 t

ORIGIN
      1 ttgtctcaaa gattaagcca tgcatgtctc agcataagct tccatccggc gaaactgcga
     61 atggctcatt aaaacagtta caatttattt ggtggttcac tgttacatgg ataccggtgg
    121 aaatgctaga gctaatacat gcgctcctac ccgacttagc agaaggggttg tggttattag
    181 ttacagaact agcccaggct tgcctggtca tgcggtgact catgacaatg gaattagtcg
    241 tatggcgtct gctgacgata aatcattcaa gcttctgacc tatcagcttc cgacggtagg
    301 gtattggcct tgacgggtaa cggagaatta cggtttgatt ccggagaggg
    361 agcctgagaa atagctacca catctaagga aggcagcagg cgcgcaaatt acccaatcct
    421 gacacaggga ggtagtgaca agaaataaca atacagggca tccatgtctt gtaattggaa
    481 tgagtagaac ttaaatctct ttatgagtac caattggagg gcaagtctgg tgccagcagc
    541 cgcggtaatt ccagctccaa tagcatatat taaagttgtt gcggttaaaa agctcgtagt
    601 cggatttctg ccgaggacga ccggtccgcc ctctgggtga gcatctggct tgatctggtg
    661 atcttcttgg agagcgtagc tgcacttgac tgtgtggtgc ggtatccagg acttttactt
    721 tgaggaaatt agagtgtcct aagcaggccc atgccatata tacattagca tggaataata
    781 gggtaggacc tactctctat tttgttggtt tctagagcag aggtaatggt caatggggat
    841 agttgggggt atccgtattt gactgtcaga ttgaacatcc ttggatttgt caaagacgaa
    901 ccaatgcgaa agcatttgcc agagatgtt tccttgatca agaacgaaag ttagggggatc
    961 gaagacgatc agataccgtc ctagtcttaa ccataaacta tgccaactag agattggagg
   1021 tcgttatgtt gacgactctt tcggcaccttt atgagaaatc aaagtctttg ggttccgggg
   1081 ggagtatggt cgcaaggctg aaacttaaag gaattgacgg aagggcacca ccaggagttg
   1141 agcctgcggc ttaatttgac tcaacacggg gaaacttacc aggtccggac atagtaagga
   1201 ttgacagatt gacagctctt tcttgattct atgggtggtg gtgcatggcc gttcttagtt
   1261 ggtgagtga tttgtctggt taattccgtt aacgaacgag accttaactt gctgaatagc
   1321 tacttctaac ccggtatca tgggctgtt cttagaggga ctttgctgtg tctaacgcaa
   1381 ggaagtttga ggcaataaca ggtctgtgat gcccttagat gttctgggct gcacgcgcgc
   1441 tacactgatg cgcccaatga gttttgacc ttgcctggta aggttgggta atctgtcaaa
   1501 aaacgcatcg tgatgggat agattattgc aattattaat cttgaacgag gaattcctag
   1561 taaatatgag tcatcaattc gtgttgatta cgtccctgcc ctttgtacac accgcccgtc
   1621 gctcctaccg attgagtgat ccggtgaata attcagactc tgcagctctc aactcgcgag
   1681 tgttgcaatg gaaagtttag tgagccttat cacttagagg aaggagaagt cgtaacaagg
   1741 tttccgtag
```

图 A2.1   18S rDNA 序列

A2.2.2   引物特异性验证

1. PCR 结果

1) 对利玛原甲藻 DNA 样品的 PCR 扩增

利玛原甲藻的扩增条带为 134 bp(图 A2.2),从图中可看出 7,8 号条带更为明亮,所以我们可以认为利玛原甲藻进行 PCR 的最佳退火温度为 55 ℃。

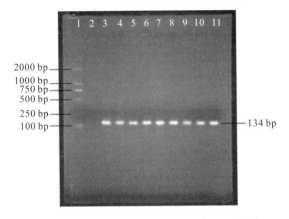

图 A2.2　利玛原甲藻 DNA 样品的 PCR 扩增

1. Maker(D2000)（2 000,1 000,750,500,250,100bp）;2. 空白对照;

3～11.的退火温度依次为:48.3 ℃、50.4 ℃、51.8 ℃、53.3 ℃、54.7 ℃、

56.1 ℃、57.6 ℃、58.9 ℃、59.7 ℃

2) 对几种浮游植物 DNA 样品的 PCR 扩增

从图 A2.3 可以看出, $P. lima$ 18S（F/R）只对 13、14 和 15 号孔的 DNA 样品有扩增,扩增条带为 134 bp,对不含利玛原甲藻的 DNA 样品均无扩增,所以引物 $P. lima$ 18S（F/R）对利玛原甲藻是特异的。

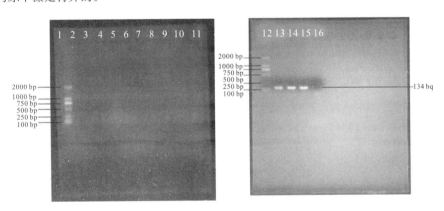

图 A2.3　几种浮游植物 DNA 样品的 PCR 扩增

1 和 12 为 Maker(D2000)（2 000,1 000,750,500,250,100 bp）;2 和 16 为空白对照;3.塔玛亚历山大藻;
4.栅藻;5.小球藻;6.海南省海口市东寨港浮游植物(采样于 2009 年 5 月 6 日);7.海南省海口市南渡江
浮游植物(采样于 2009 年 5 月 6 日);8.海南省海口市西海岸浮游植物(采样于 2009 年 5 月 7 日);9.塔
玛亚历山大藻和栅藻;10.塔玛亚历山大藻和小球藻;11.小球藻和栅藻;13.利玛原甲藻和塔玛亚历山大
藻;14.利玛原甲藻和小球藻;15.利玛原甲藻。其中,采样得到的浮游植物样品经镜检含有海南海域常
见的大多数藻类(如圆筛藻、中肋骨条藻、小环藻、三角角藻、颤藻等),但不含利玛原甲藻

2. PCR 产物测序分析结果

用 $P.\ lima$ 18S(F/R)从利玛原甲藻中扩增出 DNA 片段,通过克隆测序,测得扩增出的利玛原甲藻片段位于 18S rDNA 区域,大小为 134 bp,用 DNA$_{star}$ 做序列配对,该片段序列与 18S rDNA 区域中基因位点 1550～1683 的序列完全相同。

3. SYBR Green 实时荧光定量 PCR 结果

由于 SYBR Green 实时荧光定量 PCR 技术本身的缺点,即特异性不高,所以需结合熔解曲线来判断扩增反应的特异性。PCR 反应结束后,通过逐渐增加温度同时监测每一步的 Rn 值来产生熔解曲线,随着反应中双链 DNA 的变性解链,Rn 值降低,用 ΔRn(荧光信号改变)的负的一次导数与温度作图,在扩增产物的解链温度上便会产生特异峰值(Tm,双链 DNA 解链 50% 的温度)。而非特异扩增(如引物二聚体)等的熔解温度较特异性结合低,从而将特异性信号与非特异性信号分别开来。

熔解曲线的峰值代表 PCR 产物的 Tm 值。不同基因的熔解曲线的峰值一般不同,同一基因的熔解曲线的峰值基本相同(可小范围波动),一个 PCR 产物一般只有一个解链温度,所以熔解曲线的意义就在于鉴定 PCR 反应是否特异,产物是否单一,如果出现双峰或者多峰,就可以认为 PCR 产物为非单一产物,从而可以认定该 PCR 反应的特异性不好。另外,熔解曲线还可以检测反应体系有没有污染,有污染的体系就会出现两个或两个以上的大峰,没有污染的体系只有一个大峰,从而证明扩增的只有目的 DNA。

我们测得利玛原甲藻荧光定量 PCR 的 Ct 值为 23.43,熔解曲线的峰值(Tm 值)为 85.2;浮游植物样品荧光定量 PCR 的 Ct 值和 Tm 值均为 0,说明无扩增;利玛原甲藻和浮游植物样品混合物荧光定量 PCR 的 Ct 值为 25.73,Tm 值为 85.5,且熔解曲线为单峰,说明该扩增是对利玛原甲藻的特异性扩增。

A2.2.3 SYBR Green 实时荧光定量 PCR 标准曲线的建立

荧光定量 PCR 测定结果见表 A2.4。以已知细胞数的对数值为横坐标(x),相应的平均 Ct 值为纵坐标(y)绘制标准曲线(图 A2.4),得到利玛原甲藻荧光定量 PCR 定量计数标准曲线的回归方程为 $y = -3.0289x + 40.938$,回归系数 R^2 为 0.9967($p \leqslant 0.05$)。

表 A2.4　荧光定量 PCR 测定结果

稀释倍数	10^0	10^1	10^2	10^3	10^4	10^5
对应细胞数(个)	3.6×10^5	3.6×10^4	3.6×10^3	3.6×10^2	3.6×10^1	3.6×10^0
第一次 Ct 值	23.87	26.92	30.55	33.70	35.74	–
第二次 Ct 值	23.71	26.68	29.97	32.89	35.64	38.32
第三次 Ct 值	23.99	26.62	30.27	33.66	37.63	39.02
平均 Ct 值	23.86	26.74	30.26	33.42	36.34	38.67

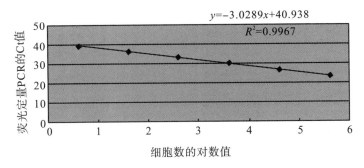

$$y=-3.0289x+40.938$$
$$R^2=0.9967$$

图 A2.4　利玛原甲藻 SYBR Green 实时荧光定量 PCR 定量计数标准曲线

A2.2.4　SYBR Green 实时荧光定量 PCR 方法准确性的验证

利玛原甲藻的镜检细胞数为 328 个，三次荧光定量 PCR 测得的 Ct 值分别为 33.59、33.54 和 33.57，Tm 值分别为 85.5、85.3 和 85.3。根据 Ct 值，用 A2.2.3 建立的标准曲线可推算出，三次检测测得样品中利玛原甲藻的细胞数分别为 267、277 和 271 个。

这样，我们测得样品中利玛原甲藻的细胞数为 272(±4.12) 个，与镜检值(328 个)差值的百分比为 17.07%，符合海洋调查规范中浮游生物调查误差在 20% 以内的要求，说明该检测方法精密度高，是准确可信的。

A2.2.5　SYBR Green 实时荧光定量 PCR 检测法检测临高调楼海区的利玛原甲藻

三次检测的 Ct 值分别为 34.86、34.83 和 34.92，Tm 值分别为 85.2、85.4 和 85.3。根据利玛原甲藻荧光定量 PCR 定量计数标准曲线的回归方程($y=-3.0289x+40.938$)可知，三次检测测得样品中利玛原甲藻的细胞数分别为 102、104 和 97 个。

这样，我们测得 200 mL 水样中利玛原甲藻的细胞数为 101(±2.94) 个，即 505(±14.72) cells/L，与镜检值(600 cells/L)差值的百分比为 15.83%，符合海洋调查规范中浮游生物调查误差在 20% 以内的要求，可见该检测方法有很大的实际应用价值。

A2.3　讨论

A2.3.1　可靠性

浮游植物的传统检测方法，如光学显微镜和电镜观察，仅能从形态上进行分析，工作量大、重现性不好、费用较高、需要专业人员进行操作，无法在大规模海洋生态调查中使用，并且从调查开始到结果报告往往需要几天，对有毒藻类的预报有延误可能。从浮游植物的分子生物学角度展开研究，并建立快速鉴定和定量检测技术，是环境生态学研究的热点。核糖体基因在染色体上的拷贝数恒定,因此样品中染色体 DNA 上核糖体基因的数量与样品中细胞的数量呈线性相关,这在区分形态上极为相近以及形态变化较大的浮游植物,特别是区分一些形态上难以区分的种类时具有重要价值。

本研究针对普通环境中 DNA 易降解的特点,选择的引物扩增片段较小,(134 bp),使检测样品能得到有效扩增,建立了利玛原甲藻 SYBR Green 实时荧光定量 PCR 检测法,绘制了标准曲线,并验证了其可靠性。

A2.3.2 特异性

选择利玛原甲藻 18S rDNA 区域中与其他浮游植物有显著差异的区域设计引物,并验证了引物的特异性,表明 *P. lima* 18S (F/R) 是对利玛原甲藻有很高特异性的引物,适用于利玛原甲藻特异性的 SYBR Green 实时荧光定量 PCR。

A2.3.3 灵敏性

理论上,只要待测样品中含有 4 个利玛原甲藻细胞,便可用本研究所建立的检测法检测出利马原甲藻,说明该检测方法的灵敏度较高;在实际调查中,用该检测方法测得的细胞数为 505(±14.72) cells/L,而镜检值为 600 cells/L,误差值为 15.83%,符合海洋调查规范中浮游生物调查误差在 20% 以内的要求,完全可以满足在生态学研究中对于有毒藻类预测预报的需要。

所以对于待测样品,我们可以提取待测样品的总 DNA 作为模板,进行 SYBR Green 实时荧光定量 PCR,根据熔解曲线定性样品是否含有利玛原甲藻,再根据 *Ct* 值和标准曲线的回归方程定量利玛原甲藻,从而达到检测待测样品是否含有利玛原甲藻细胞及定量利玛原甲藻细胞数的目的。本方法拥有较高的特异性、准确性和灵敏度,且操作过程简单、省时,3 h 内即可完成,对于大样本的检测具有现实意义,可实现海洋环境中利玛原甲藻的实时监测。

目前海南省重点港湾含有有毒藻类约 10~15 种(本研究室从 2005 年至今的调查数据),各港湾污染日趋严重,有毒藻类很可能突然大量繁殖,在严重威胁人类健康的同时还会造成巨大的经济损失。我们可以应用该方法对海南省的常见有毒藻类建立快速检测系统,这样,我们就可以快速准确地掌握海域中存在哪些种有毒藻类及其数量,随时做好全省重点港湾有毒藻类消长的预报工作,从而达到更好地控制和减少有毒藻类危害的目的,并为环境生态修复提供理论依据。

A3　海南大学丘海湖底泥轮虫休眠卵的密度测定、鉴定以及休眠卵的电镜扫描

前　言

轮虫(Rotatoria)是担轮动物门(Trochelminthes),轮虫纲(Rotifera)的微小动物。一般体长 $100\sim300\ \mu m$,广泛分布于湖泊、池塘、江河、近海等各类淡、咸水水体中,甚至潮湿土壤和苔藓丛中也有它们的踪迹。轮虫因其极快的繁殖速率生产量很高,在生态系结构、功能和生物生产力的研究中具有重要意义。轮虫是大多数经济水生动物幼体的开口饵料,在渔业生产上有颇大的应用价值。轮虫也是一类指示生物,在环境监测和生态毒理研究中被普遍采用。轮虫在环境恶劣的情况下,会产生休眠卵沉于底泥中,当环境条件允许的时候,会重新孵化。

轮虫休眠卵是轮虫在不利生态条件下形成的滞育结构,是轮虫有性生殖的产物,对轮虫抵御不良环境及保种、繁衍和分布有重要意义。轮虫是经济水生动物的开口饵料,在水产育苗上有广泛的应用,轮虫休眠卵表面携带病原、感染经济水生动物的问题已受到关注。

江河湖泊的底泥中都会存在不同轮虫的休眠卵,尤其是养殖池中的轮虫休眠卵的密度更大。轮虫休眠卵易保存、寿命长、孵化简单,采集的轮虫休眠卵可以直接孵化,在很大程度上解决了在冬天或者恶劣天气下无法采集活轮虫和活轮虫保种的问题。轮虫休眠卵能够抵抗非常恶劣的条件,说明其外壳有特殊的物理结构或存在一种或多种特殊的化学物质。通过电子显微镜扫描其外部形状,大致了解外部特征,为以后进一步研究其内部构造和表面立体结构提供了基础性材料。

对于轮虫休眠卵的研究,李永函等在养鱼池轮虫休眠卵的分布和萌发问题上进行了较深入的研究,并发现轮虫休眠卵的分布和萌发与其结构,特别是普遍存在的气室有着颇为密切的关系。大连水产学院的瞿宝香等用光学显微镜和电子显微镜对比观察萼花臂尾轮虫休眠卵的外表面形态及其卵膜的显微、亚显微结构,表明轮虫休眠卵均具多层卵膜和气室。李永函等描述了我国北方地区池塘常见 20 种轮虫休眠卵的形态结构。有关轮虫休眠卵超微结构的研究,金送笛等报道了几个生态因子(盐度、光照、pH)对卜氏晶囊轮虫休眠卵萌发及低温冷冻对休眠卵上浮的影响。研究表明,采自淡水水体的卜氏晶囊轮虫休眠卵在盐度 3‰以内均有不同比例萌发,盐度 1 的萌发率较高;光照是隔年与新产休眠卵萌发的必要条件。卜氏晶囊轮虫休眠卵在 pH 为 $5.0\sim9.9$ 的淡水中均能萌发,pH 为 $6.05\sim9.9$ 的范围内对萌发率的影响差异不显著,pH 为 8.0 左右时萌发率最高。

A3.1 轮虫休眠卵的收集、密度测定与鉴定

轮虫作为重要的天然饵料,亦为很多经济鱼类和虾类重要的开口饵料,因此培养轮虫是每个鱼苗虾苗场的关键之所在。海南地处热带,整年气温较高,又有取之不尽用之不竭的海水资源,对于培育鱼苗和虾苗有得天独厚的条件。虽然这样,但是海南本地并没有公司或企业对轮虫进行大量的培养,对于轮虫休眠卵的报道更是微乎其微。因此,对于轮虫休眠卵的研究显得尤为重要。

A3.1.1 轮虫休眠卵的收集

1. 轮虫休眠卵的采集

底泥的采集:用专门的轮虫休眠卵采集器垂直插入水底,用力下按,按到不能为止。然后缓慢垂直上提(整个过程采集器不能倾斜)。将取上来的底泥垂直放在水桶中,记录底泥的直径和厚度。在丘海湖不同的地方取五组底泥然后将其冷冻在冰箱中。经测量,采集器的直径为 7.5 cm,底泥的厚度为 17.5 cm。

休眠卵的提取有两种方法。第一种方法是将采集好的底泥放入事先配置好的高渗液(饱和食盐蔗糖水,经过试验,先加蔗糖的效果好一点)中,充分搅拌,然后静置 24 h 便会出现分层现象。此时将高渗液倒出,用 8μm 的滤膜过滤,休眠卵便会留在滤膜上。第二种方法是将底泥加少量自来水搅拌,将泥浆倒入 250 mL 三角烧瓶中达约 1/3 处,再加水使液面距瓶口约 2 cm 处,用玻璃棒搅动,静置约 10 分钟,再加水使液面略有凸出瓶口(但不外溢)时,用微细管吸出上浮到液面的休眠卵。经过两种方法的实验对比,由于底泥中轮虫休眠卵的数目并不是太多,所以采取第一种方法。

2. 轮虫休眠卵的计数

由于丘海湖底泥中轮虫休眠卵的数目并不是很多,因此对于轮虫休眠卵的计数采取全数的方式。上面提到,用 8 μm 的筛绢过滤,休眠卵便会留在滤膜上。将滤膜放在光学显微镜下观察数目并记录。此方法重复多次,直至滤膜上连续两次没有休眠卵为止。计数如表 A3.1。

表 A3.1　轮虫休眠卵计数表

底泥组数	第一组	第二组	第三组	第四组	第五组
第一次计数	32	28	31	43	27
第二次计数	24	33	30	21	35
第三次计数	10	15	25	12	12
第四次计数	1	3	12	10	2
第五次计数	2	8	4	3	6
第六次计数	0	1	3	0	5

底泥组数	第一组	第二组	第三组	第四组	第五组
第七次计数	2	0	0	2	0
第八次计数	3	0	1	0	1
第九次计数	0	–	0	0	0
第十次计数	0	–	0	–	0
总计	68	88	106	91	88

A3.1.2 轮虫休眠卵的密度测定

密度测定公式：$\rho = n/\left[\pi(R/2)^2 \times H\right]$

式中，n 为上述轮虫休眠卵计数各组数据的平均值；R 为轮虫休眠卵采集器的直径；H 为底泥的厚度。

由计算可以得到 n 为 $(68 + 88 + 106 + 91 + 88)/5 = 88.2$。

经过测量可得 R 为 0.075 m，H 为 0.175 m。

带入公式可得 $\rho = 1\,141.401$ 个/m³。

A3.1.3 轮虫休眠卵种类的鉴定

虽然现有资料说明可以直接通过轮虫休眠卵的外部形态来鉴定轮虫休眠卵的种类，但是由于实验条件等各方面因素的限制，最终选择通过孵化轮虫休眠卵来鉴定种类，这样是最简单直接又最准确的方法。

1. 藻类的培养

藻类为轮虫主要饵料，因此藻类培养非常重要。本实验轮虫的饵料为海水种小球藻。藻种来自海洋学院王珺老师，培养基为 f/2 培养基。将过滤好的海水加入母液后调 pH 为 8.6，然后放入高温灭菌锅中灭菌（121 ℃，20 min）。等培养基冷却后在无菌操作台中进行接种。将接种后的培养基放在培养箱中培养，培养箱的温度为 28 ℃。培养一周左右。见表 A3.2。

表 A3.2　f/2 培养基配方表

NaNO₃	NaH₂PO₄·H₂O	f/2 微量元素溶液	f/2 维生素溶液	海水
75 mg	5 mg	1 mL	1 mL	1 000 mL

2. 轮虫休眠卵的孵化

将上述取到的轮虫休眠卵用去离子水反复冲洗过滤，去除杂质后，放入 150 mL 烧杯中，加入经过灭菌后曝气的海水，再加入事先培养好的小球藻（小球藻要离心，4 000 r/min，5 min）放入培养箱中，培养箱温度为 28 ℃。经过两天左右，轮虫休眠卵就会孵化。在此过程中不能喂食小球藻。

3. 轮虫的鉴定

经过两天后,用解剖镜对轮虫进行鉴定。经过鉴定,发现丘海湖轮虫休眠卵的种类主要为褶皱臂尾轮虫,有少量的蛭态轮虫,这和其他的养殖池相关报道是相符的。

鉴定完以后,在解剖镜下开始对轮虫进行分离,分离以后进行培养。培养采取三级制,即试管→小烧杯→大锥形瓶的三级梯度培养。每日喂食小球藻(小球藻要进行离心)。

A3.2 轮虫休眠卵的电镜扫描

轮虫休眠卵能够抵抗非常恶劣的环境,说明其休眠卵壳存在特殊的外部形态和内部构造,由于光学显微镜只能看清楚休眠卵壳大概的形状,为了进一步了解其表面的细微结构,本实验采用电子显微镜扫描成像,观察轮虫休眠卵破壳前后的电镜图像。

A3.2.1 实验材料

磷酸缓冲液的配置:本实验选择 pH 为 7.8 的缓冲体系,配置过程如下:

甲液:取磷酸氢二钠 35.9 g,加去离子水溶解,并稀释至 500 mL。

乙液:取磷酸二氢钠 2.76 g,加去离子水溶解,并稀释至 100 mL。取上述甲液 91.5 mL 与乙液 8.5 mL 混合,摇匀即得。

锡纸套的制作:将锡纸做成大小约为小指指甲大小的小碗,注意锡纸套的底部不能有褶皱出现,不能出现破损现象,准备 20 个。

A3.2.2 轮虫休眠卵的预处理

轮虫休眠卵的洗净:因为电子显微镜能扫描其表面很细微的结构,因此去除休眠卵外壳上的杂质显得尤为重要。轮虫休眠卵壳上主要会有一些原生动物(如纤毛虫)和细菌(如杆状细菌)。首先要用去离子水反复过滤冲洗,然后再用磷酸缓冲液反复清洗,由于休眠卵的大小和轮虫相当,再根据原生动物和细菌的大小,采用 100 μm 和 60 μm 的筛绢交叉洗净。

轮虫休眠卵的超低温干燥:电子显微镜扫描的样品必须要求完全干燥,洗净的轮虫休眠卵多少都会有水分,但是不能在外界环境下自然风干,因为这样会影响休眠卵的外部形状和结构,因此要放在超低温的环境下使其干燥。将洗净的轮虫休眠卵放在事先准备好的锡纸套中,放入海洋学院 208 的超低温冰箱中冷冻,温度为 -76 ℃。经过一周左右的时间,便可干燥。

A3.2.3 轮虫休眠卵的电镜成像

将处理好的样品用电镜扫描,用的是海南大学公共试验中心电子显微镜(分辨率:10 nm,放大倍数误差:<10%,重复性误差:<5%)。首先对样品进行镀金粉处理,达成一个电子通路,以便进行电子轰击;然后将镀完金粉的样品放入电子显微镜中进行扫描,分不同

的放大倍数扫描并拍照。

A3.3 结果与讨论

通过测定得到了海南大学丘海湖底泥中轮虫休眠卵的密度为 1 141.401 个/m³,这和相关报道的密度差别很大,据报道,大连金州鱼种场的休眠卵密度最高可达 1 573 万个/m³。之所以差别很多,我认为主要是以下几方面的原因:

(1) 轮虫的淡水种居多,其在淡水中的密度远远大于海水,丘海湖水属于半咸水,轮虫密度小,直接导致了休眠卵密度的下降。

(2) 采样的局限性。由于实验条件有限,本次采样只是在丘海湖的水边进行采集,并没有进入到湖中心采样,这也导致了密度的下降。

(3) 丘海湖属于自然湖,没有进行水生生物的养殖,而且长时间处于无管理状态,而经过报道调查的都是正在使用的养殖池,而且都接种过轮虫。这也是密度差距悬殊的一个重要原因。

(4) 气候的差别,报道的地区大都是东北地区,由于东北地区年温差很大,对轮虫的刺激也大,很容易诱发休眠卵的产生,而海南属于热带地区,温差很小,整年的气温都非常适宜轮虫的生长,因此休眠卵的密度会降低。

通过对轮虫休眠卵以及卵壳的光学显微镜观察可知,轮虫休眠卵呈椭圆形或者球形,可以很清楚的分辨出有两层膜。外层膜和里层膜中间有一个气室,以便在轮虫休眠卵孵化的时候提供氧气。也有报道称成熟的轮虫休眠卵有 3 层膜,轮虫孵化、离开空壳(第一层膜)后仍被有 2 层膜。在一些种类第 3 层膜可能完全消失,在多数种类只能看到 2 层膜,因第 3 层膜(最内层膜)在休眠开始后才形成。轮虫破壳而出的地方称之为卵盖,在轮虫休眠卵的顶部。

通过对轮虫休眠卵以及卵壳的电子显微镜扫描可知,有些轮虫休眠卵的表面并不完全是光滑的,相反有的还很粗糙。其表面也不完全是密封的,卵壳表面还会有一些气孔与外界相通,其作用可能是感受外界环境变化的通道。休眠卵第一层膜在胚胎端向下的一段凹陷,此位置的第一层卵膜非常薄,轮虫可以从此处孵出,这就是卵盖。卵壳的电镜照片更加清楚地看出了其两层膜的结构和卵壳的痕迹。见图 A3.1。

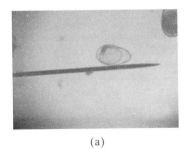 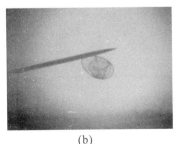

(a)   (b)

图 A3.1 轮虫休眠卵

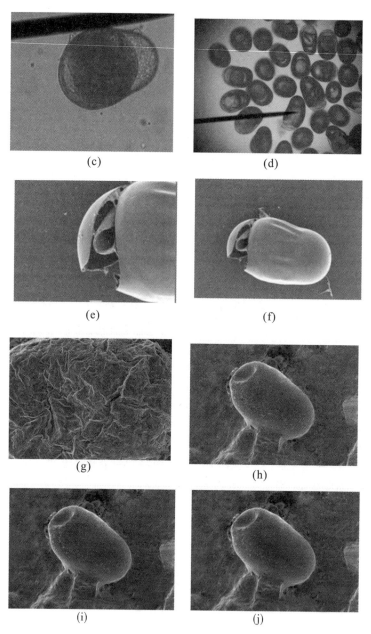

(c)

(d)

(e)

(f)

(g)

(h)

(i)

(j)

图 A3.1　轮虫休眠卵(续图)

A4 食物浓度对诱发大型溞休眠卵的影响

A4.1 试验材料

挑取个体活泼、发育正常、在实验室条件下培养一段时间刚刚成熟的雌性大型溞。食物采用小球藻，达到对数期后，离心、冷冻备用。

实验仪器包括显微镜、恒温培养箱、离心机、无菌接种箱、抽滤器、灭菌锅等。

实验器材有镊子、胶头滴管、移液枪、载玻片、盖玻片、锥形瓶、酒精灯等。

A4.2 实验方法

A4.2.1 实验一：大型溞可以忍耐的最低食物浓度

取十个带盖广口瓶，分别标号①②③④⑤⑥⑦⑧⑨⑩，标出容积是 150 mL 刻度，取普通自来水曝气 12 h 冷冻 12 h 备用，取体长相似的正常繁殖的枝角类成体，每瓶放 10 只待用，pH＝7，温度 26 ℃ 的环境培养。

编号①至⑩的培养瓶分别放置浓度为 1×10^3 至 1×10^4 cell/mL 十个梯度分别实验。反复三次，因为在实验中枝角类以小球藻为食，如食物不足，表现为大型溞可忍耐的最低食物浓度的极限恶劣环境。第七天实验观察结果做表总结。见表 A4.1。

表 A4.1 小球藻浓度和是否产生休眠卵关系

小球藻浓度 $\times 10^3$ (cell/mL)	第 1 组	第 2 组	第 3 组
①	否	否	否
②	否	否	否
③	是	否	是
④	是	是	是
⑤	是	是	是
⑥	是	是	是
⑦	是	是	是
⑧	是	是	是
⑨	是	是	是
⑩	是	是	是

由表 A4.1 可以看出，在温度为 26 ℃、pH＝7、光照等其他条件相同的情况下，以小球藻为食的大型溞，在小球藻浓度 1×10^3 cell/mL 到 2×10^3 cell/mL 时不能依靠食物全部存活，这时就说明这是大型溞所能忍受的最低极限环境，但是在小球藻浓度在 3×10^3 cell/mL 时可以观察到仍然全部大型溞都还活着，虽然它们各项生理条件表现出不足，行动迟缓，游泳不积极，只沉在培养瓶的底部，不过证明这时的食物浓度满足他生存的最基本条件。

A4.2.2　实验二：小球藻浓度对诱发大型溞产生休眠卵的影响

取 10 个带盖广口瓶，分别标号①②③④⑤⑥⑦⑧⑨⑩，标出容积是 150 mL 刻度，取普通自来水曝气 12 小时冷冻 12 小时备用，取体长相似的正常繁殖的枝角类成体，每瓶放 10 只待用，pH＝7，温度 26 ℃ 的环境培养。

编号①②内每天投饵 5×10^3 cell/mL；编号③④每天投饵 2×10^4 cell/mL；编号⑤⑥内每天投饵 3×10^4 cell/mL；编号⑦⑧每天投饵 4×10^4 cell/mL；编号⑨⑩每天投饵 5×10^4 cell/mL。反复三次。见表 A4.2。

表 A4.2　小球藻浓度与最大休眠卵数的关系

饵料浓度×10^4（细胞数/mL）	瓶子标号　组数	第 1 组	第 2 组	第 3 组	平均数	标准差
0.5	①	0	1	1	0.666667	0.57735
0.5	②	1	0	0	0.333333	0.57735
2	③	1	1	1	1	0
2	④	1	0	1	0.666667	0.57735
3	⑤	2	2	3	2.333333	0.57735
3	⑥	2	2	2	2	0
4	⑦	3	3	3	3	0
4	⑧	2	1	2	1.666667	0.57735
5	⑨	1	1	2	1.333333	0.57735
5	⑩	0	1	0	0.333333	0.57735

由表 A4.2 中显示大型溞随着食物量的增加产生影响，小球藻浓度在 5×10^3 cell/mL 到 5×10^4 cell/mL 时均可产生休眠卵，其所产生休眠卵数量呈先增大后减小的趋势，在小球藻浓度为 4×10^4 cell/mL 时平均产生最大量休眠卵。

A4.3　结果讨论

大型溞是营养丰富的活体饵料，但引种活体不如休眠卵方便，本实验目的在于研究大型溞休眠卵产生的规律,以便诱发休眠卵和休眠卵的采集。实验设计是在实验室条件下,温度 26 ℃,培养枝角类的水 pH＝7。本实验有两个结果。

A4.3.1　实验结果一

大型溞在小球藻为 2×10^3 cell/mL 以下的食物浓度时无法生存。这时食物量不能维持枝角类身体内各项生理机能的正常运作,虽然其他条件适宜但依然会死亡。根据枝角类的普遍生存规律,受到恶劣环境威胁时,为了保证种群能够延续,在比此浓度稍高的食物浓度下它受环境因素激发会产生休眠卵。

A4.3.2　实验结果二

根据实验获得结论,在小球藻为 4×10^4 cell/mL 的食物浓度时,产生的休眠卵是最多的。实验一测出大型溞可忍耐的最低食物浓度是 3×10^3 cell/mL,实验二在这个基础上为能获取大型溞的休眠卵把浓度稍微提高了一些,把实验浓度设置为 5×10^3 cell/mL 至 5×10^4 cell/mL,这样更直观的得出产生休眠卵量最多时的小球藻食物浓度。

A5 卤虫孵化存活最低盐度研究

A5.1 实验材料

本实验主要用的材料为卤虫的休眠卵(见表 A5.1)。

图 A5.1 卤虫的休眠卵

A5.2 实验方法

A5.2.1 营造实验室卤虫孵化生活的生态条件

1)温度:卤虫耐温较广,可在 5~35 ℃正常生存,卤虫卵可在 −25 ℃下贮存,卵的孵化温度为 10~35 ℃,以 25~30 ℃为合适孵化水温。

2)盐度:根据实验需要通过用灭菌海水和蒸馏水进行混合调节不同的所需盐度。

3)溶氧量:卤虫能耐低氧生活。但是用休眠卵孵化时,溶解氧应保持在 1 mg/L 左右,若要保持和稳定卤虫卵的孵化速度,溶解氧应保持在 2~8 mg/L。低于此浓度,则会降低卤虫卵的孵化率,若溶解氧浓度低于 0.6~0.8 mg/L,卵的孵化就会停止。

4)pH:卤虫生活在偏碱的水域中,pH 对卤虫的孵化、幼虫的生长、成虫的性成熟均有不同程度的影响。卵在孵化过程中,需要有一种孵化酶的作用,酶能使卵膜破裂。酶与 pH 有关,因为 pH 在 8~9 之间,酶的活性最好,卵的孵化率也会增高。本实验所选取的 pH 值为 8.2。

A5.2.2　卤虫孵化养殖的开口饵料培养

卤虫是典型的滤食性甲壳动物,也具有刮食特点,所滤食的饵料颗粒大小在 5~50 μm,但在 10 μm 以下的饵料颗粒较为适宜。因此,本实验选取淡水小球藻作为卤虫的开口饵料。

淡水小球藻养殖:配制 MA 培养液 3 000 mL,放入 5 000 mL 的锥形瓶中并加塞棉球于全自动高压蒸汽灭菌锅中灭菌,灭菌完冷却后放置在紫外灯光下照射杀菌 30 min,然后进行接种,完毕后于 25 ℃恒温培养箱中培养一周,并每天对其进行 2~3 次的摇动。一周以后小球藻便可以作为饵料投用。

A5.2.3　卤虫的孵化

①依次配制盐度为 10‰、15‰、20‰、25‰、30‰的卤虫培养液各 2 个于 500 mL 的锥形瓶中,调节好 pH 值后加棉塞,进行灭菌消毒冷却 24 h 后待用。

②在放大镜下分别选取 100 粒色泽光亮圆润的卤虫卵(见图 A5.2)放入已配置好的培养液中,加塞,插上气泵充气。充气量要求确保每个休眠卵在培养液中能"跳跃",光照情况适宜,24 h 后进行观察计数。

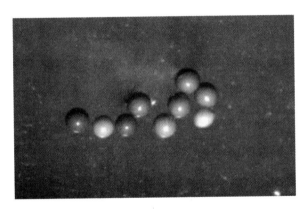

图 A5.2　本实验用的质量较好的卤虫卵

③为了找到卤虫的最低孵化盐度,本实验将 10‰以下的盐度梯度依次配制为 0、1‰、2‰、3‰、4‰、5‰、6‰、7‰、8‰、9‰的卤虫培养液各 2 个于 500 mL 的锥形瓶中,调节好 pH 值后加棉塞后进行灭菌消毒冷却 24 h 后待用。

④同样选取 100 粒色泽光亮圆润的卤虫卵,调节好各种条件进行孵化,24 h 后进行观察统计孵化率。

1.各盐度孵化率数据统计见表 A5.1,表 A5.2。

表 A5.1　10‰～30‰盐度下卤虫卵的孵化统计表

孵化数（个）时间（h）	10‰		15‰		20‰		25‰		30‰	
	A	B	A	B	A	B	A	B	A	B
0.25	0	0	0	0	0	0	0	0	0	0
0.5	0	0	0	0	0	0	0	0	0	0
1	0	0	0	0	0	0	0	0	0	0
2	0	0	0	0	0	0	0	0	0	0
3	0	0	0	0	0	0	0	0	0	0
4	2	1	3	2	3	3	3	1	3	4
5	4	3	4	4	5	6	5	4	6	6
6	7	5	6	7	6	8	7	7	9	10
12	18	20	24	30	36	26	32	38	42	46
24	26	33	33	34	40	33	38	44	48	55
36	26	34	33	32	40	31	36	46	52	58
平均孵化率	30%		32.5%		35.5%		41%		55%	

注：每个锥形瓶中的卤虫卵均为 100 粒。

表 A5.2　0～9‰盐度下卤虫卵的孵化统计表

孵化数（个）时间（h）	0‰		1‰		2‰		3‰		4‰		5‰		6‰		7‰		8‰		9‰	
	A	B	A	B	A	B	A	B	A	B	A	B	A	B	A	B	A	B	A	B
0.25	0	0	0	0	0	0	0	0	0	0	0	0	0	0	0	0	0	0	0	0
0.5	0	0	0	0	0	0	0	0	0	0	0	0	0	0	0	0	0	0	0	0
1	0	0	0	0	0	0	0	0	0	0	0	0	0	0	0	0	0	0	0	0
2	0	0	0	0	0	0	0	0	0	0	0	0	0	0	0	0	0	0	0	0
3	0	0	0	0	0	0	0	0	0	0	0	0	0	0	0	0	0	0	0	0
4	0	0	1	2	2	1	2	3	2	3	3	2	1	1	1	2	4	3	5	
5	0	0	1	3	3	1	3	4	5	5	4	5	5	7	5	5	2	6	4	4

续表

孵化数(个) 时间(h)	0‰		1‰		2‰		3‰		4‰		5‰		6‰		7‰		8‰		9‰	
盐度	A	B	A	B	A	B	A	B	A	B	A	B	A	B	A	B	A	B	A	B
6	0	0	1	3	3	4	4	5	5	6	6	7	8	10	11	14	3	8	6	8
12	0	0	4	3	6	4	8	9	8	14	18	14	18	17	18	17	6	10	14	19
24	0	0	6	5	8	7	10	9	12	18	24	21	26	28	20	24	26	30	29	25
36	0	0	6	6	8	7	9	10	14	16	20	22	24	22	20	26	26	28	29	30
平均孵化率	0		6%		7.5%		9.5%		15%		21%		23%		23%		27%		29.5%	

注：每个锥形瓶中的卤虫卵均为 100 粒。

2. 各盐度下卤虫孵化后在不换水的情况下存活时间表（见表 A5.3）。

表 A5.3　卤虫在不同盐度下的存活时间

成活数(只) 时间(h)	0‰	1‰	2‰	3‰	4‰	5‰	6‰	7‰	8‰	9‰	10‰	15‰	20‰	25‰	30‰
1	0	10	10	10	10	10	10	10	10	10	10	10	10	10	10
2	0	9	10	8	7	8	9	8	9	8	9	8	9	10	10
3	0	7	8	8	6	7	8	8	8	9	7	9	10	10	10
4	0	6	8	6	5	6	7	8	8	9	9	10	10	10	10
5	0	6	7	7	5	4	6	7	7	7	7	9	10	10	10
6	0	5	6	6	4	4	6	7	7	7	9	10	10	10	10
7	0	3	5	4	4	2	5	6	6	7	7	9	10	10	10
8	0	1	3	5	3	1	5	5	5	6	6	7	9	9	10
9	0	0	2	3	2	1	4	5	4	6	6	9	9	9	9
10	0	0	1	2	1	0	3	5	5	5	9	9	9	9	9
11	0	0	0	1	1	0	3	4	5	5	5	9	9	9	8
12	0	0	0	0	1	0	1	4	5	4	5	8	8	8	8
13	0	0	0	0	0	0	1	2	5	5	4	8	8	7	8
14	0	0	0	0	0	0	0	2	4	5	4	5	8	7	8
15	0	0	0	0	0	0	0	2	3	4	4	5	7	7	8
成活率	0	0%	0%	0%	0%	0%	0%	20%	30%	40%	40%	50%	70%	70%	80%

注：分明选取 10 只各盐度孵化的幼虫进行成活率实验。

3. 不同盐度卤虫孵化存活曲线图(见图 A5.3)。

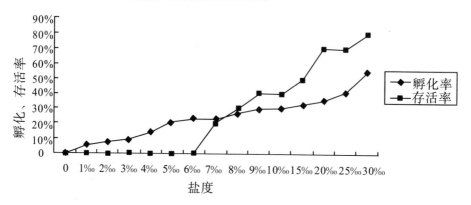

图 A5.3　卤虫不同盐度的孵化存活曲线图

A5.2.4　最低孵化存活盐度确定

经过对不同盐度下卤虫的孵化率和存活时间研究,确定本次实验的卤虫孵化存活最低盐度为 7‰。

1. 盐度为 7‰条件下的卤虫孵化过程(见图 A5.4)。

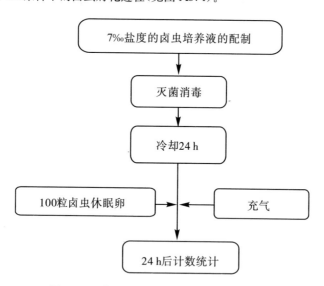

图 A5.4　盐度为 7‰条件下的卤虫孵化过程

2. 7‰盐度下卤虫孵化出幼虫的分期模式(见图 A5.5)。

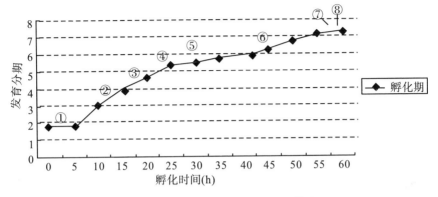

图 A5.5　卤虫孵化出幼虫的分期模式

3. 盐度为 7‰条件下的卤虫孵化后的培养

孵化后的卤虫幼虫每天投喂小球藻浓缩液(具体量的多少依照卤虫虫体大小而定),饲养密度为每 3 000 mL 培养液中 200～300 只为宜,每隔 2 d 进行一次换水,并确保其适宜光照和充气量(注:此时充气量不宜过大),定期对培养液中的残渣和尸体进行清理。

A5.2.5　卤虫在 7‰盐度环境下的生长进展情况

卤虫卵的收集:由于卤虫卵在雌体的卵囊内就开始孵化,7‰盐度下培育出来的卤虫卵的收集只有把母体的卵囊摘取下来进行去湿保存。为卤虫的淡水驯化提供材料。

本实验通过对卤虫盐度的研究,确定了其最低孵化存活盐度,并在此盐度下进行不换水、定期清除杂物方式的饲养,最终将卤虫养成了成体,雌雄成体成功的发生抱对交配现象并产生了休眠卵,收集该卤虫的休眠卵,并对该休眠卵进行洗净、烘干、保存,为卤虫的下一步淡水驯化打下了基础、提供了材料。实验过程中由于实验条件的限制,有些实验数据上出现了偏差,但这并不影响实验的进行,本实验的卤虫孵化存活最低盐度为 7‰,但希望在此盐度下收集到的休眠卵能够继续出现新的孵化存活最低盐度,将高盐度海水卤虫逐渐淘汰驯化成为淡水卤虫。见图 A5.5,图 A5.6。

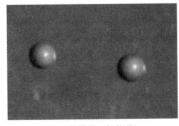
(a) 潜伏期(水化期)

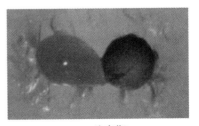
(b) 破壳期

图 A5.5　卤虫的孵化期照片

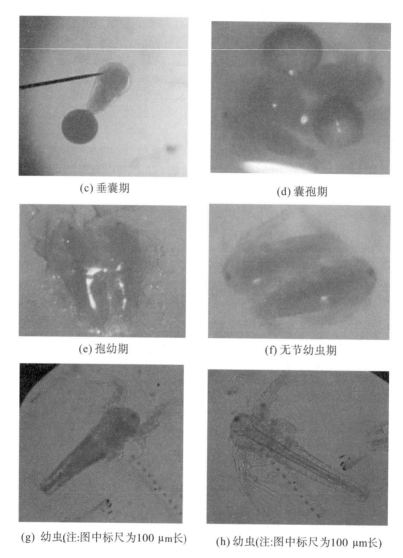

(c) 垂囊期　　　　　　　　　(d) 囊孢期

(e) 孢幼期　　　　　　　　　(f) 无节幼虫期

(g) 幼虫(注:图中标尺为100 μm长)　　(h) 幼虫(注:图中标尺为100 μm长)

图 A5.5　卤虫的孵化期照片(续图)

(a) 无节幼体

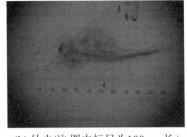

(b) 幼虫(注:图中标尺为100 μm长)

(c) 成虫

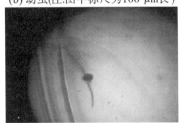

(d) 带卵囊成体

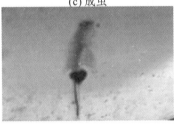

(e) 带卵囊成体

(f) 成体的抱对现象

(g) 三只抱对现象

(h) 成体的抱对

(i) 成体的交尾、交配行为

图 A5.6　7‰盐度下的卤虫生长过程图

A6 海口近岸海区海洋环境生物调查总结报告(2009年10月)

一、监测站位

监测站位具体见图 A6.1 及表 A6.1。

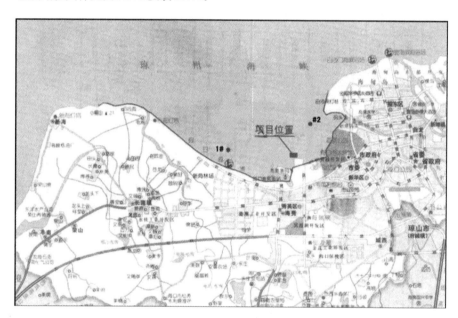

图 A6.1 水生生态监测站位图

表 A6.1 水生生态监测站位坐标

类别	序号	监测站位坐标及位置	
水生生态	1♯	N20°02′36″	E110°14′30″
	2♯	N20°03′21″	E110°17′37″
	3♯(潮间带)	在秀英滨海浴场段面开展	

二、监测项目

本次海洋生态环境现状调查包括浮游植物、底栖动物和潮间带生物调查以及渔业资源调查。

1. 浮游植物：细胞计数、密度、种类鉴定、多样性指数、优势种；
2. 浮游动物：生物量、种类鉴定、密度、多样性指数、总数计算；
3. 底栖生物/潮间带底栖生物：种类鉴定、多样性指数、密度、生物量、优势种类。

以上调查内容中的种类鉴定请附动植物名录清单。

渔业资源的调查内容包括：鱼卵、仔鱼的种类组成和数量分布，张网调查渔获物种类组成、数量分布、主要品种生物学参数、现存相对资源密度、海水养殖分布情况等。

三、采样监测方法

按照《海洋监测规范》，采用拖网或采样器进行样品收集，所有样品经过固定后，带回实验室进行物种分析、鉴定调查。

A6.1　浮游植物调查结果

海洋浮游植物是海洋中最重要的初级生产者，其种类组成和数量变动将直接或间接制约海洋初级生产力的发展，对海洋生物资源的开发利用起着重要的指示作用。另外，浮游植物通过光合作用维持着地球生态系统的平衡，同时还对全球气候变化有影响。所以，调查浮游植物的种类组成和优势种类分布情况是十分必要的。

本次调查所采集到浮游植物共有 39 种（属），见表 A6.2。其中，硅藻种类最多，合计为 20 种（属），约占浮游植物总种数的 51%，优势种是中肋骨条藻（*Skeletonema costatum*），出现率为 100%，最高密度达 1.638×10^5 万个/m³；诺氏海链藻（*Thalassiosira nordenskioldi*），出现率为 100%，最高密度达 6.734×10^5 万个/m³；菱形藻（*Nitzschia* sp.），出现率为 100%，最高密度达 3.64×10^4 万个/m³；小环藻（*Cyclotella cryptica*），出现率为 100%，最高密度达 3.64×10^4 万个/m³。其次是甲藻，共 9 种（属），约占浮游植物总种数的 23%，优势种是薄甲藻（*Glenodiniaceae*），出现率为 100%，最高密度达 9.1×10^3 万个/m³；锥形原多甲藻（*Peridinium conicum*），出现率为 100%，最高密度达 1.2×10^3 万个/m³。5 种（属）绿藻，约占浮游植物总种数的 13%，优势种是塔胞藻（*Pyramidomonas*），出现率为 100%，最高密度达 4.277×10^5 万个/m³。此外，还有 4 种（属）蓝藻和 1 种（属）隐藻，分别占浮游植物总数的 10% 和 3%。见表 A6.2，表 A6.3 和图 A6.2。

表 A6.2　2 个站位的浮游植物密度（万个/m³）

站位	密度（万个/m³）
1#	111 436
2#	188 396

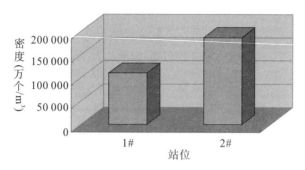

图 A6.2　浮游植物密度图

表 A6.3　浮游植物的种类组成和分布

序号	种类	拉丁文	优势种	出现率
1	洛氏角毛藻	*Chaetoceras lorenzianus*	＊ ＊	50%
2	垂缘角毛藻	*Chaetoceros lacimosus*	＊ ＊	50%
3	佛氏海毛藻	*Thalassiothrix frauenfeldii*	＊ ＊	100%
4	线形圆筛藻	*Coscinodiscus lineatus*	＊ ＊ ＊	100%
5	具槽直链藻	*Melosira sulcata*	＊ ＊	100%
6	舟形藻	*Navicula* sp.	＊ ＊	50%
7	脆指管藻	*Dactyliosolen fragilissimus*	＊ ＊ ＊	100%
8	小环藻	*Cyclotella cryptica*	＊ ＊ ＊	100%
9	辐射圆筛藻	*Coscinodiscus radiatus*	＊	50%
10	星脐圆筛藻	*Coscinodiscus asteromphalus*	＊	50%
11	菱形藻	*Nitzschia* sp.	＊ ＊ ＊	100%
12	菱形海线藻	*Thalassionema nitzschioides*	＊	50%
13	布氏双尾藻	*Dytilum brightwellii*	＊	50%
14	诺氏海链藻	*Thalassiosira nordenskioldi*	＊ ＊ ＊ ＊	100%
15	针杆藻	*Synedra* sp.	＊ ＊	100%
16	布纹硅藻	*Pleurosigma* sp.	＊ ＊	100%
17	长耳齿状藻	*Odontella aurita*	＊ ＊	100%
18	中华齿状藻	*Odontella sinensis*	＊ ＊	100%

续表

序号	种类	拉丁文	优势种	出现率
19	三角藻	*Triceratium reticulum*	＊＊＊	100%
20	中肋骨条藻	*Skeletonema costatum*	＊＊＊＊	100%
硅藻合计 20 种（属）				
21	具刺漆沟藻	*Gonyaulax spinifera*	＊	50%
22	大角角藻	*Ceratium macroceros*	＊	50%
23	叉状角藻	*Ceratium furca*	＊	50%
24	冈比甲藻	*Gambierdiscus toxicus*	＊	50%
25	梭形裸藻	*Ceratium fusus*	＊	50%
26	薄甲藻	*Glenodiniaceae* sp.	＊＊＊	100%
27	锥形原多甲藻	*Peridinium conicum*	＊＊＊	100%
28	反曲原甲藻	*Protoperidinium sigmoides*	＊	50%
29	海洋原甲藻	*Prorocentrum micans*	＊＊	100%
甲藻合计 9 种（属）				
30	小球藻	*Chlorella pyrenoidesa*	＊＊	50%
31	栅藻	*Scenedesmus* sp.	＊＊	50%
32	塔胞藻	*Pyramidomonas*	＊＊＊＊	100%
33	盘星藻	*Pediastrum* sp.	＊＊	50%
34	纤维藻	*Ankistrodesmus* sp.	＊＊＊＊	100%
绿藻合计 5 种（属）				
35	铜绿微囊藻	*Microcystis aeruginosa*	＊＊	100%
36	蓝隐藻	*Chroomonas* sp.	＊＊＊＊	100%
37	颤藻	*Oscillatoria* sp.	＊＊	100%
38	极大螺旋藻	*Spirulina maxima*	＊＊	100%
蓝藻合计 4 种（属）				
39	隐藻	*Cryptomonas* sp.	＊＊＊＊	100%
隐藻合计 1 种（属）				

表 A6.4 浮游植物生物评价结果

站位	生物多样性指数	均匀度	优势度指数	丰富度
1♯	2.05	0.39	0.64	1.29
2♯	3.4	0.64	0.52	1.69

由表 A6.4 可看出,浮游植物群落多样性指数 2.05~3.4;均匀度指数 0.39~0.64;优势度指数 0.52~0.64;丰富度指数 1.29~1.69。结果显示:浮游植物群落多样性指数大于 3 的站位占 50%;均匀度较理想;优势度指数偏低;丰富度适中。从浮游植物的角度来看,本调查海域海水较清洁。

A6.2 浮游动物调查结果

浮游动物是海洋食物链中的次级生产者,是海洋生态系统的一个重要组成部分,也是海洋经济鱼类、虾类、贝类等海产动物的主要饵料之一。因此,对海洋浮游动物的调查,有助于我们了解海洋、开发海洋和保护海洋。

本次调查所采集到浮游动物共有 12 种,见表 A6.3。其中,原生动物最多,合计为 8 种,约占浮游动物总种数的 67%,优势种为妥肯丁拟铃虫(*Tintinnopsis tocantininsis*),出现率为 100%,最高密度达 36.1 万个/m³。其次是桡足类,共 4 种,约占浮游动物总种数的 33%,优势种为中华哲水蚤(*Calanus sinicus*),出现率为 50%,最高密度达 4.4 万个/m³。见表 A6.6,表 A6.7。

表 A6.5 2 个站位的浮游动物密度(万个/m³)和生物量(mg/m³)

站位	密度(万个/m³)	生物量(mg/m³)
1♯	86.1	19.1
2♯	25.6	76.4

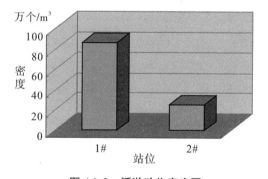

图 A6.3 浮游动物密度图

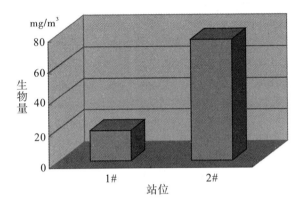

图 A6.4　浮游动物生物量图

表 A6.6　浮游动物的种类组成和分布

序号	种类	拉丁文	优势种	出现率
1	栉毛虫	*Didinium* sp.	*	50%
2	中华拟铃虫	*Tintinnopsis radix*	* * *	50%
3	根状拟铃虫	*Tintinnopsis radix*	* *	50%
4	诺氏麻铃虫	*Leprotintinnus nordquisti*	* * *	100%
5	布氏拟铃虫	*Tintinnopsis bütschlii*	*	50%
6	妥肯丁拟铃虫	*Tintinnopsis tocantininsis*	* * * *	100%
7	绿急游虫	*Strombidium viride*	* *	50%
8	肾形虫	*Colpoda reniformis*	* *	50%
	原生动物合计 8 种(属)			
9	尖额真猛水蚤	*Euterpina acutifrons*	*	50%
10	坚长腹剑水蚤	*Oithona rigida giesbrecht*	*	50%
11	中华哲水蚤	*Calanus sinicus*	*	50%
12	驼背绢水蚤	*Farranula gibbula*	*	50%
	桡足类合计 4 种(属)			

表 A6.7　浮游动物生物评价结果

站位	生物多样性指数	均匀度	优势度指数	丰富度
1#	1.51	0.38	0.7	0.51
2#	1.95	0.49	0.39	1.38

由表 A6.7 可看出,浮游动物群落多样性指数 1.51～1.95;均匀度指数 0.38～0.49;优势度指数 0.39～0.7;丰富度指数 0.51～1.38。结果显示:浮游动物群落多样性指数较低,其中多样性指数小于 2 大于 1 的站位占 100%;均匀度适中;优势度指数和丰富度偏低。从浮游动物的角度来看,本调查海域海水受到中度污染。

A6.3　底栖生物调查结果

底栖生物包括生活于水域底上和底内的动物,其生活方式复杂,是海洋生物中一大生态类群,在海洋食物链中占有重要的位置,有些种类本身就有一定的经济价值,是渔业资源开发利用的重要对象。见表 A6.8,图 A6.4～图 A6.7。

本次调查中采集到底栖生物共有 6 种(属,类),见表 A6.9。其中优势种为背蚓虫(*Notomastus latericeus*)和刺沙蚕(*Neanthes* sp.),出现率均为 100%,最高密度均为12.5 个/m³。

表 A6.8　2 个站位底栖生物的密度和生物量

站位	密度(个/m²)	生物量(g/m²)
1#	37.5	6.9
2#	62.5	9.075

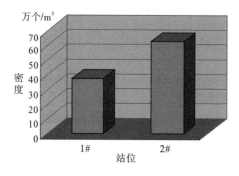

图 A6.4　底栖生物密度图

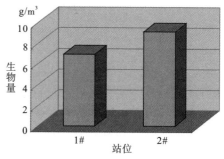

图 A6.5　底栖生物生物量图

生物组成中多毛纲生物为主,占 50%,见图 A6.6,各组成生物量比是软体动物最高,占 59%,见图 A6.7。

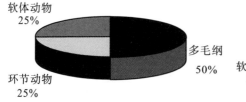

图 A6.6　海口港底栖生物组成

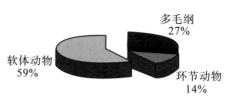

图 A6.7　海口港底栖生物各组生物量比

表 A6.9　底栖生物的种类组成

序号	种类	拉丁文	优势种	出现率
1	刺沙蚕	*Neanthes* sp.	＊＊＊	100%
2	背蚓虫	*Notomastus latericeus*	＊＊＊	100%
3	瑰斑竹蛏	*Solen roseomaculatus*	＊＊	50%
4	索沙蚕	*Lumbrineris* sp.	＊＊	50%
5	日本索沙蚕	*Lumbrineris japonica*	＊＊	50%
6	薄云母蛤	*Yoldia similis*	＊＊	50%

底栖动物合计 6 种(属)

表 A6.10　底栖生物评价结果

站位	生物多样性指数	均匀度	优势度指数	丰富度
1♯	1.58	0.34	0.67	1.26
2♯	2.32	0.9	0.4	1.72

由表 A6.10 可看出,底栖生物群落多样性指数 1.58~2.32;均匀度指数 0.34~0.9;优势度指数 0.4~0.67;丰富度指数 1.26~1.72。结果显示:底栖生物群落多样性指数较低,其中多样性指数小于 3 大于 2 的站位占 50%;均匀度较理想;优势度偏低;丰富度适中。从底栖生物的角度来看,本调查海域底质受到轻度污染。

A6.4　鱼卵仔鱼调查结果

鱼卵和仔鱼是海域鱼类资源的后备基础,调查鱼卵和仔鱼是了解该海域鱼类繁殖能力及其再生产潜力的一个重要的手段。

本次调查 2 个站位中,采集到鱼卵和仔鱼共有 3 种,见表 A6.11,A6.12。其中优势种为长吻牛尾鱼(*Suggrundus longirostris*)、卵鳎(*Solea ovata*),出现率均为 100%。

表 A6.11　1♯号站位鱼卵仔鱼组成与密度

种　　名	发育阶段	密度(个/m³)	备注
卵鳎 *Solea ovata*	鱼卵	0.7	
长吻牛尾鱼 *Suggrundus longirostris*	仔鱼	0.3	
本站种类数	鱼卵	1	仔鱼	1

表A6.12　2#号站位鱼卵仔鱼组成与密度

种名	发育阶段	密度(个/m³)	备注
卵鳎 *Solea ovata*	鱼卵	0.7	
长吻牛尾鱼 *Suggrundus longirostris*	鱼卵	1.0	
	仔鱼	0.5	
短体银鲈 *Gerres abbreviatus*	鱼卵	0.2	
	仔鱼	0.2	
总　计	鱼卵	1.9	
	仔鱼	0.7	
本站种类数	鱼卵	3 仔鱼	2

A6.5　潮间带生物调查结果

　　潮间带生物是底栖生物向潮间带延伸的群体,包括生活于水域底上和底内的动物,其生活方式复杂,是海洋生物中一类生态类群,在海洋食物链中占有重要的位置,有些种类本身就有一定的经济价值,是渔业资源开发利用的重要对象。

　　本次调查,采集到潮间带生物共有3种,见表A6.13。

表A6.13　秀英滨海浴场断面潮间带生物密度与生物量

种名	密度(个/m²)	生物量(g/m²)
刚鳃虫 *Chaetozone setosa*	12.5	
软疣沙蚕 *Tylonereis bogoyawlesky*	12.5	3.3
背蚓虫 *Notomastus latericeus*	12.5	

　　秀英滨海浴场断面潮间带生物组成以环节动物为主,占67%,见图A6.8。

多毛纲
33%

环节动物
67%

图A6.8　秀英滨海浴场断向潮间带生物组成

A6.6 渔业资源调查结果

1♯号站渔业资源主要是鱼类,占 60%;其次是蟹类占 20%、虾类占 10%、软体动物占 10%。见图 A6.9 和表 A6.14。

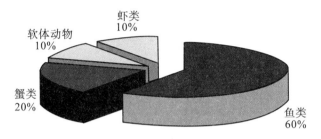

图 A6.9 海口港 1 号站渔业资源组成

表 A6.14 1♯号站渔业资源组成表

种 名(1 号站)	数量(个)	密度(10^{-3}个/m^3)	备注
远洋梭子蟹 *Portunus pelagicus*	21	1.27	
锯缘青蟹 *Scylla serrata*	18	1.08	
短体银鲈 *Gerres abbreviatus*	5	0.30	
单孔舌鳎 *Cynoglossus itinus*	4	0.24	
长吻牛尾鱼 *Suggrundus longirostris*	8	0.48	
黑鰕虎鱼 *Bathygobius fuscus*	3	0.18	
卵鳎 *Solea ovata*	2	0.12	
黄鳍马面鲀 *Navodon xanthopterus*	4	0.24	
条纹鸡鱼 *Terapon theraps*	3	0.18	
东方虾蛄 *Squilla oratoria*	3	0.18	
罗氏乌贼 *Sepia robsoni*	3	0.18	
种数	11	总计	74	4.46	

2♯号站渔业资源主要是鱼类,占 69%;其次是蟹类 15%、虾类 8%、软体动物 8%。见图 A6.10 和表 A6.15。

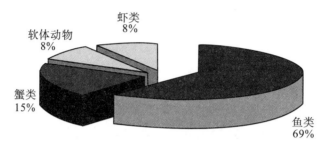

图 A6.10　海口港 2 号站渔业资源组成

表 A6.15　2♯号站渔业资源组成表

种　名(2 号站)	数量(个)	密度(10^{-3}个/m^3)	备注
红星梭子蟹 *Portunus sanguinolentus*	15	0.90	
锯缘青蟹 *Scylla serrata*	18	1.08	
卵鳎 *Solea ovata*	1	0.06	
黄鳍马面鲀 *Navodon xanthopterus*	4	0.24	
单孔舌鳎 *Cynoglossus itinus*	4	0.24	
繁星鲆 *Bothus myriaster*	3	0.18	
黑鰕虎鱼 *Bathygobius fuscus*	3	0.18	
头孔塘鳢 *Ophiocara gill*	2	0.12	
长吻牛尾鱼 *Suggrundus longirostris*	13	0.78	
条纹绯鲤 *Upeneus bensasi*	4	0.24	
条纹鸡鱼 *Terapon theraps*	6	0.36	
斑节对虾 *Penaeus monodon*	5	0.30	
中国枪乌贼 *Loligo chinensis*	4	0.24	
种数　13　总计	82	4.94	

在两个站位对渔业资源进行调查,总共捕获 17 种,其中鱼类有 10 种,占 58%,蟹类 3 种,占 18%,虾和软体动物分别有 2 种,各占 12%。没有捕获到重要的经济鱼类、珍稀保护鱼类和洄游性鱼类。

讨论:从生物总体调查结果来看,本调查海域海水受到轻、中度污染,其他生物类群未见异常。结论:本调查海域生态环境属于较好,需要结合水质分析做最后结论。

附录 B 海南常见浮游生物专业术语拉丁文对照表

方擬多面水母	*Abylopsis tetragona*
克氏纺锤水蚤	*Acartia clausi*
丹氏纺锤水蚤	*Acartia danae*
曲壳藻	*Achnanthes* sp.
驼背隆哲水蚤	*Acrocalanus gibber*
集星藻	*Actinastrum* sp.
亚历山大藻	*Alexandrium* sp.
翼状茧形藻	*Amphiprora alata*
双眉藻	*Amphora* sp.
纤维藻	*Ankistrodesmus* sp.
束丝藻	*Aphamizomenon* sp.
晶囊轮虫	*Asplanchna* sp.
日本星杆藻	*Asterionella japonica*
派格棍形藻	*Bacillaria paxillifera*
丛毛辐杆藻	*Bacteriastrum comosum*
优美辐杆藻	*Bacteriastrum delicatulum*
透明辐杆藻	*Bacteriastrum hyalinum*
地中海辐杆藻	*Bacteriastrum mediterraneum*
辐杆藻	*Bacteriastrum* sp.
蛭态轮虫	*Bdelloidea*
南海直链藻	*Bellerochea horologicalis*
活动盒形藻	*Bidduiphia mobiliensis*
中华盒形藻	*Bidduiphia sinensis*
长耳盒形藻	*Biddulphia aurita*

美丽盒形藻	*Biddulphia pulchella*
褶皱臂尾轮虫	*Brachionus plicatilis*
哲水蚤	*Calanoida*
隆腺拟哲水蚤	*Calanoides carinatus*
小长足水蚤	*Calanopia minor*
中华哲水蚤	*Calanus sinicus*
孔雀丽哲水蚤	*Calocalanus pavo*
幼平头水蚤	*Candacia catula*
微刺哲水蚤	*Canthocalanus pauper*
奥氏胸刺水蚤	*Centropages orsinii*
单体耳齿状藻	*Cerataulus turgidus*
短角角藻	*Ceratium breve*
叉状角藻	*Ceratium furca*
梭甲藻	*Ceratium fusus*
大角角藻	*Ceratium macroceros*
三角角藻	*Ceratium tripos*
大西洋型三角角藻	*Ceratium tripos* f. *atlanticum*
洛氏角毛藻	*Chaetoceras lorenzianus*
根状角毛藻	*Chaetoceras radicans*
细弱角毛藻	*Chaetoceras subtilis*
窄隙角毛藻	*Chaetoceros affinis*
桥联角毛藻	*Chaetoceros anastomosans*
大西洋角毛藻	*Chaetoceros atlanticus*
扁面角毛藻	*Chaetoceros compressus*
旋链角毛藻	*Chaetoceros curvisetus*
并基角毛藻	*Chaetoceros decipiens*
双突角毛藻	*Chaetoceros didymus*
远距角毛藻	*Chaetoceros distans*
异角角毛藻	*Chaetoceros diversus*

垂缘角毛藻	*Chaetoceros lacimosus*
平滑角毛藻	*Chaetoceros laevis*
海洋角毛藻	*Chaetoceros marine*
牟勒氏角毛藻	*Chaetoceros muelleri*
秘鲁角毛藻	*Chaetoceros peruvianus*
假弯角毛藻	*Chaetoceros pseudocurvisetus*
拟旋链角毛藻	*Chaetoceros pseudocurvisetus*
刚毛角毛藻	*Chaetoceros setoensis*
角毛藻	*Chaetoceros* sp.
冕孢角毛藻	*Chaetoceros subsecundus*
海洋卡盾藻	*Chattonella marina*
密联角毛藻	*Chetoceros densus*
小球藻	*Chlorella* sp.
单鞭金藻	*Chromulina* sp.
蓝隐藻	*Chroomonas* sp.
纤毛虫	*Ciliophora*
弓角基齿哲水蚤	*Clausocalanus arcuicornis*
长毛基齿哲水蚤	*Clausocalanus furcatus*
新月鼓藻	*Closterium* sp.
下宽猛水蚤	*Clytemnestra rostrata*
卵形硅藻	*Cocconeis* sp.
细口纤毛虫	*Codonaria oceanica*
细口沙壳虫	*Codonella galea*
小孢空星藻	*Coelastrum microporum*
尖细浮萤	*Conchoecetta acuminata*
尖额齿浮萤	*Conchoecilla daphnoides*
桡足幼体	*Copepodite*
豪猪环毛藻	*Corethron hystrix*
海洋环毛藻	*Corethron pelagicum*

柔大眼剑水蚤	*Corycaeus flaccus*
美丽大眼剑水蚤	*corycaeus speciosus*
蛇目圆筛藻	*Coscinodiscus argus*
星脐圆筛藻	*Coscinodiscus asteromphalus*
具翼圆筛藻	*Coscinodiscus bipartitus*
中心圆筛藻	*Coscinodiscus centralis*
明壁圆筛藻	*Coscinodiscus debilis*
偏心圆筛藻	*Coscinodiscus excentricus*
巨圆筛藻	*Coscinodiscus gigas*
格氏圆筛藻	*Coscinodiscus granii*
线形圆筛藻	*Coscinodiscus lineatus*
具边线型圆筛藻	*Coscinodiscus marginato-lineatus*
虹彩圆筛藻	*Coscinodiscus oculusiridis*
辐射圆筛藻	*Coscinodiscus radiatus*
洛氏圆筛藻	*Coscinodiscus rothii*
圆筛藻	*Coscinodiscus* sp.
细弱圆筛藻	*Coscinodiscus subtilis*
威氏圆筛藻	*Coscinodiscus wailesii*
隐藻	*Cryptomonas* sp.
短圆荚萤	*Cycloleberis brevis*
剑水蚤	*Cyclops* sp.
小环藻	*Cyclotella* sp.
肿胀桥弯藻	*Cymbella turgidula*
布纹硅藻	*Cyrosigma* sp.
刺胞水母	*Cytaeis tetrastyla*
脆指管藻	*Dactyliosolen fragilissima*
带列圆筛藻	*Detonula pumila*
小等刺硅鞭藻	*Dictyocha fibula*
美丽胶网藻	*Dictyosphaerium pulchellum*

栉毛虫	*Didinium*
藻壳砂壳虫	*Difflugia bacillarum*
锥囊藻	*Dinobryon* sp.
具尾鳍藻	*Dinophysis caudata*
鳍藻	*Dinophysis* sp.
蜂腰双壁藻	*Diploneis bombus*
椭圆双壁藻	*Diploneis elliptica*
太阳双尾藻	*Ditylum sol*
软拟海樽	*Dolioetta gegenbauri*
布氏双尾藻	*Dytilum brightwellii*
心形海胆长腕幼虫	*Echinopluteus larva*
细真哲水蚤	*Eucalanus attenuatus*
瘦长真哲水蚤	*Eucalanus elongatus*
短角弯角藻	*Eucampia zoodiacus*
针刺真浮萤	*Euconchoecia aculeata*
细长真浮萤	*Euconchoecia elongata*
后圆真浮萤	*Euconchoecia maimai*
磷虾	*Euphausia*
尖额真猛水蚤	*Euterpina acutifrons*
驼背绢水蚤	*Farranula gibbula*
厦门网纹虫	*Favella amoyensis*
钟形网纹虫	*Favella campanula*
网纹虫	*Favella* sp.
三肢轮虫	*Filinia* sp.
鱼卵	*Fish egg*
仔鱼	*Fish larva*
冈比甲藻	*Gambierdiscus toxicus*
糠虾	*Gastrosaccus pelagicus*
薄甲藻	*Glenodiniaceae* sp.

光甲藻	*Glenodinium gymnodinium*
红拟抱球虫	*Globigerinodes ruber*
异端硅藻	*Gomphonema* sp.
多纹膝沟藻	*Gonyaulax polygramma*
具刺漆沟藻	*Gonyaulax spinifera*
春漆沟藻	*Gonyaulax verior*
柔弱几内亚藻	*Guinardia delicatula*
萎软几内亚藻	*Guinardia flaccida*
条纹几内亚藻	*Guinardia striata*
链状裸甲藻	*Gymnodinium catenatum*
裸甲藻	*Gymnodinium* sp.
大弹跳虫	*Halteria grandinella*
猛水蚤	*Harpacticoida*
霍氏半管藻	*Hemiaulus hauckii*
膜质半管藻	*Hemiaulus membranacus*
中华半管藻	*Hemiaulus sinensis*
南海猛水蚤	*Hemicyciops jaonicus*
赤潮异弯藻	*Heterosigma akashiwo*
小点圆筛藻	*Hyalodiscas laevis*
水母	*Hydrozoa*
双鞭金藻	*Isochrysis* sp.
米氏凯伦藻	*Karenia mikimotoi*
太平洋撬虫	*Krohnitta pacifica*
后截唇角水蚤	*Labidocera detruncata*
环纹娄氏藻	*Lauderia annulatus*
拟细浅室水母	*Lensia subtiloides*
诺氏麻铃虫	*Leprotintinnus nordquisti*
麻铃虫	*Leprotintinnus* sp.
丹麦细柱藻	*Leptocylindrus danicus*

潘状幼虫	*megalopa larva*
颗粒直链藻	*Melosira granulata*
念珠直链藻	*Melosira moniliform*
直链藻	*Melosira* sp.
具槽直链藻	*Melosira sulcata*
变异直链藻	*Melosiraceae varians*
平裂藻属	*Merismopedia* sp.
红色中缢虫	*Mesodinium rubrum*
粗大后浮萤	*Metaconchoecia macromma*
铜绿微囊藻	*Microcystis aeruginosa*
挪威小毛猛水蚤	*Microsetella norvegica*
宽短小浮萤	*Mikroconchoecia curta*
小哲水蚤	*Nannocalanus minor*
微绿球藻	*Nannochloris* sp.
无节幼体	*Nauplius*
膜状舟形藻	*Navicula membranacea*
舟形藻	*Navicula* sp.
疣足幼虫	*Nectochaete*
水线虫	*Nematoda*
肾形藻	*Nephrocytium* sp.
针状菱形藻	*Nitzschia acicularis*
小新月菱形藻	*Nitzschia closterium*
长菱形藻	*Nitzschia longissima*
奇异菱形藻	*Nitzschia prolongata*
尖刺菱形藻	*Nitzschia pungens*
菱形藻	*Nitzschia* sp.
夜光虫	*Noctiluca*
棕鞭金藻	*Ochromonas* sp.
蝶水母	*Ocyropsis crystallina*

长耳齿状藻	*Odontella aurita*
中华齿状藻	*Odontella sinensis*
异体住囊虫	*Oikopleura dioica*
长尾住囊虫	*Oikopleura Longicauda*
羽长腹剑水蚤	*Oithona plumifera*
坚长腹剑水蚤	*Oithona rigida giesbrecht*
瘦长腹剑水蚤	*Oithona tenuis*
南海剑水蚤	*Oncaea dentipes*
等刺隆剑水蚤	*Oncaea mediterranea*
卵囊藻	*Oocystaceae* sp.
两栖颤藻	*Oscillatoria amphibia*
颤藻	*Oscillatoria* sp.
介形虫	*ostracodes*
针刺拟哲水蚤	*Paracalanus aculeatus*
矮拟哲水蚤	*Paracalanus nanus*
小拟哲水蚤	*Paraclanus parvus*
双叉拟软萤	*Paramollicia dichotoma*
盘星藻	*Pediastrum* sp.
叉形多甲藻	*Peridinium divergens*
扁眼虫	*Phacus* sp.
胶鞘藻	*Phormidium* sp.
席藻	*Phormidium* sp.
小席藻	*Phormidium tenue*
球形侧腕水母	*Pleurobrachia globose*
瘦乳点水蚤	*Pleuromamma gracilis*
曲舟藻	*Pleurosigma* sp.
多肢轮虫	*Polyarthra* sp.
甲型哲水蚤	*Pontellopsis regalis*
深角剑水蚤	*Pontoeciella abyssicola*

具齿原甲藻	*Prorocentrum dentatum*
歧散原多甲藻	*Prorocentrum divergens*
里昂原多甲藻	*Prorocentrum leonis*
利马原甲藻	*Prorocentrum lima*
海洋原甲藻	*Prorocentrum micans*
微小原甲藻	*Prorocentrum minimum*
透明原多甲藻	*Prorocentrum pellucidum*
多甲藻	*Protoperidiniam* sp.
锥形原多甲藻	*Protoperidinium conicum*
五角原多甲藻	*Protoperidinium pentagonum*
五角多甲藻	*Protoperidinium quinquecorne*
反曲原甲藻	*Protoperidinium sigmoides*
原多甲藻	*Protoperidinium* sp.
海洋伪镖水蚤	*Pseudodiaptomus marinus*
柔弱拟菱形藻	*Pseudo-nitzschia delicatissima*
尖刺拟菱形藻	*Pseudo-nitzschia pungens*
拟菱形藻	*Pseudo-nitzschia* sp.
塔胞藻	*Pyramidomonas* sp.
彩额锚哲水蚤	*Rhincalanus rostrifrons*
翼根管藻	*Rhizosolenia alata*
翼根管藻纤细变型	*Rhizosolenia alata* f. *gracillima*
半棘钝根管藻	*Rhizosolenia hebetata* f. *semispina*
粗根管藻	*Rhizosolenia robusta*
刚毛根管藻	*Rhizosolenia setigera*
根管藻	*Rhizosolenia* sp.
斯氏根管藻	*Rhizosolenia stoterforthii*
笔尖根管藻	*Rhizosolenia styliformis*
宽笔尖根管藻	*Rhizosolenia styliformis* v. *latissma*
极大螺旋藻	*S. maxima*

规则箭虫	*Sagitta regulares*
肥胖箭虫	*Sagittidae enflata*
叶水蚤	*Sapphirinidae*
四尾栅藻	*Scenedesmus quadricauda*
栅藻	*Scenedesmus* sp.
丹氏厚壳水蚤	*Scolecithrix danae*
锥状斯克里普藻	*Scrippsiella trochoidea*
蝉虾叶状幼体	*Scyllarusir larva*
中肋骨条藻	*Skeletonema costatum*
螺旋藻	*Spirulina* sp.
掌状冠盖藻	*Stephanopyxis plameriana*
螺旋链鞘藻	*Streptotheca thamwnsis*
旋回侠盗虫	*Strobilidium gyrans*
侠盗虫	*Strobilidium* sp.
绿急游虫	*Strombidium viride*
强次真哲水蚤	*Subeucalanus crassus*
亚强次真哲水蚤	*Subeucalanus subcrassus*
双菱形藻	*Surirella* sp.
针杆藻	*Synedra* sp.
肘状针杆藻	*Synedra ulna*
异尾宽水蚤	*Temora discaudata*
锥形宽水蚤	*Temora turbinata*
四角藻	*Tetraedron* sp.
菱形海线藻	*Thalassionema nitzschioides*
海线藻	*Thalassionema* sp.
密集海链藻	*Thalassiosira condensata*
双环海链藻	*Thalassiosira diporocyclus*
离心海链藻	*Thalassiosira eccentrica*
棱点圆筛藻	*Thalassiosira mala*

诺氏海链藻　　　　　　　　*Thalassiosira nordenskioldi*

太平洋海链藻　　　　　　　*Thalassiosira pacifica*

圆海链藻　　　　　　　　　*Thalassiosira rotula*

海链藻　　　　　　　　　　*Thalassiosira* sp.

佛氏海毛藻　　　　　　　　*Thalassiothrix frauenfeldii*

长海毛藻　　　　　　　　　*Thalassiothrix longissima*

海毛藻　　　　　　　　　　*Thalassiothrix* sp.

叉刺猛水蚤　　　　　　　　*Tigriopus igai*

短颈拟铃虫　　　　　　　　*Tintinnopsis brevicollis*

布氏拟铃虫　　　　　　　　*Tintinnopsis bütschlii*

根状拟铃虫　　　　　　　　*Tintinnopsis radix*

妥肯丁拟铃虫　　　　　　　*Tintinnopsis tocantininsis*

壳虫藻　　　　　　　　　　*Trachelomonas* sp.

囊裸藻　　　　　　　　　　*Trachelomonas volvecina*

蜂窝三角藻　　　　　　　　*Triceratium favus*

美丽三角藻方面变型　　　　*Triceratium formosum* f. *quadrangta*

三角藻　　　　　　　　　　*Triceratium reticulum*

方形三角藻　　　　　　　　*Triceratium revale*

灯塔水母　　　　　　　　　*Turritopsis nutricula*

普通波水蚤　　　　　　　　*Undinula vulgaris*

钟形虫　　　　　　　　　　*Vorticella* sp.

筒状纽缌樽　　　　　　　　*Weelia cylindrica*

参 考 文 献

[1] 李永函,赵文.水产饵料生物学[M].大连:大连出版社,2002.

[2] 赵文.水生生物学[M].北京:中国农业出版社,2007.

[3] 胡鸿钧,李尧英,魏印心,等.中国淡水藻类[M].上海:上海科学技术出版社,1980.

[4] 刘建康.高级水生生物学[M].北京:科学出版社,1999.

[5] 宋微波.原生动物学专论[M].青岛:青岛海洋大学出版社,1999.

[6] 小久保清治.浮游硅藻类[M].华汝成,译.上海:上海科学技术出版社,1960.

[7] 福迪.藻类学[M].罗迪安,译.上海:上海科学技术出版社,1980.

[8] 郑重,李少菁,许振祖.海洋浮游生物学[M].北京:海洋出版社,1984.

[9] 厦门水产学院.海洋浮游生物学[M].北京:农业出版社,1981.

[10] 梁象秋,方纪祖,杨和荃.水生生物学[M].北京:中国农业出版社,1996.

[11] 李永函.淡水生物学[M].北京:高等教育出版社,1993.

[12] 王家楫.中国淡水轮虫志[M].北京:科学出版社,1961.

[13] 蒋燮治,堵南山.中国动物志:淡水枝角类[M].北京:科学出版社,1979.

[14] 刘卓,王为群.饵料浮游动物的培养[M].北京:农业出版社,1990.

[15] 代田昭彦.水产饵料生物学[M].东京:恒星社厚生阁,1975.

[16] 何志辉,赵文.养殖水域生态学[M].大连:大连出版社,2001.

[17] 沈嘉瑞.中国动物志:淡水桡足类[M].北京:科学出版社,1979.

[18] 董聿茂.中国动物图谱:甲壳动物:第一册[M].2版.北京:科学出版社,1982.

[19] 郭皓.中国近海赤潮生物图谱[M].北京:海洋出版社,2004.

[20] Laybourn-Parry J A. Functional Biology of Free-Living Protozoa. London & Sydney:Croom Helm,1985.

[21] Nisbet B. Nutrition and Feeding Strategies in Protozoa[M].London & Canberra:Croom Helm,1985.

[22] Platt T,Li W K,William W W. Photosynthetic Picoplankton[R]. Ottawa:Department of Fisheries and Oceans,1986.

[23] Pennak R W. Freshwater Invertebrates of the United States[M]. New York:John Wiley & Sons,Inc,1990.

[24] Koste W R. Die Radentiere Mitteleuropas[M]. Berlin,Stuttgart:Gebruden Borntnafen,1978.

绪论彩图

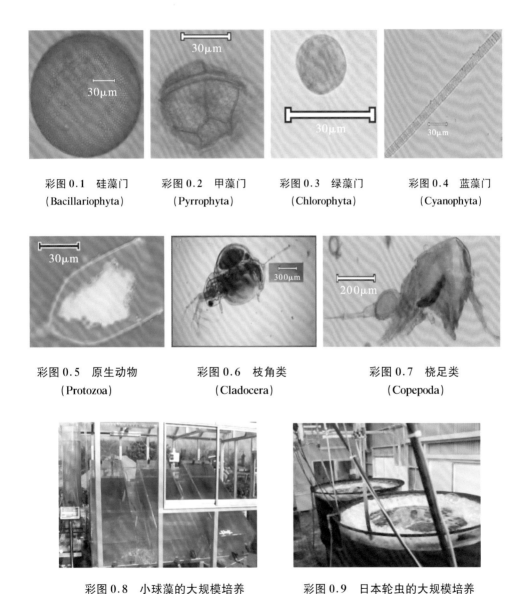

彩图 0.1　硅藻门　　　彩图 0.2　甲藻门　　　彩图 0.3　绿藻门　　　彩图 0.4　蓝藻门
（Bacillariophyta）　（Pyrrophyta）　　　（Chlorophyta）　　　（Cyanophyta）

彩图 0.5　原生动物　　　　彩图 0.6　枝角类　　　　彩图 0.7　桡足类
（Protozoa）　　　　　（Cladocera）　　　　（Copepoda）

彩图 0.8　小球藻的大规模培养　　　彩图 0.9　日本轮虫的大规模培养

第 1 章彩图

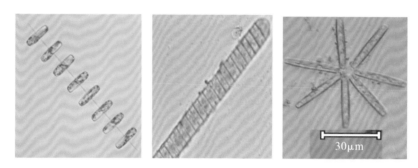

彩图 1.1　不同的细胞体制

第 2 章彩图

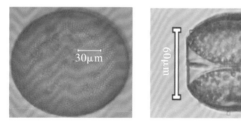

彩图 2.1　圆形　　　　　彩图 2.2　长方形　　　　　彩图 2.3　S 形

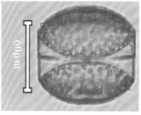

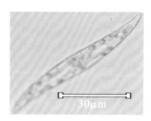

彩图 2.4　管壳缝

彩图 2.5　中肋骨条藻

（*Skeletonema costatum*）

彩图 2.6　圆海链藻

（*Thalassiosira rotula*）

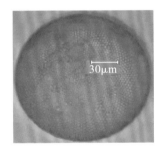

彩图 2.7　辐射圆筛藻

（*Coscinodiscusradiatus*）

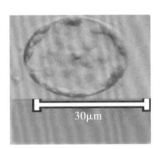

彩图 2.8　条纹小环藻

（*Cyclotella striata*）

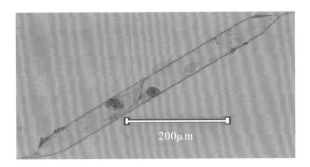

彩图 2.9　翼根管藻

（*Rhizosolenia alata*）

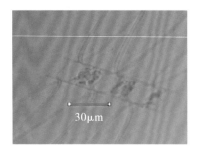

彩图 2.10　洛氏角毛藻
(*Chaetoceros lorenzianas*)

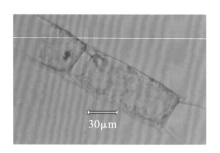

彩图 2.11　中华齿状藻
(*Odontella sinensis*)

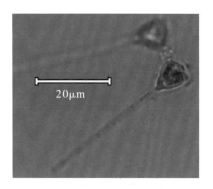

彩图 2.12　冰河拟星杆藻
(*Asterionellopsis glacialis*)

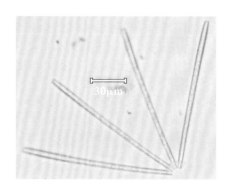

彩图 2.13　佛氏海毛藻
(*Thalassiothrix frauenfeldii*)

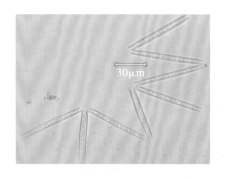

彩图 2.14　菱形海线藻
(*Thalassionema nitzschioides*)

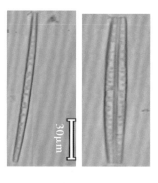

彩图 2.15　肘状针杆藻
(*Syendra ulna*)

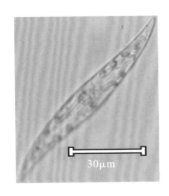
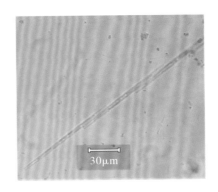

彩图 2.16　美丽曲舟藻　　　　　彩图 2.17　尖刺拟菱形藻
（*Pleursigma formosum*）　　　　（*Psetudo-nitzschia pungens*）

第3章彩图和表

表 3.1　海南周边海域常见有毒甲藻和赤潮甲藻的分布

序号	中文名	拉丁名	在海南周边的分布	见彩图
	原甲藻目	Prorocentraceae		彩图 3.15
1		*P. hoffmannianum*[T]	万宁大洲岛	彩图 3.16
2	利马原甲藻	*P. lima*[T]	文昌	彩图 3.17
3	海洋原甲藻	*P. micans*[R]	海口、文昌、万宁、三亚、东方、儋州	彩图 3.18
4	南海慢原甲藻	*P. rhathymum*[T]	海口、文昌、万宁、东方、儋州	彩图 3.19
5	反曲原甲藻	*P. sigmoides*[R]	文昌、万宁	彩图 3.20
	鳍甲藻亚目	Dinophysiaceae		
6	渐尖鳍藻	*D. acuminata*[T]	文昌	彩图 3.21
7	具尾鳍藻	*D. caudata*[T]	万宁大洲岛	彩图 3.22
	膝沟藻科	Gonyaulaxaceae		
8	多边舌甲藻	*Lingulodinium polyedrum*[T]	文昌	彩图 3.23

序号	中文名	拉丁名	在海南周边的分布	见彩图
	角藻科	Ceratiaceae		
9	叉状角藻	*Ceratium furca*[R]	海口、万宁、三亚、儋州	彩图 3.24
10	梭角藻	*C. fusus*[R]	海口、万宁	彩图 3.25
	原多甲藻科	Protoperidiniaceae		
11	海洋原多甲藻	*P. oceanicum*[T]	海口、文昌	彩图 3.26
12	透明原多甲藻	*P. pellucidum*[T]	海口、文昌、万宁、三亚	彩图 3.27

注:标"T"表示有毒甲藻;"R"表示赤潮藻类

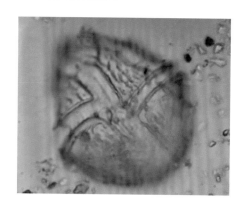

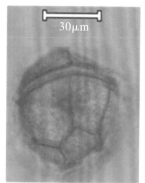
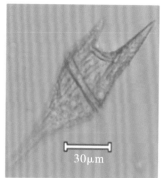

彩图 3.1　甲藻的纵沟、横沟和甲片

彩图 3.2　休眠孢子

彩图 3.3　甲藻的生殖

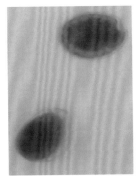

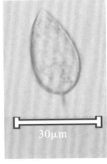

彩图 3.4　利马原甲藻
（*Prorocentrum lima*）

彩图 3.5　海洋原甲藻
（*Prorocentrum micans*）

彩图 3.6　具尾鳍甲藻
（*Dinophysis caudata*）

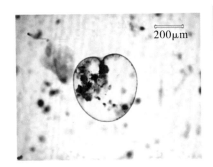

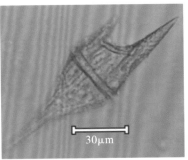

彩图 3.7　夜光藻
（*Noctiluca scientillans*）

彩图 3.8　叉状角藻
（*Ceratium furca*）

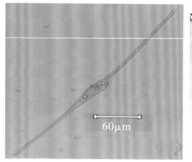

彩图 3.9　梭角藻
(*Ceratium fusus*)

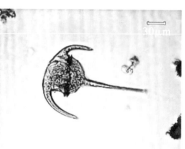

彩图 3.10　三角角藻
(*Ceratium tripos*)

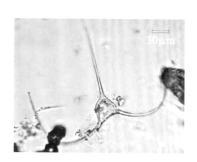

彩图 3.11　大角角藻
(*Ceratium macroceros*)

彩图 3.12　塔玛亚历山大藻
(*Alexandrium tamarense*)

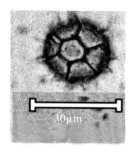

彩图 3.13　多甲藻
(*Peridinium* sp.)

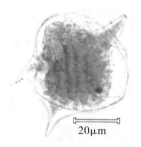

彩图 3.14　海洋原多甲藻
(*Protoperidinium oceanicum*)

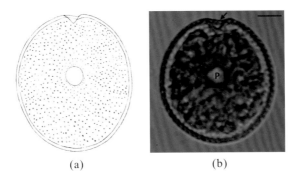

(a)　　　　　　　　(b)

彩图 3.15　*P. hoffmannianum*

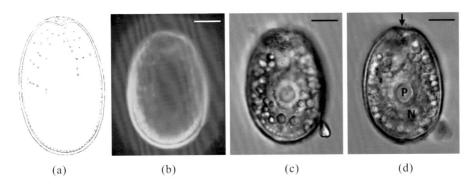

(a)　　　　(b)　　　　(c)　　　　(d)

彩图 3.16　利马原甲藻

(*Prorocentrum lima*)

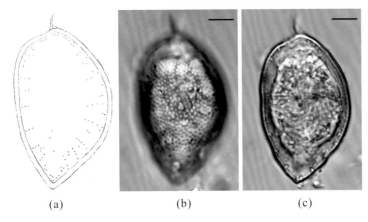

(a)　　　　　(b)　　　　　(c)

彩图 3.17　海洋原甲藻

(*Prorocentrum micans*)

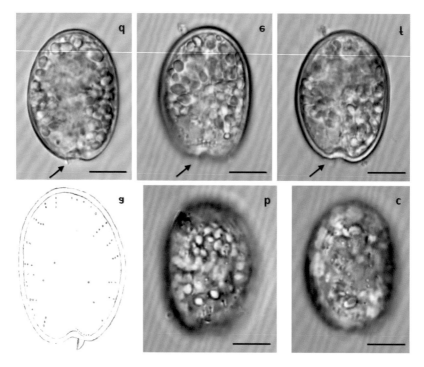

彩图 3.18　南海慢原甲藻
（*Prorocentrum rhathymum*）

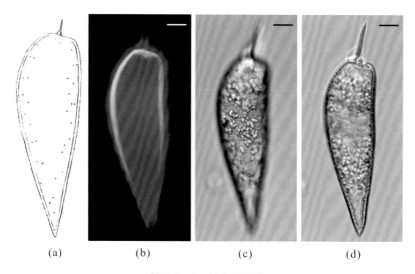

(a)　　　　　　(b)　　　　　　(c)　　　　　　(d)

彩图 3.19　反曲原甲藻
（*Prorocentrum sigmoides*）

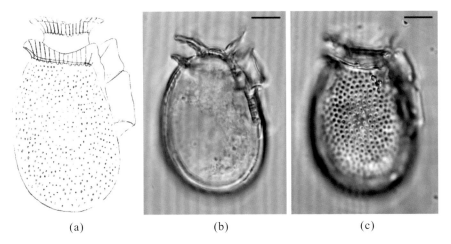

(a)   (b)   (c)

彩图 3.20　渐尖鳍藻
(*Dinophysis acuminata*)

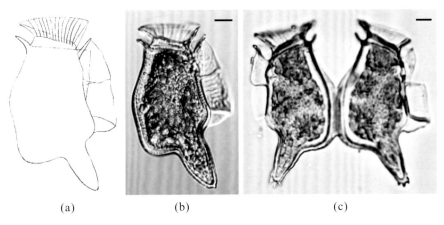

(a)   (b)   (c)

彩图 3.21　具尾鳍藻
(*Dinophysis caudata*)

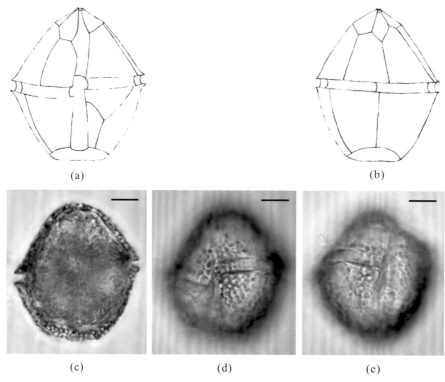

(a)

(b)

(c)

(d)

(e)

彩图 3.22　多边舌甲藻
(*Lingulodinium polyedrum*)

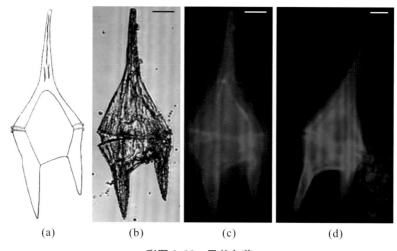

(a)

(b)

(c)

(d)

彩图 3.23　叉状角藻
(*Ceratium furca*)

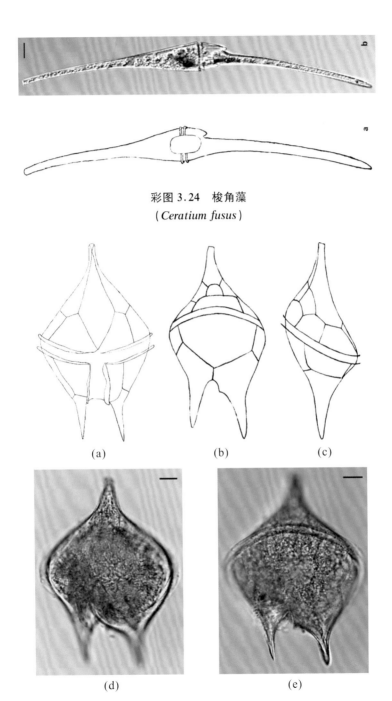

彩图 3.24　梭角藻
(*Ceratium fusus*)

(a)　　　　　　(b)　　　　　　(c)

(d)　　　　　　(e)

彩图 3.25　海洋原多甲藻
(*Protoperidinium oceanicum*)

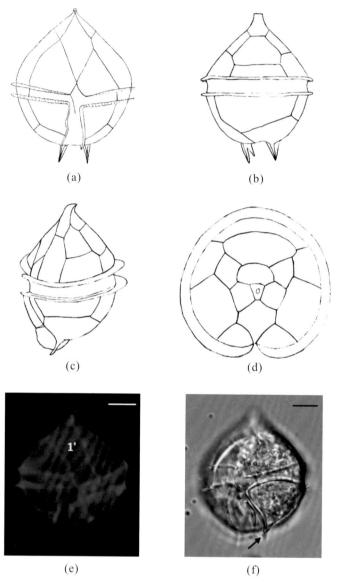

(a)

(b)

(c)

(d)

(e)

(f)

彩图 3.26　透明原多甲藻
(*Protoperidinium pellucidum*)

第4章彩图

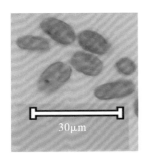

彩图 4.1 扁藻
(*Platymonas*)

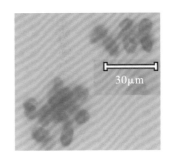

彩图 4.2 塔胞藻
(*Pyramidmonas*)

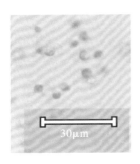

彩图 4.3 小球藻
(*Chlorella*)

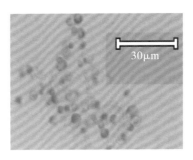

彩图 4.4 微绿球藻
(*Nannochloris*)

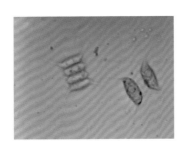

彩图 4.5 栅藻
(*Scenedesmus quadricanda*)

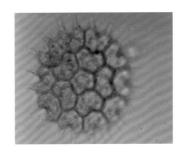

彩图 4.6 盘星藻
(*Pediastrum boryanum*)

彩图 4.7 四足十字藻
(*Crucigenia tetrapedia*)

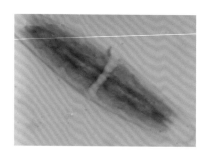

彩图 4.8 披针新月藻
(*C. lanceolatum*)

彩图 4.9 鼓藻属
(*Cosmarium* sp.)

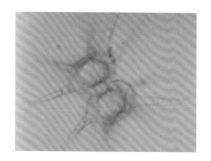

彩图 4.10 角星鼓藻属
(*Staurastrum* sp.)

第 5 章彩图

彩图 5.1 异形胞

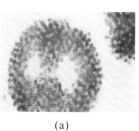

(a)

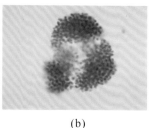

(b)

彩图 5.2 微囊藻
(*Microcystis*)

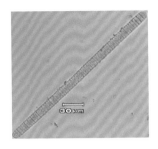

彩图 5.3　颤藻
（*Oscillatoria*）

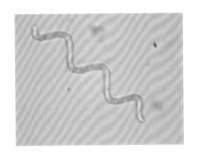

彩图 5.4　螺旋藻
（*Spirulina*）

第 6 章彩图

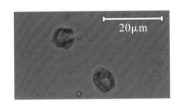

彩图 6.1　单鞭金藻
（*Chromulina*）

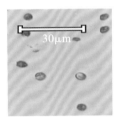

彩图 6.2　等鞭金藻
（*Isochrysis*）

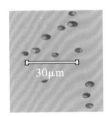

彩图 6.3　小三毛金藻
（*Prymnesium*）

彩图 6.4　棕囊藻
（*Phaeocystis*）

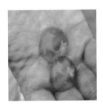

彩图 6.5　棕囊藻胶质被

第 7 章彩图

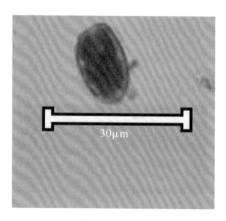

彩图 7.1　隐藻
(*Cryptomonas*)

第 9 章彩图

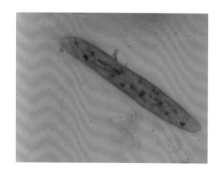

彩图 9.1　尖尾裸藻
(*E. oxyuris*)

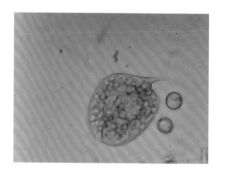

彩图 9.2　扁裸藻
(*Phacus* sp.)

第 10 章彩图

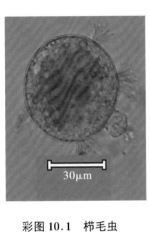

彩图 10.1 栉毛虫
（*Didinium*）

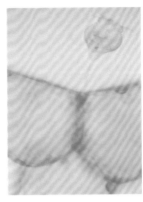

彩图 10.2 钟形虫
（*Vorticella*）

彩图 10.3 单缩虫
（*Carchesium*）

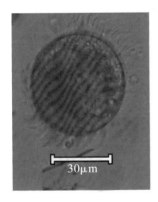

彩图 10.4 弹跳虫
（*Halteria*）

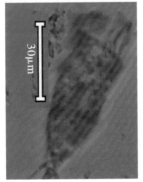

彩图 10.5 侠盗虫
（*Strobilidium*）

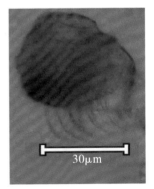

彩图 10.6 急游虫
（*Strombidium*）

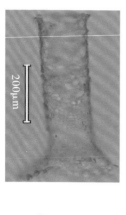

彩图 10.7 麻铃虫
(*Leprotintinnus*)

(a)

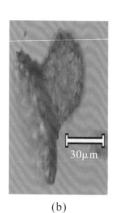

(b)

彩图 10.8 拟铃壳虫
(*Tintionnopsis*)

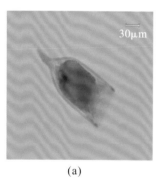

(a)

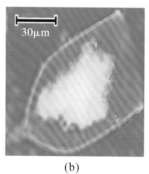

(b)

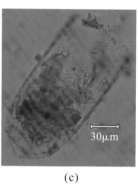

(c)

彩图 10.9 网纹虫(*Favella* sp.)

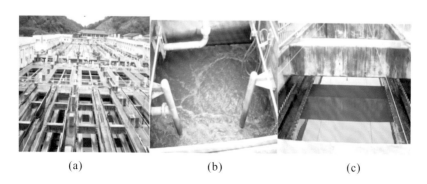

(a)　　　　　　　　(b)　　　　　　　　(c)

彩图 10.10 污水处理池

第 11 章彩图

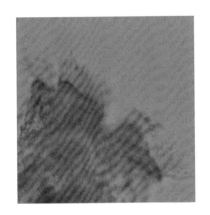

彩图 11.1　头部

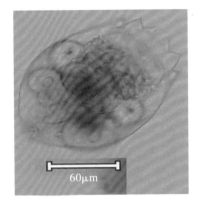

彩图 11.2　躯干部

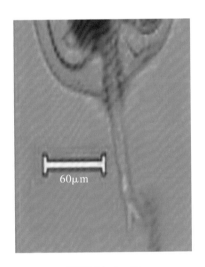

彩图 11.3　足

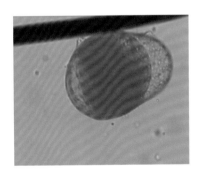

彩图 11.4　光镜下轮虫休眠卵

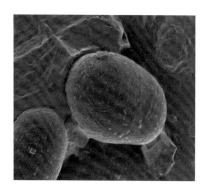

彩图 11.5 电镜下轮虫休眠卵

彩图 11.6 电镜下孵化的休眠卵

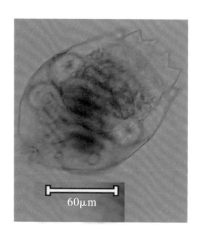

彩图 11.7 褶皱臂尾轮虫
(*Brachionus plicatilis*)

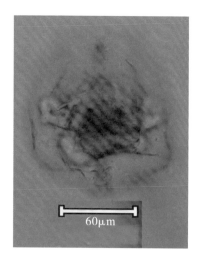

彩图 11.8 角突臂尾轮虫
(*Brachionus angularis*)

第 12 章彩图

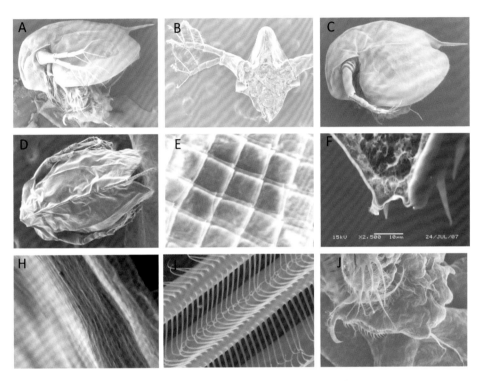

彩图 12.1　大型溞(*D. magna*)的电镜照片

A. 头部和躯干部分 B.第二触角上刚毛(刚毛式为 0−0−1−3/1−1−3) C.壳瓣的侧面 D.壳瓣的背面 E.壳瓣上的网纹 F.壳瓣的内外两层 H. 血液在壳瓣的内外两层间流动循环 I. 胸部的滤器 J.后腹部

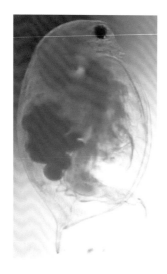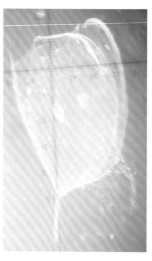

彩图 12.2　大型溞　　　　彩图 12.3　光学显微镜　　　彩图 12.4　蒙古裸腹溞
（*D. magna*）　　　　　　　　下的壳瓣　　　　　　　　　（*M. mongolica*）

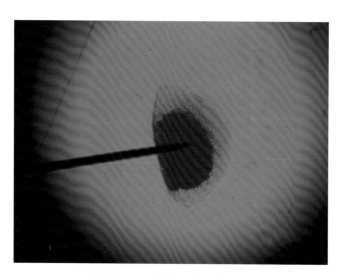

彩图 12.5　蒙古裸腹溞休眠卵

第13章彩图和表

表13.1 海南周边海域常见桡足类

序号	中文名	拉丁名	见彩图
	哲水蚤科	Calanidae	
1	微刺哲水蚤	*Canthocalanus pauper*	彩图13.7
2	普通波水蚤	*Canthocalanus pauper*	彩图13.8
	真哲水蚤科	*Eucalanidea*	
3	亚强真哲水蚤	*Eucalanus subcrassus*	彩图13.9
	拟哲水蚤科	Paracalanidae	
4	驼背隆哲水蚤	*Acrocalanus gibber*	彩图13.10
5	微驼隆哲水蚤	*Acrocalanus gracilis*	彩图13.11
	宽水蚤科	Temoridae	
6	锥形宽水蚤	*Temora turbinata*	彩图13.12
7	异尾宽水蚤	*Temora stylifera*	彩图13.13
	胸刺水蚤科	Centropagidae	
8	瘦尾胸刺水蚤	*Centropages tenuiremis*	彩图13.14
	角水蚤科	Pontellidae	
9	小唇角水蚤	*Labidocera minuta*	彩图13.15
10	尖刺唇角水蚤	*Labidocera acuta*	彩图13.16

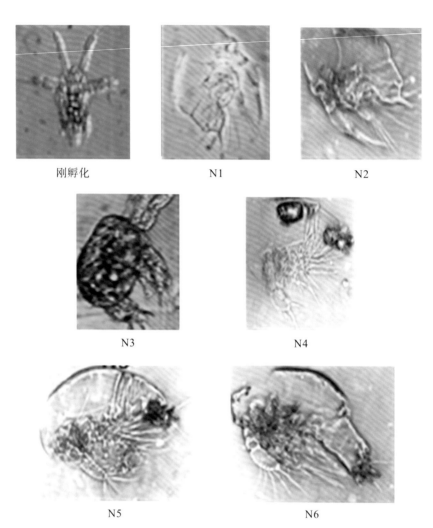

刚孵化　　　　　　　　N1　　　　　　　　N2

N3　　　　　　　　　　N4

N5　　　　　　　　　　N6

彩图 13.1　无节幼体
(Naupliar stage(N1 - N6) of *Pseudocalanus newmani* Frost)

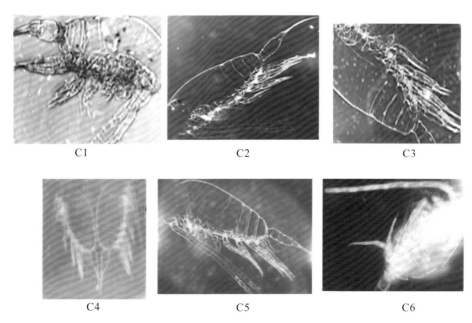

C1   C2   C3

C4   C5   C6

彩图 13.2　桡足幼体

(Copepodite stage(C1 - C6) of *Pseudocalanus newmani* Frost)

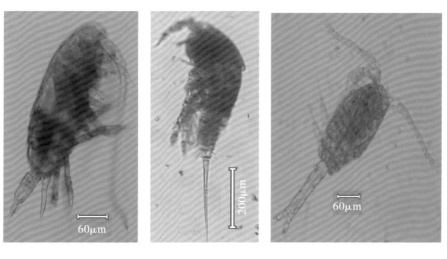

200μm

60μm   60μm

彩图 13.3　哲水蚤　　　　彩图 13.4　小星猛水蚤　　　彩图 13.5　长腹剑水蚤

(*Calanus* sp.)　　　　　 (*Microsetella*)　　　　　　 (*Oithona*)

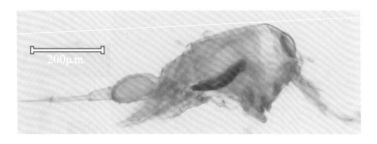

彩图 13.6 大眼剑水蚤
(*Corycaeus* sp.)

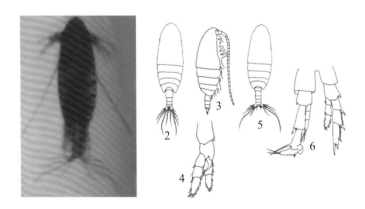

彩图 13.7 微刺哲水蚤
(*Canthocalanus pauper*)

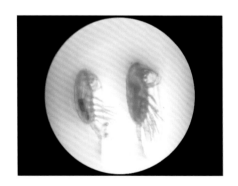

彩图 13.8 普通波水蚤
(*Undinula vulgaris*)

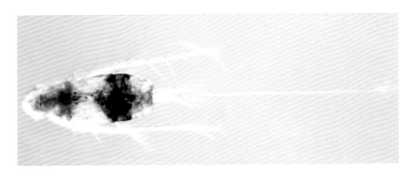

彩图 13.9　亚强真哲水蚤
（*Eucalanus subcrassus*）

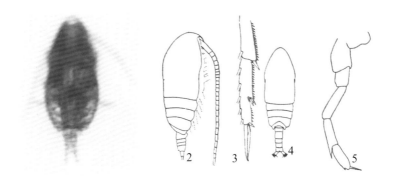

彩图 13.10　驼背隆哲水蚤
（*Acrocalanus gibber*）

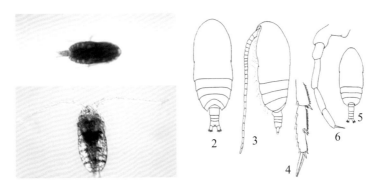

彩图 13.11　微驼隆哲水蚤
（*Acrocalanus gracilis*）

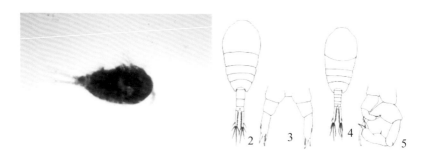

彩图 13.12　锥形宽水蚤
(*Temora turbinata*)

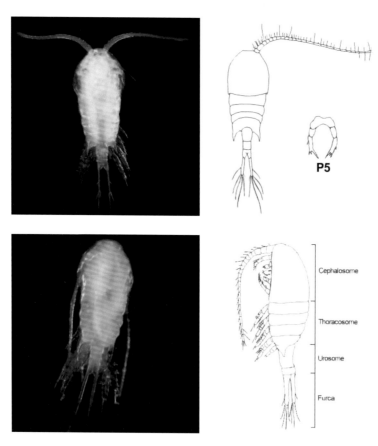

彩图 13.13　异尾宽水蚤
(*Temora stylifera*)

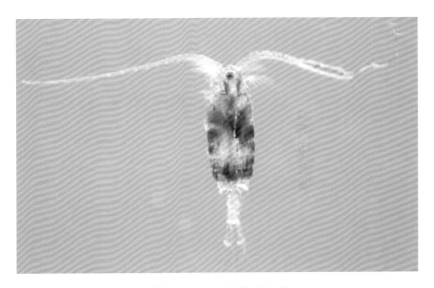

彩图 13.14　瘦尾胸刺水蚤
(*Centropages tenuiremis*)

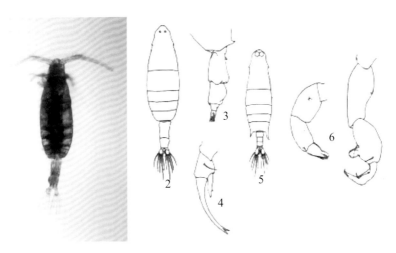

彩图 13.15　小唇角水蚤
(*Labidocera minuta*)

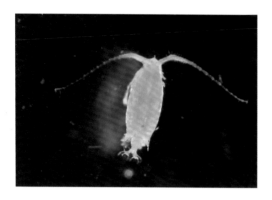
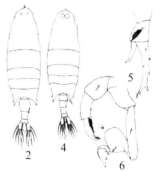

彩图 13.16　尖刺唇角水蚤
(*Labidocera acuta*)

第 14 章彩图

彩图 14.1　甲型纤毛环
(肥胖箭虫 S. enflata)

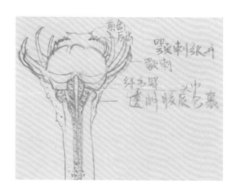

彩图 14.2　乙型纤毛环
(粗壮箭虫 sagitta robusta)

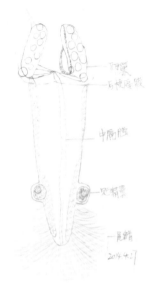

两卵巢似椭圆形，颜色较深，都有透明物质牵引。右侧卵巢从卵巢中部向外延伸至卵巢肩部，从内向上延伸至顶部，有一通道，类似输卵管。卵巢内充满大、圆形"细胞"，两个卵巢之间是相互连接的。

从两卵巢连接处向尾部延伸的是中隔膜。贮精囊呈方形，内有颜色深浅不一的圆形"细胞"。靠近贮精囊的尾部两侧有密集的小圆形"细胞"，从卵巢至贮精囊，两侧有不透明物质。

尾鳍呈扇形。

彩图 14.3　甲型贮精囊
（肥胖箭虫 S. enflata）

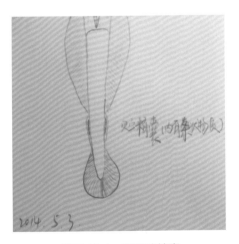

彩图 14.4　乙型贮精囊
（Sagitta robusta）

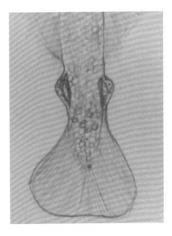

彩图 14.5　丙型贮精囊

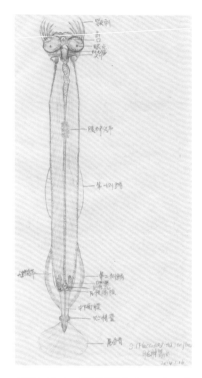

彩图 14.6　（肥胖箭虫 S. enflata）

第 15 章彩图

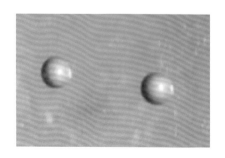

彩图 15.1　潜伏期(水化期)

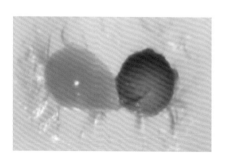

彩图 15.2　破壳期

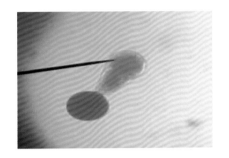

彩图 15.3　垂囊期

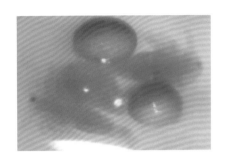

彩图 15.4　囊孢期

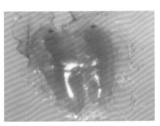

彩图 15.5　孢幼期

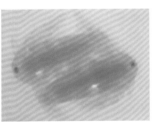

彩图 15.6　无节幼虫期

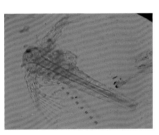

彩图 15.7　幼虫

彩图 15.8　成虫

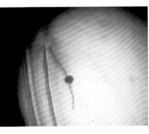

彩图 15.9　带卵囊成体

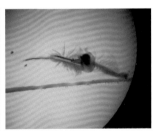

彩图 15.10　成体的抱对现象

第 16 章彩图

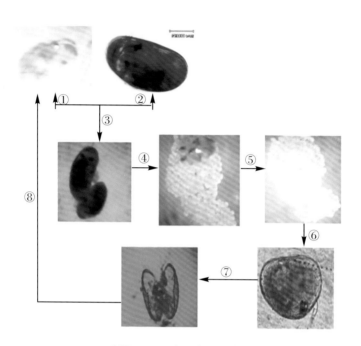

彩图 16.1　介形虫生活史

①雌性介形虫；②雄性介形虫；③性成熟后抱对交配；④交配后开始产卵；⑤产卵结束；⑥卵经过 2～4 天孵化；⑦幼虫在成长过程中经过 8～9 次蜕壳；⑧幼虫长到成体

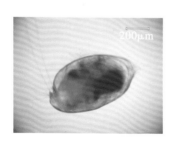

彩图 16.2　浮萤
（*Cypridina* sp.）

彩图 16.3　腺介虫
（*Cypris* sp.）

36

第 17 章彩图

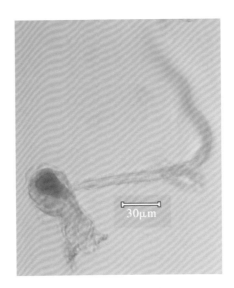

彩图 17.1　长尾住囊虫
(*Oikopleura longicauda*)

第 18 章彩图

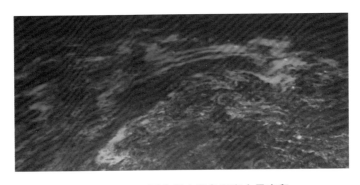

彩图 18.1　三亚市蜈支洲岛珊瑚大量产卵

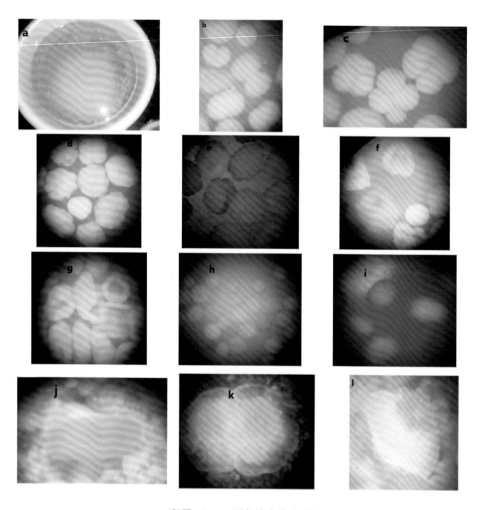

彩图 18.2　珊瑚幼虫发育过程

a.珊瑚精卵人工授精;b.受精后 3 个小时(开始 2 分裂,二细胞期);c.受精后 4 个小时(4 分裂,四细胞期);d.受精后 6 个小时(多分裂,多细胞期);e.受精后 7 个小时(囊胚期开始);f.受精后 8 个小时(囊胚腔出现);g.受精后 9 个小时(囊胚腔明显);h.受精后 32 个小时(囊胚期完成,变圆);i.受精后 41 个小时(能游动,浮浪幼虫);j.受精后 68 个小时(开始着床);k.受精后 96 个小时(已经着床);l.受精后 168 个小时(触手出现,可吃食物,稚珊瑚形成)

指形鹿角珊瑚
(*Acropora digitifera*)

强壮扁珊瑚
(*Sandalolitha robusta*)

肉质扁脑珊瑚
(*Leptastrea carnosus*)

柔角菊珊瑚
(*Favites flexuosa*)

团块微孔珊瑚
(*Porites lobata*)

团块管孔珊瑚
(*Goniopora lobata*)

肾形真叶珊瑚
(*Euphyllia paranchora*)

正菊石珊瑚
(*Favia favus*)

彩图 18.3　海南代表性珊瑚

杯形肉质叶形软珊瑚
(*Sarcophyton ehrenbergi*)

简易指形软珊瑚
(*Sinularia facile*)

聚集叶形软珊瑚
(*Lobophytum mirabile*)

肉质叶形软珊瑚
(*Lobophytum sarcophytoides*)

星团指形软珊瑚
(*Sinularia asterolobata*)

柔指形软珊瑚
(*Sinularia flexibilis*)

彩图 18.3　海南代表性珊瑚(续图)